STARK

ABITUR-TRAINING MATHEMATIK

Eberhard Endres

Analysis Wahlteil

Baden-Württemberg

STARK

Bildnachweis.
Umschlagbild: © Raywoo/Dreamstime.com
S. 46, 80: Redaktion
S. 47: Vase: www.der-glasladen.de;
Heißluftballon: © HOT AIR BALLOON TEAM HOF e. V. – Michael Wendel
S. 48: © ZLT Zeppelin Luftschifftechnik GmbH & Co. KG
S. 57: © Neckermann Versand AG
S. 58, 81, 82: © Informationszentrum Mobilfunk e. V.
S. 67: © 2003 Archiv Jagsttalbahnfreunde e. V. Dörzbach
S. 71: © 1997 Coral Corporation
S. 95, 98: Bundesverband Windenergie e. V.
S. 102: Hannes Helmer, www.photocase.de
S. 104: © tetrapak

ISBN 978-3-86668-275-7

Inhalt

Vorwort

Hinweise zur Benutzung des GTR 1

Elemente der Kurvendiskussion 15

Integration 31

Rotationsvolumen 43

Ganzrationale und gebrochenrationale Funktionen 49

Aufgaben mit trigonometrischem Schwerpunkt 61

Exponentialfunktion 75

Differenzialgleichungen und Wachstumsformen 85

Vermischte Aufgaben 103

Lösungshilfen 109

Lösungen 119

Stichwortverzeichnis 193

Autor: Eberhard Endres

Vorwort

Liebe Schülerin, lieber Schüler,

der vorliegende Band richtet sich an alle, die sich auf dem Gebiet der Analysis intensiv auf **Klausuren** und natürlich auch auf das **Abitur vorbereiten** wollen. Der Schwerpunkt dieses Buches liegt auf dem Umgang mit **anwendungsorientierten Aufgaben**, die sich vor allem durch **offene und komplexe Fragestellungen** auszeichnen. Besondere Bedeutung kommt dabei auch dem sinnvollen **Einsatz des grafikfähigen Taschenrechners** (GTR) zu.

Das Trainingsbuch ist folgendermaßen aufgebaut:

- In jedem **Kapitel** werden zunächst die wichtigsten **Grundlagen** behandelt und anhand von kleineren Aufgaben wiederholt. Danach wird beispielhaft eine umfangreichere **Musteraufgabe** vorgeführt. Hier sind alle wichtigen Lösungsschritte ausführlich erläutert. An vielen Stellen finden sich außerdem allgemeine Hinweise, die auch bei der Bearbeitung anderer Aufgaben hilfreich sein können. Anschließend geht es darum, die gewonnenen Kenntnisse und Strategien anhand von zahlreichen **Übungsaufgaben** umzusetzen und zu festigen.
- In einem gesonderten Kapitel zu Beginn des Buches finden Sie hilfreiche **Hinweise zum Einsatz des GTR**. Hier werden am Beispiel des TI-84 Plus die wichtigsten Operationen und Tastenfolgen ausführlich dargestellt. So können Sie sich grundsätzlich oder nach Bedarf mit den Funktionen dieses vielseitigen Arbeitsmittels vertraut machen.
- Den thematischen Kapiteln folgt eine **Zusammenstellung von vermischten Aufgaben**, die im Umfang jeweils etwa einer Abituraufgabe entsprechen. Hier werden sämtliche Themen aus den vorhergehenden Kapiteln kombiniert.
- Am Ende mancher Aufgaben wird auf eine → Lösungshilfe verwiesen. Wenn Sie also bei der Bearbeitung nicht mehr weiterkommen oder überhaupt keinen Zugang zu der betreffenden Aufgabe finden, zeigen Ihnen die **Lösungshilfen**, wie Sie sich dem Problem nähern können, ohne gleich die vollständige Lösung nachzuschlagen.
- Zu allen Aufgaben wurden ausführliche **Lösungen** ausgearbeitet, die eine systematische Überprüfung des Lernerfolgs ermöglichen. Die Ausarbeitungen der Lösungen gehen insofern über die in einer Klausur oder Prüfung erwarteten Ergebnisse hinaus, als dass sie zusätzliche Passagen beinhalten, die für ein besseres Verständnis sorgen. Da die Aufgabenstellungen teilweise sehr offen formuliert sind, werden häufig auch mehrere alternative Lösungswege aufgezeigt.

Ich wünsche Ihnen viel Erfolg und Freude bei der Arbeit mit diesem Buch.

Eberhard Endres

Hinweise zur Benutzung des GTR

In diesem Kapitel werden elementare, aber immer wiederkehrende Operationen mit dem GTR Schritt für Schritt besprochen. Zugrunde gelegt wird in diesem Buch der TI-84 Plus. Andere Taschenrechnermodelle erfordern teilweise andere Tastenfolgen. Hier ist dann das jeweilige Benutzerhandbuch zurate zu ziehen.

Erläuterungen zur Schreibweise

Schreibweise	Beispiel
Umrahmte Wörter oder Zeichen stellen direkt erreichbare Tasten des GTR dar.	ENTER
Ausdrücke in **eckigen Klammern** stehen für Tasten, die man über die 2nd-Taste erreicht.	[STAT PLOT]
Ausdrücke in **spitzen Klammern** stellen Menüpunkte dar, die man auswählen muss. Der jeweils ausgewählte Menüpunkt muss dabei in der Regel noch mit der ENTER-Taste bestätigt werden.	[CALC] <zero>
Mit Bindestrich voneinander getrennte **Doppelausdrücke in spitzen Klammern** stellen eine Kombination aus horizontalem und vertikalem Menüpunkt dar; man stellt den Cursor zunächst auf den horizontalen Menüpunkt ein (jetzt darf keine ENTER-Taste gedrückt werden!), fährt dann mit dem Cursor nach unten, bis der vertikale Menüpunkt ausgewählt ist, und bestätigt seine Wahl danach mit ENTER.	STAT <CALC – QuadReg>
Nicht umrahmte Ausdrücke stellen Anzeigen bzw. für diesen Wert erforderliche Eingaben dar.	WINDOW Xmin = (-) 10 ENTER
Zahlen (-eingaben) werden nicht als Tasten angegeben, jedoch alle Rechenzeichen sowie auch Klammern und Kommata.	(2 + 4 ÷ 5) ENTER
Mit der **Variablen** X ist immer die Taste X,T,Θ,n gemeint, andere **Speichervariablen** werden in Großbuchstaben angegeben. Diese sind über die grünen Tastenbelegungen (nach Drücken der ALPHA-Taste) zu erreichen.	X A

Zurücksetzen des GTR

Oft ist es hilfreich, den GTR in den Ausgangszustand zu versetzen und alle Variableninhalte, Funktionsdefinitionen und Listeninhalte zu löschen. Alle in diesem Buch beschriebenen Tastenfolgen gehen davon aus, dass vor Beginn der Aufgabenbearbeitung eine entsprechende Zurücksetzung erfolgt ist. Hierzu gibt man ein:

[MEM] <Reset> [ENTER] <RAM – All RAM> <Reset> [ENTER]

Wichtige und hilfreiche Tasten ([ENTRY], [ANS], [ALPHA], [CATALOG] und Speichervariablen)

- Mit der Taste [ENTRY] kann man die letzten Eingaben wieder in die Anzeige holen und damit einen Befehl auch mehrmals – ggf. abgewandelt – wiederverwenden, ohne die Eingaben erneut durchführen zu müssen.
- In der Variablen Ans ist die letzte Antwort des Rechners gespeichert. Diese kann man mit der Tastenfolge [ANS] [ENTER] wieder in die Anzeige bringen oder mit der Taste [ANS] die Variable aufrufen und für eigene Befehlssequenzen benutzen.
- Mit der [ALPHA]-Taste schaltet man auf die grünen Tastenbelegungen um; damit kann man insbesondere die Speichervariablen A bis Z ansprechen, in denen Zwischenwerte gespeichert werden können.
- Mit dem Befehl [CATALOG] kann man ein alphabetisches Verzeichnis der Befehle abrufen. Wenn man anschließend den Anfangsbuchstaben des gewünschten Befehls eingibt, dann spart man sich das lästige Durchblättern bis zu diesem Befehl – der Rechner springt gleich zum ersten Befehl mit dem gewünschten Anfangsbuchstaben.
- Will man den letzten Befehl wiederholen, genügt übrigens auch die Betätigung der [ENTER]-Taste.

Die Tasten [(-)] und [−]

Der GTR unterscheidet zwischen dem **Rechenzeichen** [−] und dem **Vorzeichen** (bzw. **Vorzeichenwechsel**) [(-)]. Im Term –3 – (–5 – 8) sind das erste und das dritte Minuszeichen **Vorzeichen** (weil sie die negativen Zahlen –3 bzw. –5 darstellen), das zweite und das vierte Minuszeichen sind **Rechenzeichen** (weil sie die Subtraktion des Klammerterms bzw. der Zahl 8 anzeigen). Die Eingabe muss folgendermaßen lauten: [(-)] 3 [−] [(] [(-)] 5 [−] 8 [)] [ENTER]

Gibt man **beim ersten Minuszeichen** statt des Vorzeichens das Rechenzeichen [−] ein, so interpretiert der GTR dies als Fortsetzung der vorangegangenen Berechnung, er subtrahiert also die Zahl 3 vom vorhergehenden Ergebnis (der GTR signalisiert dies dann automatisch durch das Anzeigen von Ans vor dem Minuszeichen).

Das Vorzeichen [(-)] kann auch bei Variablen verwendet werden. Variablen können auch negative Werte gespeichert haben, also bedeutet das [(-)]-Zeichen in diesem Fall einen **Vorzeichenwechsel** der Variablen. Wenn in der Variablen A beispielsweise der Wert –3 gespeichert ist, stellt also [(-)] A den Wert +3 dar. Vorzeichen und Rechenzeichen werden in der Anzeige des GTR geringfügig anders dargestellt; das Vorzeichen ist kleiner und etwas höher gesetzt.

Erstellen eines Schaubilds

Zu zeichnen ist das Schaubild der Funktion f mit $f(x) = \frac{4x-2}{x+2}$.

Vorgehensweise:

- Wechsel in den Funktionen-Editor mit [Y=] und Eingabe der Funktion:
  [(] 4 X [−] 2 [)] [÷] [(] X [+] 2 [)] [ENTER]
- Auswahl des Zeichenfensters mit [WINDOW] und Eingabe des gewünschten Zeichenbereichs:
  Xmin = [(-)] 10 [ENTER]   Xmax = 10 [ENTER]   Xscl = 2 [ENTER]
  Ymin = [(-)] 10 [ENTER]   Ymax = 10 [ENTER]   Yscl = 2 [ENTER]
- Das Schaubild kann nun mit [GRAPH] gezeichnet werden.

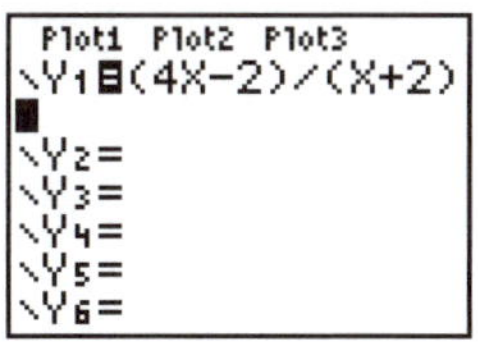

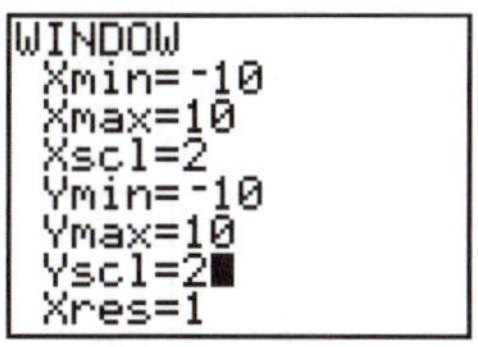

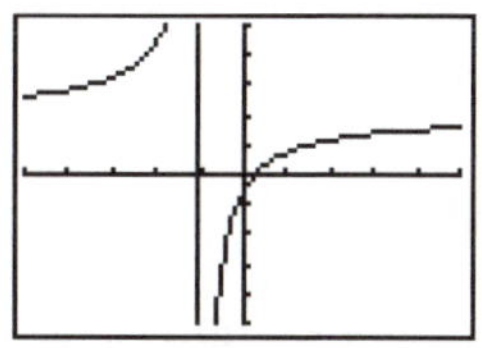

Wenn der Ausschnitt nicht korrekt ist, dann wechselt man wieder ins Window-Fenster zurück und stellt andere Intervalle ein.

Schaubild mit kartesischen Koordinaten (gleiche Einheiten auf x- und y-Achse)

Die orthogonalen Geraden $y = 2x + 3$ und $y = -\frac{1}{2}x + 5$ sollen so skizziert werden, dass der rechte Winkel sichtbar ist.

Damit das Schaubild unverzerrt dargestellt werden kann, müssen x- und y-Achse gleiche Einheiten aufweisen (sonst werden z. B. orthogonale Geraden nicht mit einem rechten Winkel dargestellt). Der GTR TI-84 Plus hat ein Display, das aus einem Raster von quadratischen Bildpunkten aufgebaut ist. Jede Zeile enthält 95 solcher Bildpunkte, jede Spalte 63 Bildpunkte. Das Verhältnis zwischen diesen beiden Werten ist nahezu 3 : 2. Wenn man jetzt ein Schaubild unverzerrt zeichnen möchte, dann muss man dafür sorgen, dass die **x-Achse einen 1,5-mal so großen Zeichenbereich** hat **wie die y-Achse**, z. B. $-6 \le x \le 6$ und $0 \le y \le 8$.

Die entsprechenden Abbildungen finden Sie auf der nächsten Seite.

Verzerrtes Bild:

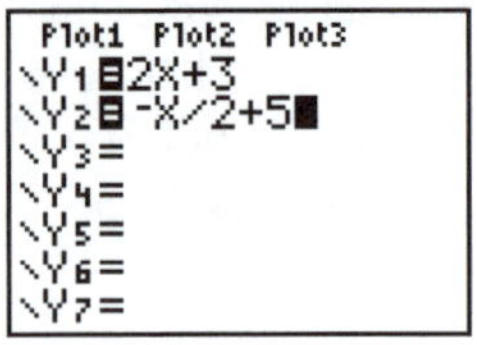

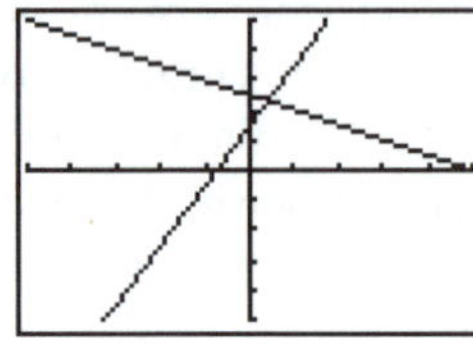

Unverzerrtes Bild:

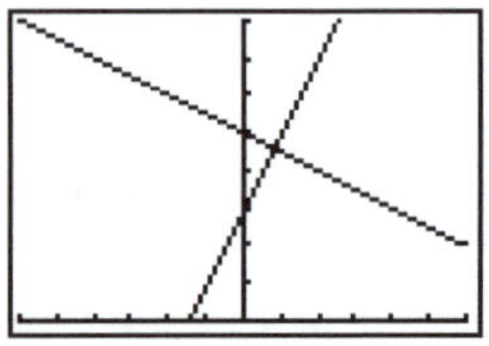

Erstellen einer Wertetabelle

Die Wertetabellen der im Funktionen-Editor gespeicherten Funktionen werden nach Betätigen der Taste [TABLE] angezeigt. Die Auswahl der gewünschten x-Werte erfolgt mit der [TBLSET]-Taste – dort kann man Startwert und Schrittweite für die Wertetabelle angeben.

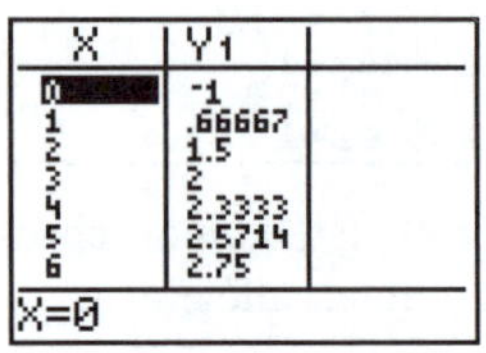

Darstellung der Wertetabelle mit wahlfreien Punkten im Listen-Editor

Wenn Sie eine beliebige Auswahl von Wertepaaren darstellen wollen, eignet sich hierfür der Listen-Editor hervorragend, so z. B. wenn Sie eine Wertetabelle für $x = 2, 5, 7$ und 8 für die Funktion f mit $f(x) = x^2 - 5$ aufstellen sollen.

Vorgehensweise:

- Geben Sie die Funktion mit [Y=] X [x^2] [−] 5 [ENTER] ein.
- Wählen Sie den Listen-Editor aus: [STAT] <EDIT – Edit>
- Geben Sie die gewünschten x-Koordinaten in die Liste L1 ein:
  2 [ENTER] 5 [ENTER] 7 [ENTER] 8 [ENTER]
- Jetzt wird die Liste L2, die die y-Koordinaten enthalten soll, an die Liste L1 gebunden: Gehen Sie dazu auf das mit L2 beschriftete Kopffeld, drücken Sie die [ENTER]-Taste (der Cursor blinkt dann in der untersten Zeile) und geben Sie nun ein:
  " [VARS] <Y-VARS – Function> <Y1> [(] [L1] [)] " [ENTER]

Durch das Voranstellen von Anführungszeichen (grüne Tastenbelegung der [+]-Taste; diese ist erreichbar mit der [ALPHA]-Taste) fixieren Sie eine feste Formel. Wenn Sie jetzt die x-Koordinaten in der Liste L1 ändern, passen sich die Werte in der Liste L2 automatisch an! Diese Fixierung wird durch die Markierung in der Kopfzeile angezeigt.

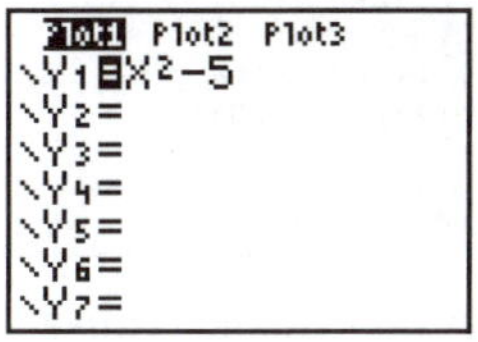

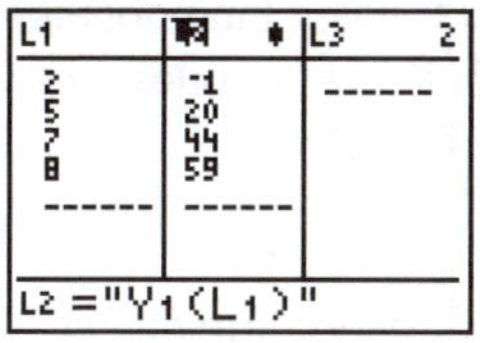

Zeichnen von Kurvenscharen

Zeichnen Sie die Schaubilder der Funktionen f_1, f_2, …, f_5 der Funktionenschar $f_t(x) = \frac{t}{5}x^2 - t$.

Vorgehensweise:

- [Y=] [{] 1 [,] 2 [,] 3 [,] 4 [,] 5 [}] [÷] 5 X [x²] [−] [{] 1 [,] 2 [,] 3 [,] 4 [,] 5 [}] [ENTER]
- [WINDOW] Xmin = [(-)] 5 [ENTER] Xmax = 5 [ENTER] Xscl = 1 [ENTER] Ymin = [(-)] 5 [ENTER] Ymax = 10 [ENTER] Yscl = 1 [ENTER]
- [GRAPH]

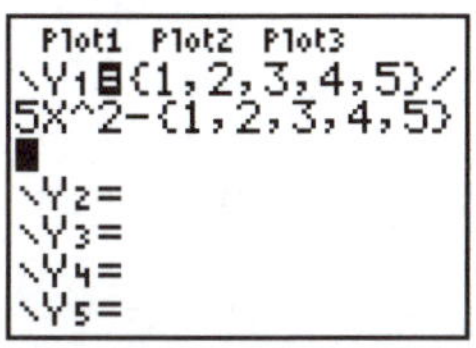

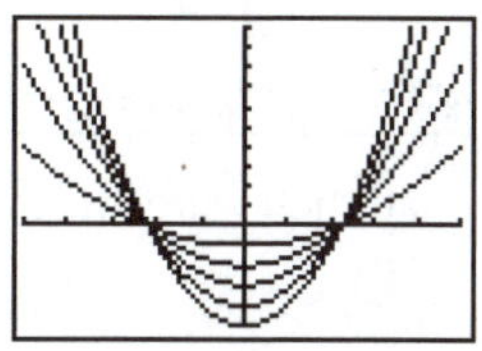

Alternative für die Eingabe des Funktionsterms:

- [{] 1 [,] 2 [,] 3 [,] 4 [,] 5 [}] [STO▸] [L1] [ENTER]
- [Y=] [L1] [÷] 5 X [x²] [−] [L1] [ENTER]

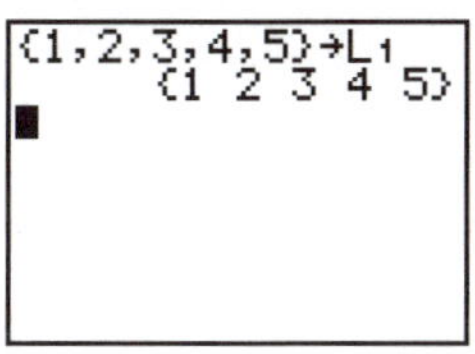

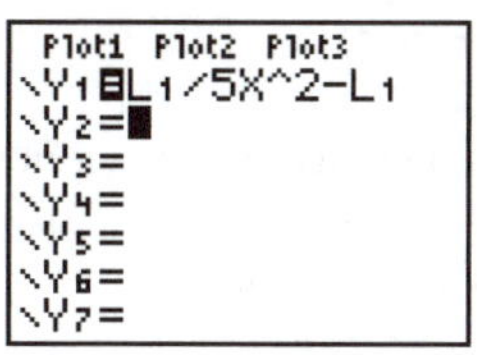

Nullstellen einer Funktion bestimmen (Lösen einer Gleichung)

Bestimmen Sie eine Nullstelle der Funktion f mit $f(x) = \frac{4x - 2}{x + 2}$.
(Lösen Sie die Gleichung $\frac{4x - 2}{x + 2} = 0$).

Im Abschnitt „Erstellen eines Schaubildes“ wurde bereits gezeigt, wie man die Funktion f in den Funktionen-Editor eingibt. Nach dem Wechsel in den Grafikbildschirm mittels [GRAPH] wird [CALC] <zero> eingegeben.

Nun erscheint wieder der Grafikbildschirm und es wird nach „left Bound“ (linke Grenze), „right Bound“ (rechte Grenze) und „guess“ (Startwert für die Suche) gefragt.
Da die sichtbare Nullstelle in der Gegend von Null liegt, gibt man ein:
Left Bound = 0 [ENTER] Right Bound = 1 [ENTER] Guess = 0 [ENTER]
Der Bildschirm zeigt mit kleinen Dreiecken das ausgewählte Intervall an. Nach letztmaligem Drücken der [ENTER]-Taste wird die Lösung im Grafikbildschirm mit x = 0,5 angezeigt.

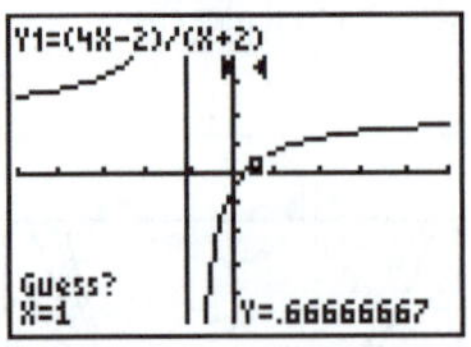

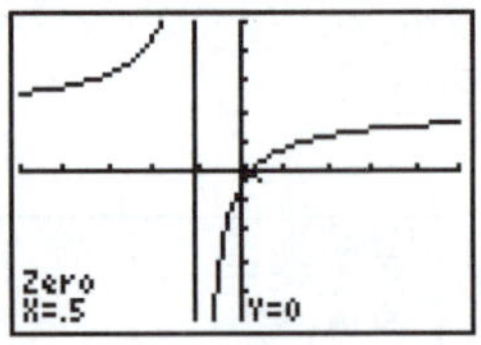

(Natürlich wurde hiermit gleichzeitig die Lösung der Gleichung f(x) = 0 ermittelt.)

Schnitt zweier Kurven (Lösen einer Gleichung)

Bestimmen Sie einen Schnittpunkt der Schaubilder der Funktionen f und g mit $f(x) = x^2$ und $g(x) = \frac{1}{x^2 + 1}$.
(Lösen Sie die Gleichung $x^2 = \frac{1}{x^2 + 1}$)
Vorgehensweise:
- Zeichnen der beiden Funktionen in einem geeigneten Ausschnitt:
  [Y=] X [x^2] [ENTER] 1 [÷] [(] X [x^2] [+] 1 [)] [ENTER] — Funktionseingabe im Funktionen-Editor
  [WINDOW] Xmin = [(-)] 2 [ENTER] Xmax = 2 [ENTER]
  Ymin = [(-)] 0 [.] 1 [ENTER] Ymax = 2 [ENTER] — Fenstereinstellung
  [GRAPH] — Schaubild zeichnen

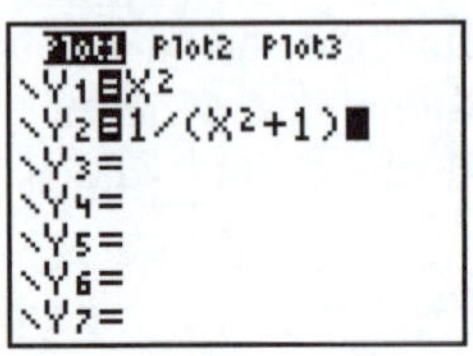

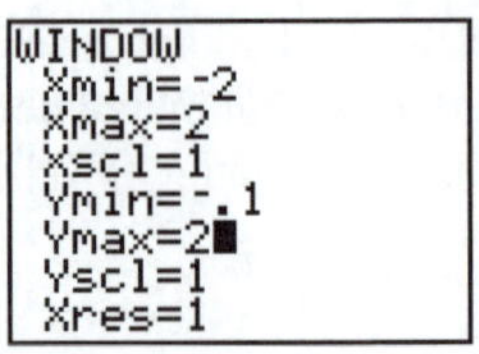

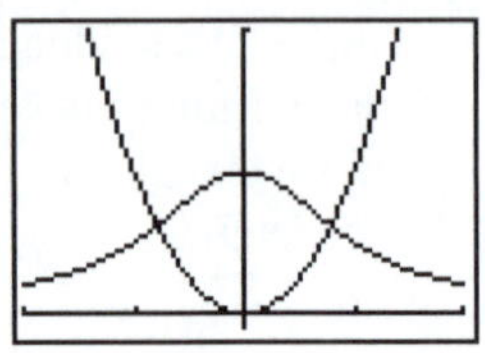

- Nun werden die beiden Kurven numerisch geschnitten (Kurven wählt man mit den Cursortasten [▲] und [▼] aus):
  [CALC] <intersect> First curve = Y1 [ENTER]
  Second curve = Y2 [ENTER] Guess = 1 [ENTER]

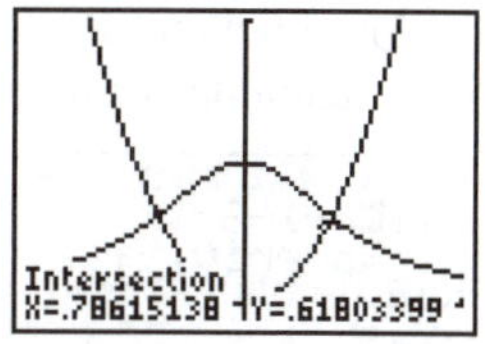

(Mit dieser Vorgehensweise wurde natürlich gleichzeitig auch eine Lösung der Gleichung f(x) = g(x) ermittelt.)

Bestimmen eines Extremwertes

Bestimmen Sie einen Extremwert der Funktion f mit $f(x) = x + 1 - \frac{8}{x^2}$.
Vorgehensweise:

- Eingabe des Funktionsterms und Zeichnen des Schaubildes von f wie oben beschrieben:

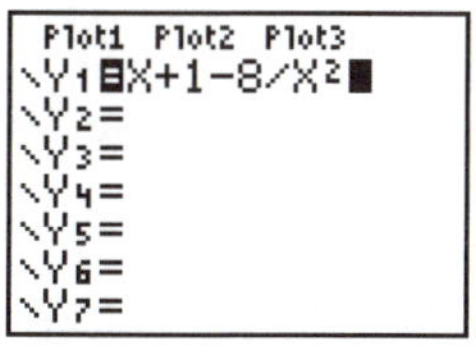

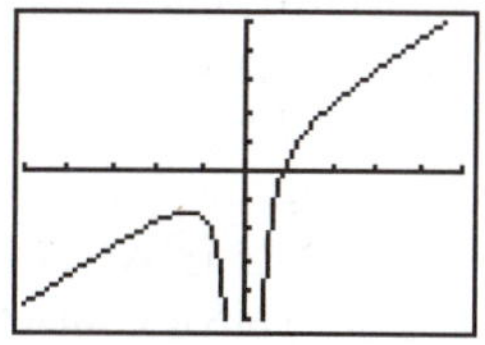

- Nun wählt man [CALC] <maximum> und gibt sinnvolle Grenzen ein:
  Left Bound = [(-)] 2 [ENTER] Right Bound = 0 [ENTER] Guess = [(-)] 1 [ENTER]

  Der GTR liefert hier das Maximum M(–2 | –3).

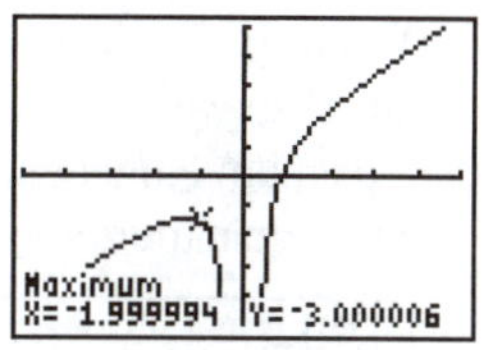

Zeichnen der Ableitungsfunktion

Zeichnen Sie das Schaubild der Funktion f mit $f(x) = x + 1 - \frac{8}{x^2}$ sowie das Schaubild ihrer Ableitungsfunktion.
Vorgehensweise:

- Die Funktion wird in den Funktionen-Editor unter Y1 eingegeben. Außerdem trägt man den Ableitungsoperator nDeriv für die Funktion Y1 bei Y2 ein:
  [MATH] <MATH – nDeriv(> [VARS] <Y-VARS – Function> <Y1> [,] X [,] X [)] [ENTER]
- Zur Unterscheidung der Schaubilder kann man das Schaubild von f noch auf „dicke Linie" einstellen. Man bewegt hierzu den Cursor auf das \-Zeichen links neben der Y1-Anzeige und betätigt [ENTER]. Das Zeichen wird jetzt dick angezeigt.

– Anschließend wird über [WINDOW] der Zeichenbereich eingegeben und die Schaubilder werden mit [GRAPH] gezeichnet.

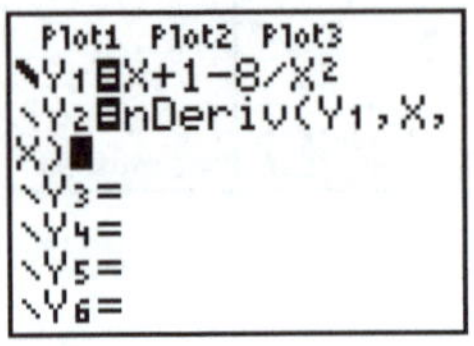

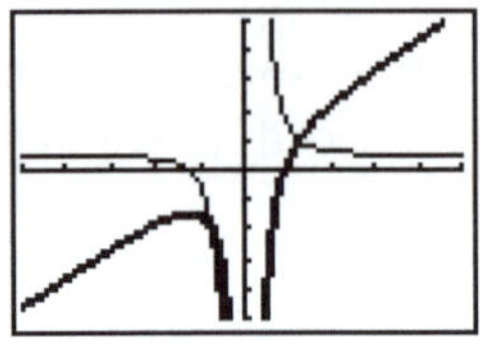

Bestimmen einer Wendestelle

Bestimmen Sie den Wendepunkt des Schaubilds von f mit $f(x) = 5x \cdot e^{-x}$.
Der TI-84 Plus **kann Wendepunkte nicht direkt bestimmen**, deshalb muss diese Aufgabenstellung mithilfe eines Tricks bearbeitet werden: Man zeichnet die Ableitung f' der Funktion f und bestimmt die Extremstellen von f', die gleichzeitig auch Wendestellen von f sind.
Vorgehensweise:

- **Eingabe** der Funktion in Y1 und Eingabe der Ableitung von f in Y2 (die Ableitung kann auch numerisch vom GTR bestimmt werden):
  [Y=] 5 X [e^x] [(-)] X [)] [ENTER]
  [MATH] <MATH – nDeriv(> [VARS] <Y-VARS – Function> <Y1> [,] X [,] X [)] [ENTER]
- Danach wählt man über [WINDOW] das geeignete **Grafikfenster** aus und zeichnet die beiden **Schaubilder** mittels [GRAPH].
- Der Extrempunkt des Schaubilds von f' kann nun numerisch bestimmt werden. **Wichtig:** Die Taste [▼] muss an der angegebenen Stelle gedrückt werden, um auf f' zu wechseln! Statt minimum muss man bei anderen Funktionen ggf. maximum eingeben, falls der Extremwert von f' ein Maximum sein sollte!
  [CALC] <minimum> [▼] Left Bound = 0 [ENTER] Right Bound = 5 [ENTER] Guess = 3 [ENTER]

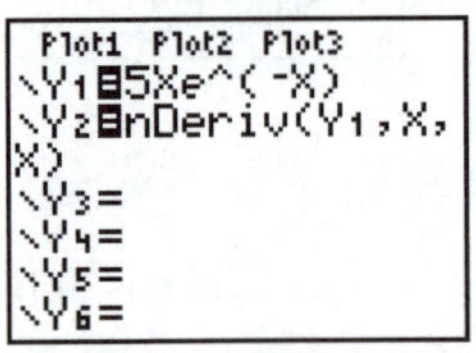

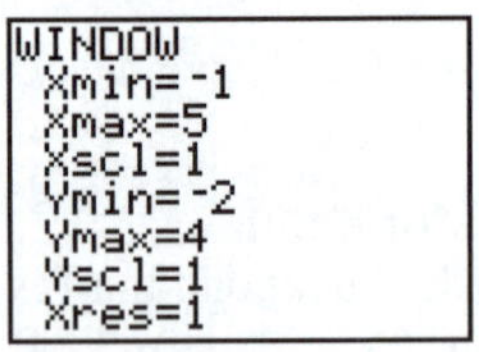

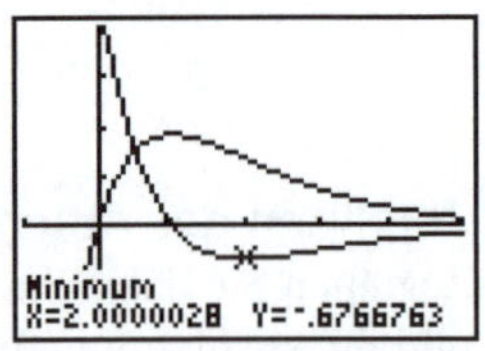

  Der Wendepunkt liegt also an der Stelle $x_0 = 2$ (beachten Sie die numerischen Ungenauigkeiten in der Anzeige).
- Der y-Wert des Wendepunktes wird im Hauptfenster bestimmt:
  [QUIT] [VARS] <Y-VARS – Function> <Y1> [(] X [)] [ENTER]
  Der Wendepunkt hat etwa die Koordinaten W(2 | 1,35). Die exakten Koordinaten lauten vermutlich („vermutlich“ deshalb, weil die Zahl 2 nicht genau nachgewiesen wurde) $W(2 \mid 10e^{-2})$.

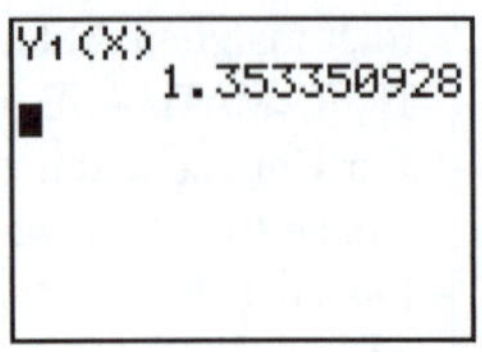

Integration – Flächenberechnung

Bestimmen Sie $\int_{-2}^{2} (16 - x^4)\,dx$.

Vorgehensweise:

- Eingabe der Funktion in Y1 und Zeichnen des Schaubildes in einem geeigneten Bereich:
  [Y=] 16 [−] X [^] 4 [ENTER]

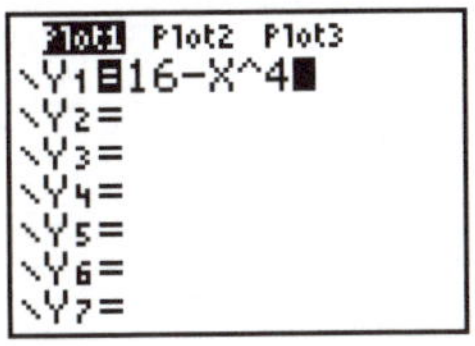

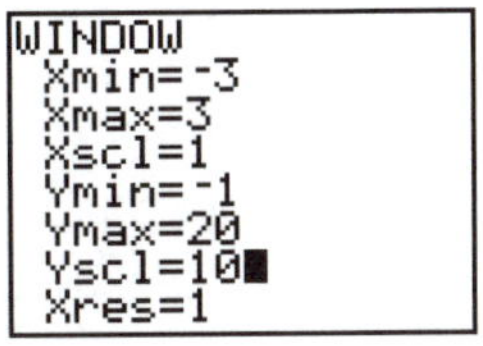

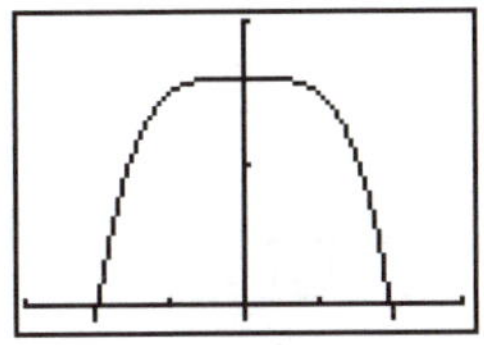

- Berechnen des gewünschten Integrals:
  [CALC] < ∫f(x)dx> Lower Limit = [(-)] 2 [ENTER]
  Upper Limit = 2 [ENTER]

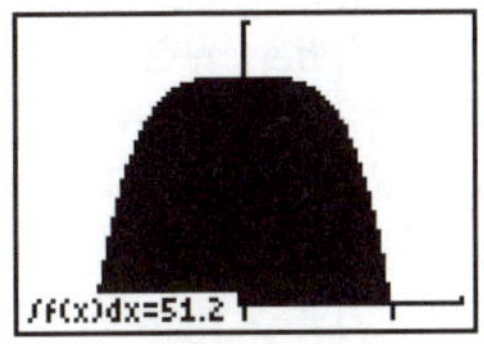

Alternative: Wenn man kein Schaubild benötigt, dann kann man das Integral direkt im Hauptbildschirm berechnen.
[MATH] <fnInt(> 16 [−] X [^] 4 [,] X [,] [(-)] 2 [,] 2 [)] [ENTER]

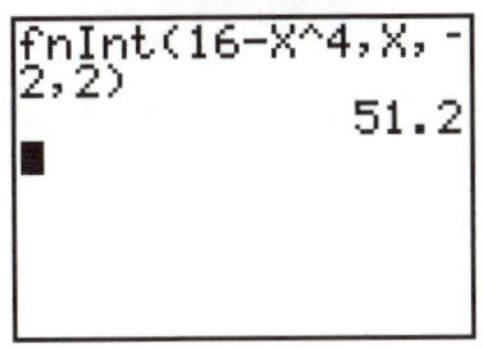

Integration bei ungenauen Grenzen

Oft sind die Grenzen des Integrationsintervalls nur näherungsweise bestimmbar. In diesem Fall sollten Sie die Speichervariablen des GTR verwenden.
Bestimmen Sie die Fläche, die von den Kurven $y = x^4$ und $y = 7 - x^4$ eingeschlossen wird.
Die beiden Funktionen werden im Funktionen-Editor eingegeben, ein geeignetes Zeichenfenster wird eingestellt und die Schaubilder werden gezeichnet.
[Y=] X [^] 4 [ENTER] 7 [−] X [^] 4 [ENTER]
[WINDOW] Xmin = [(-)] 2 [ENTER] Xmax = 2 [ENTER] Ymin = [(-)] 1 [ENTER] Ymax = 10 [ENTER]
[GRAPH]

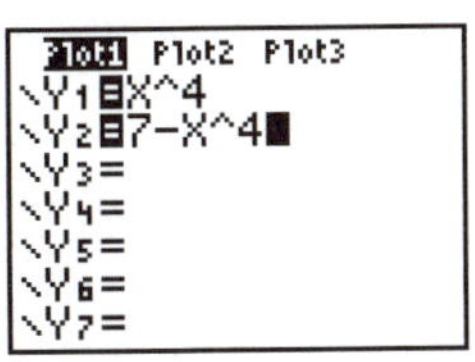

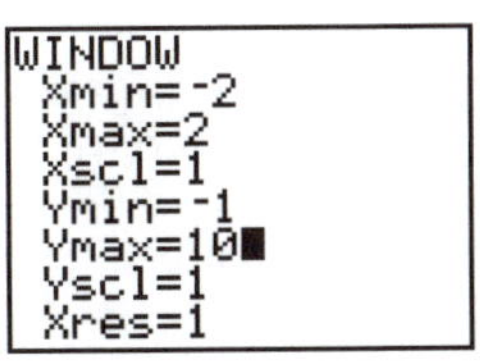

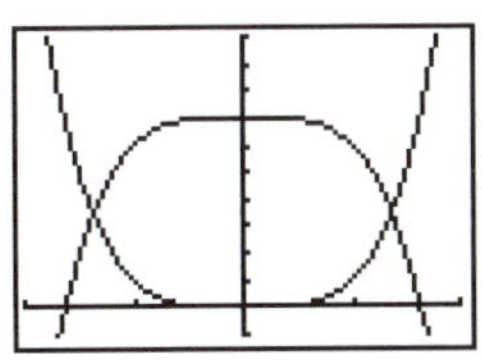

Nun bestimmt man die x-Koordinaten der Schnittpunkte:
[CALC] <intersect> First curve = Y1 [ENTER] Second curve = Y2 [ENTER] Guess = –1 [ENTER]
Man speichert die x-Koordinate des ersten Schnittpunkts in der Speichervariablen A und die x-Koordinate des zweiten Schnittpunkts in der Speichervariablen B ab:
[QUIT] [STO▸] [ALPHA] A [ENTER] [GRAPH]
[CALC] <intersect> First curve = Y1 [ENTER] Second curve = Y2 [ENTER] Guess = 1 [ENTER]
[QUIT] [STO▸] [ALPHA] B [ENTER]

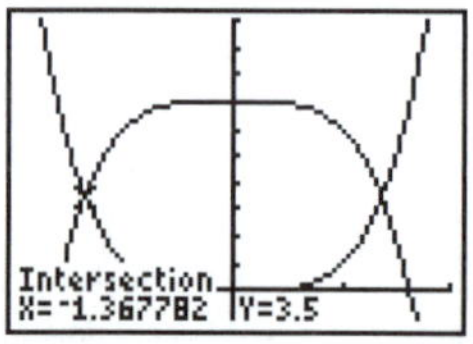

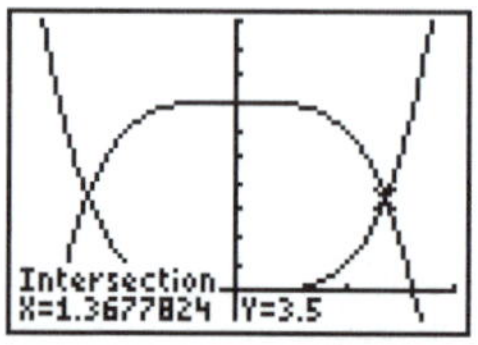

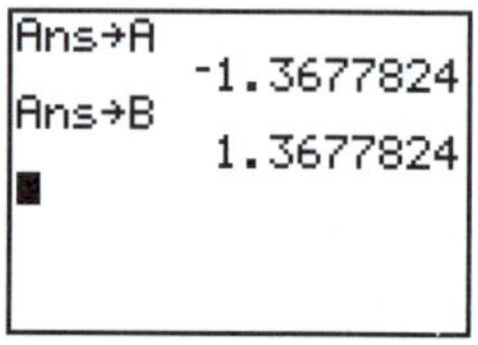

Nun kann man mit den errechneten und in A bzw. B gespeicherten Grenzen die Integration ausführen:
[MATH] <MATH – fnInt(> [VARS] <Y-VARS – Function> <Y2> [–] [VARS] <Y-VARS – Function> <Y1> [,] X [,] [ALPHA] A [,] [ALPHA] B [)] [ENTER]

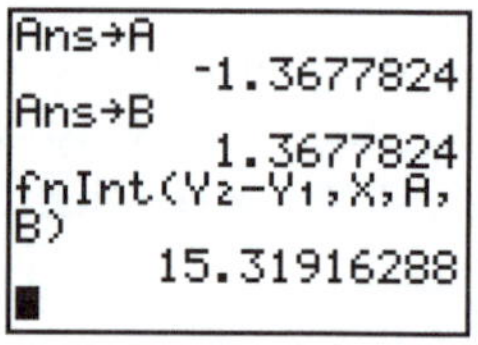

Zeichnen von Messpunkten

Stellen Sie die Punkte A(0 | 2), B(3 | 5) und C(7 | 7) grafisch dar.
Vorgehensweise:

- Die drei Punkte werden im Listen-Editor erfasst:
  [STAT] <EDIT – Edit>
  in L1 eingeben: 0 [ENTER] 3 [ENTER] 7 [ENTER] — Eintragung der x-Werte
  in L2 eingeben: 2 [ENTER] 5 [ENTER] 7 [ENTER] — Eintragung der y-Werte
- Die Punkte werden gezeichnet:
  [STAT PLOT] <Plot 1…On> [ENTER] — Plot wird eingeschaltet
  Eingabe der restlichen Informationen wie abgebildet:

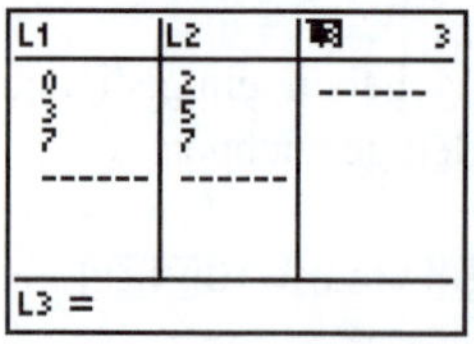

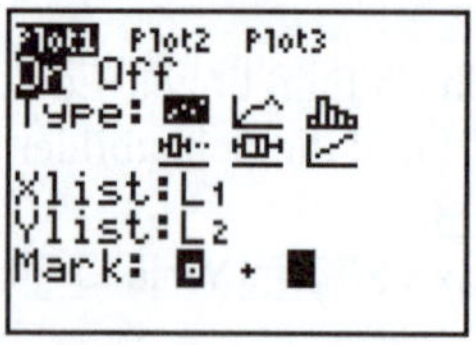

- Danach wird im [WINDOW]-Fenster der geeignete Zeichenbereich ausgewählt:
  Xmin = [(-)] 1 [ENTER] Xmax = 9 [ENTER] Xscl = 2 [ENTER]
  Ymin = [(-)] 1 [ENTER] Ymax = 9 [ENTER] Yscl = 2 [ENTER]

– Aufruf des Schaubildfensters mit [GRAPH]:

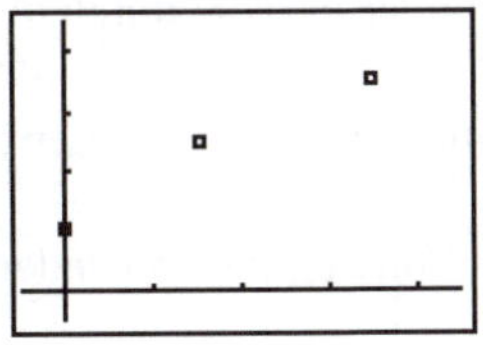

Wenn zusätzlich zu den drei Punkten noch ein anderes Schaubild angezeigt wird, dann steht im Funktionen-Editor noch eine Funktion. Wenn Sie diese Funktion löschen, werden nur die drei Punkte gezeichnet.

Lösen eines linearen Gleichungssystems

Bestimmen Sie die Lösung des linearen Gleichungssystems:

$$\begin{aligned} 3a + 5b + c &= 4 \\ 2a - 3b + 2c &= 1 \\ a + 2b - 4c &= -3 \end{aligned}$$

Vorgehensweise:

– Eingabe dieses Gleichungssystems in die Matrix [A]:
  [MATRIX] <EDIT – [A]>
  Nun erscheint die Aufforderung, die Zeilen- und Spaltenzahl einzugeben:
  3 [ENTER] 4 [ENTER]
  Jetzt werden die Koeffizienten eingetragen (Minuszeichen als Vorzeichen):
  3 [ENTER] 5 [ENTER] 1 [ENTER] 4 [ENTER]
  2 [ENTER] [(-)] 3 [ENTER] 2 [ENTER] 1 [ENTER]
  1 [ENTER] 2 [ENTER] [(-)] 4 [ENTER] [(-)] 3 [ENTER]

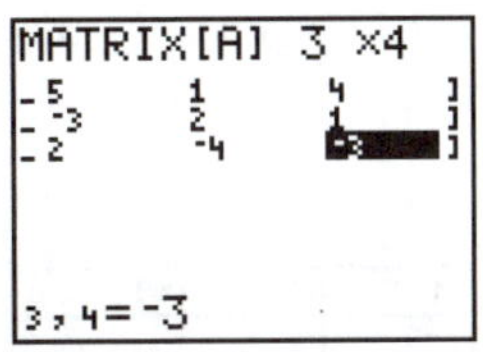

– Verlassen des Matrizen-Editors mit [QUIT] und Eingabe im Hauptbildschirm:
  [MATRIX] <MATH – rref(> [MATRIX] <NAMES – [A]> [)] [ENTER]

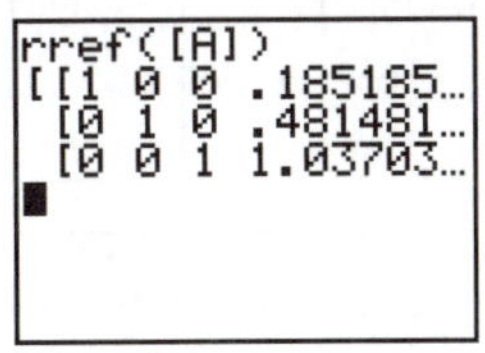

Die Werte in der letzten Spalte stellen die Lösung dar:
$a \approx 0{,}185$, $b \approx 0{,}481$ und $c \approx 1{,}037$

Funktionsbestimmung anhand von Punkten

Bestimmen Sie die Gleichung der Parabel durch die Punkte A(–3 | 1), B(1 | 4) und C(4 | 2).
Weil drei Punkte gegeben sind, ist die Wahl einer Parabel zweiten Grades sinnvoll: $f(x) = ax^2 + bx + c$.
Die Punktprobe mit den drei Punkten liefert wieder ein Gleichungssystem:

$$\begin{aligned} 9a - 3b + c &= 1 \\ a + b + c &= 4 \\ 16a + 4b + c &= 2 \end{aligned}$$

Das Gleichungssystem kann wie zuvor dargestellt gelöst werden.

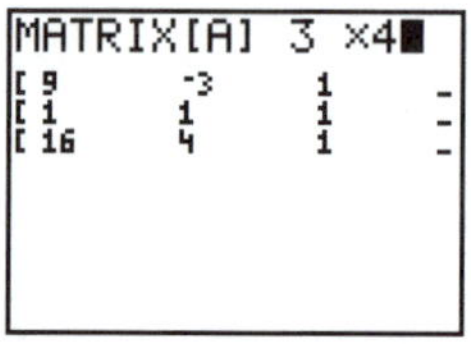

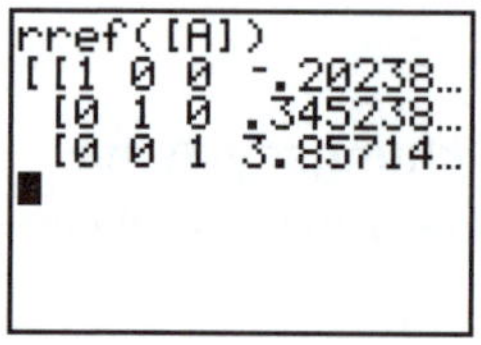

Man erhält also: $f(x) \approx -0{,}202x^2 + 0{,}345x + 3{,}857$

Funktionsbestimmung anhand von Punkten über Regressionskurven:

[STAT] <EDIT – Edit>	Aufrufen des Listen-Editors
in L1 eingeben: [(-)] 3 [ENTER] 1 [ENTER] 4 [ENTER]	Eintragung der x-Werte
in L2 eingeben: 1 [ENTER] 4 [ENTER] 2 [ENTER] [QUIT]	Eintragung der y-Werte und zum Hauptbildschirm wechseln
[STAT] <CALC – QuadReg> [ENTER]	Aufrufen der quadratischen Regression

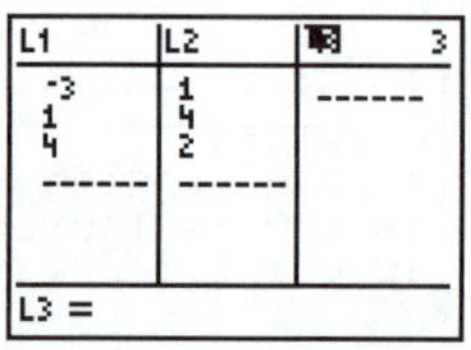

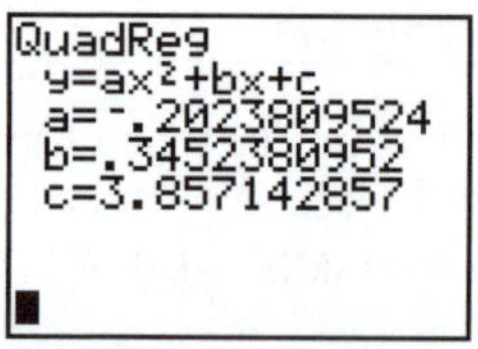

Wichtig: Die Regressionskurve wird immer von L1 und L2 berechnet. Wenn man andere Listen verwenden möchte, dann muss man diese, durch Komma getrennt, als Parameter eingeben: [STAT] <CALC – QuadReg> [L1] [,] [L4] [ENTER]
Wenn möglich, legt der GTR die Kurve genau durch die angegebenen Punkte. Dies ist in der Regel der Fall, wenn für eine ganzrationale Funktion n-ten Grades n + 1 Kurvenpunkte gegeben sind und nicht gerade zwei Punkte dieselbe x-Koordinate besitzen.
Wenn mehr Punkte angegeben werden als nötig (oder wenn zwei Punkte dieselbe x-Koordinate besitzen), dann geht die Kurve nicht (unbedingt) durch alle Punkte, oft sogar durch keinen einzigen. Regressionskurven sind dann nur Näherungskurven!

Funktionsbestimmung anhand von Punkten und Extrempunkten

Zeichnen Sie das Schaubild der Parabel, die durch A(1 | 2) geht und in B(5 | 4) ein Extremum besitzt.

Mit $f(x) = ax^2 + bx + c$ und $f'(x) = 2ax + b$ ergibt sich folgendes Gleichungssystem:

$$\begin{aligned} a + b + c &= 2 \\ 25a + 5b + c &= 4 \\ 10a + b &= 0 \end{aligned}$$

Vorgehensweise:

– Eingabe des Gleichungssystems in die Matrix [A]:
  [MATRIX] <EDIT – [A]> 3 [ENTER] 4 [ENTER]
  1 [ENTER] 1 [ENTER] 1 [ENTER] 2 [ENTER]
  25 [ENTER] 5 [ENTER] 1 [ENTER] 4 [ENTER]
  10 [ENTER] 1 [ENTER] 0 [ENTER] 0 [ENTER] [QUIT]
– Lösen des Gleichungssystems und Speichern der reduzierten Matrix in [B]:
  [MATRIX] <MATH – rref(> [MATRIX] <NAMES – [A]> [)] [ENTER]
  [STO▸] [MATRIX] <NAMES – [B]>

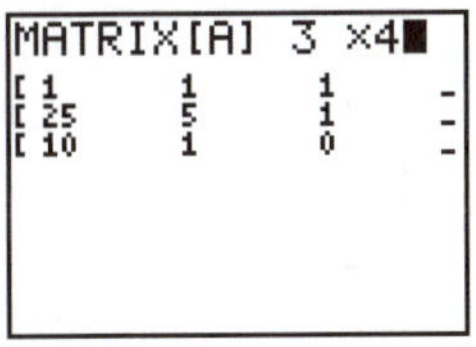

– Definieren der Funktion Y1 anhand der Werte in der rechten Spalte von [B]:
  [Y=] [MATRIX] <NAMES – [B]> [(] 1 [,] 4 [)] X [x^2] [+] [MATRIX] <NAMES – [B]> [(] 2 [,] 4 [)]
  X [+] [MATRIX] <NAMES – [B]> [(] 3 [,] 4 [)] [ENTER]
  [WINDOW] Xmin = [(-)] 10 Xmax = 10 Xscl = 1 Ymin = [(-)] 10 Ymax = 10 Yscl = 1
  [ENTER] [GRAPH]

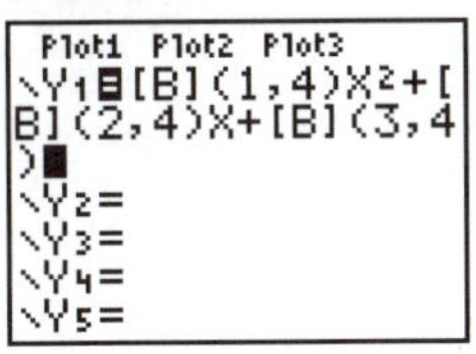

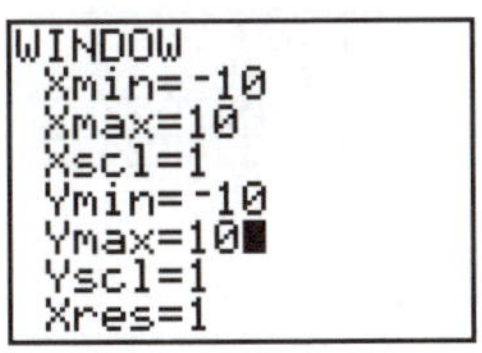

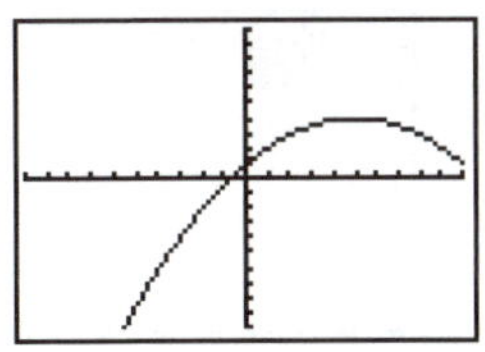

Regressionsgerade

Bestimmen Sie eine Gerade, die möglichst durch die Punkte A(0 | 2), B(3 | 5) und C(7 | 7) verläuft.

Vorgehensweise:

– Die drei Punkte werden im Listen-Editor mit
  [STAT] <EDIT – Edit> erfasst:
  in L1 eingeben: 0 [ENTER] 3 [ENTER] 7 [ENTER] x-Werte
  in L2 eingeben: 2 [ENTER] 5 [ENTER] 7 [ENTER] y-Werte

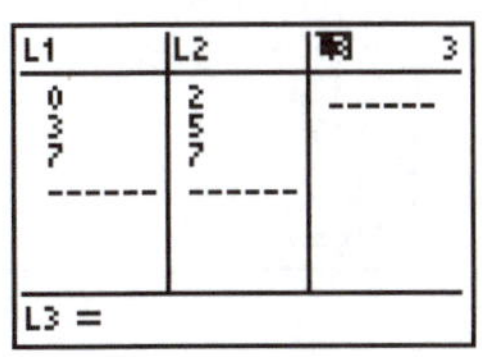

– Im Hauptbildschirm wird die lineare Regression aufgerufen:
[QUIT] [STAT] <CALC – LinReg(ax+b)> [ENTER]

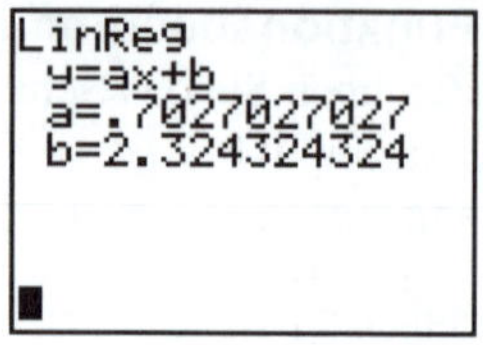

Die Gleichung der Geraden lautet (mit den gerundeten Werten für a und b): $y = 0{,}7x + 2{,}3$

Zeichnen der Regressionsgeraden mit Messpunkten

Zeichnen Sie die Regressionsgerade zu den Messpunkten A, B, und C aus dem vorangehenden Abschnitt „Regressionsgeraden".

Vorgehensweise:

– Die Punkte werden wie in der vorigen Aufgabe mit dem Listen-Editor erfasst.

– Man öffnet das Menü [STAT PLOT], wählt <Plot 1> und gelangt mit [ENTER] in das unten abgebildete Untermenü, wo man die restlichen Einstellungen wie abgebildet vornimmt und die Punkte anschließend mit [GRAPH] zeichnet.

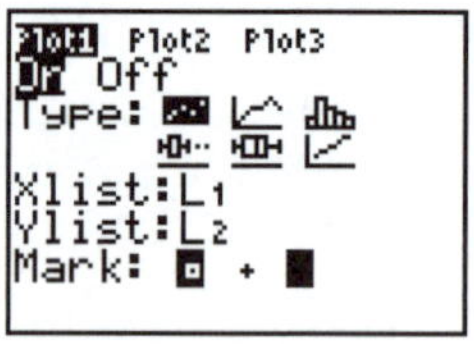

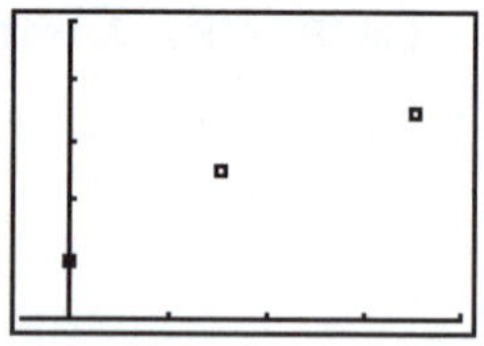

– Im Hauptbildschirm wird die lineare Regression aufgerufen und die Regressionsgerade berechnet:

[QUIT] [STAT] <CALC – LinReg(ax+b)> Aufruf der linearen Regression

[L1] [,] [L2] [,] [VARS] <Y-VARS – Function> <Y1> [ENTER] Berechnung der Regressionsgeraden

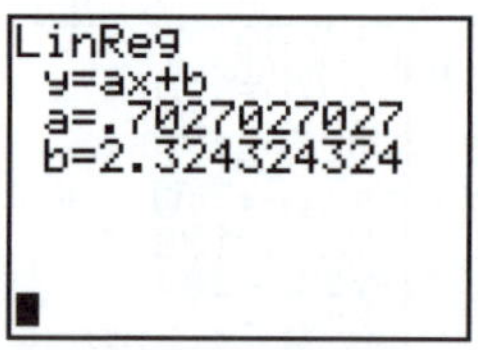

Anhand der drei Argumente L1, L2 und Y1 wird die Regressionsgerade bestimmt und sofort in Y1 abgespeichert.

– Jetzt kann man mit [GRAPH] wieder das Grafikfenster aufrufen und Messpunkte und Regressionsgerade gemeinsam sehen.

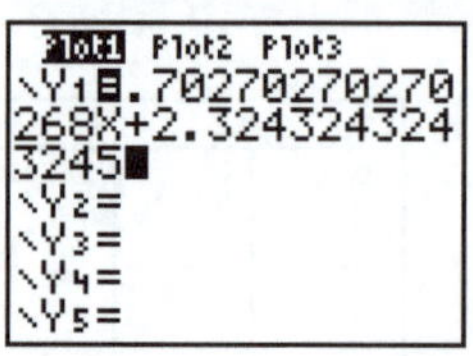

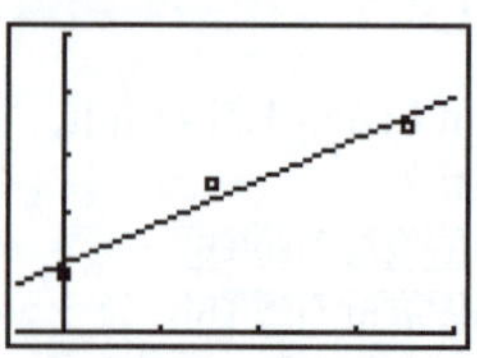

Elemente der Kurvendiskussion

Sie haben im Unterricht gelernt, die verschiedenen Funktionstypen hinsichtlich charakteristischer Eigenschaften zu untersuchen. Diese Kompetenz wird zumindest in Teilen der Abituraufgaben benötigt.
Sie finden in diesem Kapitel eine Sammlung wichtiger Aspekte, die – insbesondere bei **Funktionen mit Parametern** – betrachtet werden können. Diese Aspekte sind zum Teil nicht Gegenstand der üblichen Kurvendiskussion, gehören jedoch trotzdem zu den Grundkompetenzen hinsichtlich der Kurvenuntersuchung.
Bei den zugehörigen Aufgaben steht die Anwendungsorientierung nicht im Vordergrund und der Funktionstyp spielt in diesen Aufgaben ebenfalls nur eine untergeordnete Rolle. Des Weiteren ist in diesem Kapitel der GTR nicht immer einsetzbar, weil insbesondere Funktionen mit Parametern grundsätzlich nicht oder nur eingeschränkt mit dem GTR bearbeitet werden können.

Der maximale **Definitionsbereich** einer Funktion hängt wesentlich vom Funktionstyp ab:

Funktionstyp	**maximaler Definitionsbereich allgemein**	**Beispiel**
ganzrationale Funktion	$\mathbb{D} = \mathbb{R}$	$f(x) = 3x^2 - 2x;\quad \mathbb{D} = \mathbb{R}$
gebrochenrationale Funktion	reelle Zahlen ohne die Nullstellen des Nenners	$f(x) = \frac{4x+2}{x-4};\quad \mathbb{D} = \mathbb{R} \setminus \{4\}$
Wurzelfunktion	reelle Zahlen, die einen nichtnegativen Radikanden liefern	$f(x) = \sqrt{4x+12};$ $\mathbb{D} = \{x \mid x \geq -3\}$
trigonometrische Funktionen	sin: $\mathbb{R}$, cos: $\mathbb{R}$, tan: alle Zahlen, für die das Argument kein ungerades Vielfaches von $\frac{\pi}{2}$ ist	$f(x) = \sin(3x);\quad \mathbb{D} = \mathbb{R}$ $f(x) = \tan(3x);$ $\mathbb{D} = \mathbb{R} \setminus \left\{(2k+1)\frac{\pi}{6} \mid k \in \mathbb{Z}\right\}$
Exponentialfunktion	$\mathbb{D} = \mathbb{R}$	$f(x) = 6e^{2x};\quad \mathbb{D} = \mathbb{R}$

Bei **komplexeren Termen** müssen **getrennte Untersuchungen** vorgenommen werden.

Beispiel

Geben Sie den maximalen Definitionsbereich der Funktion f mit $f(x) = \frac{\sin(2x)}{x}$ an.

Lösung:
Der Nenner muss ungleich null sein: $x \neq 0$
Als maximaler Definitionsbereich ergibt sich somit $\mathbb{D} = \mathbb{R} \setminus \{0\}$.

Aufgabe 1. Geben Sie den maximalen Definitionsbereich der Funktion f an.

a) $f(x) = \frac{3x^2 - 2}{x^2 - 9}$

b) $f(x) = \frac{\sin x}{x}$

c) $f(x) = \frac{\sin x}{\cos x}$

d) $f(x) = \frac{e^x}{x(e^x - e^2)}$

Einfache Symmetrien
Es gibt zwei mögliche einfache Symmetrien:
Punktsymmetrie zum Ursprung: $f(-x) = -f(x)$
Achsensymmetrie zur y-Achse: $f(-x) = f(x)$

Beispiel

Untersuchen Sie das Schaubild der Funktion f mit $f(x) = e^{2x} \cdot x^2$ auf Symmetrie.

Lösung:
$f(-x) = e^{2(-x)} \cdot (-x)^2 = e^{-2x} \cdot x^2$
f(–x) stimmt weder mit f(x) noch mit –f(x) überein; das Schaubild von f hat keine einfache Symmetrie.

Aufgabe 2. a) Erläutern Sie unter Zuhilfenahme geeigneter Skizzen, wie das Vorliegen einer einfachen Symmetrie anhand des Funktionsterms überprüft werden kann.

b) Untersuchen Sie die Schaubilder der Funktionen f mit
$f(x) = (x^2 + 1)^2 (x^2 + 4)$
und g mit
$g(x) = (x^2 - 4) \sin x$
auf einfache Symmetrien.

Nullstellen, Extremstellen und Wendestellen

- Die **Nullstellen** einer Funktion f werden über die Gleichung $f(x_0) = 0$ bestimmt.
- Zur Bestimmung der **Extremstellen** einer differenzierbaren Funktion f verwendet man – sofern nicht der GTR benutzt wird – die Ableitungen:
  - Ein **Hochpunkt** des Schaubilds von f liegt vor, wenn $f'(x_0) = 0$ und $f''(x_0) < 0$ **oder** $f'(x_0) = 0$ und das Vorzeichen von f' an dieser Stelle von Plus nach Minus wechselt.
  - Ein **Tiefpunkt** des Schaubilds von f liegt vor, wenn $f'(x_0) = 0$ und $f''(x_0) > 0$ **oder** $f'(x_0) = 0$ und das Vorzeichen von f' an dieser Stelle von Minus nach Plus wechselt.
- Eine **Wendestelle** des Schaubilds von f ist bestimmt durch $f''(x_0) = 0$ und $f'''(x_0) \neq 0$ **oder** durch $f''(x_0) = 0$ und einen Vorzeichenwechsel von f'' an dieser Stelle.
- Wenn (z. B. bei Anwendungsaufgaben) **keine exakten Werte** verlangt sind und die Funktion parameterfrei bearbeitbar ist, dann können die oben genannten Stellen auch **mithilfe des GTR bestimmt** werden (siehe Kapitel zum GTR).

Beispiel

Bestimmen Sie für $t \neq 0$ die gemeinsamen Punkte mit der x-Achse und die Extrem- und Wendepunkte des Schaubildes der Funktion f_t mit $f_t(x) = tx \cdot e^{-x}$.

Lösung:

Nullstellen: $f_t(x) = 0 \quad \Leftrightarrow \quad tx \cdot e^{-x} = 0 \quad \Leftrightarrow \quad x = 0$

Nullstelle bei $N(0\,|\,0)$

Extremstellen: $f_t'(x) = te^{-x} - tx \cdot e^{-x} = 0 \quad \Leftrightarrow \quad t(1-x)e^{-x} = 0 \quad \Leftrightarrow \quad x = 1$

$f_t''(x) = -te^{-x} - t(1-x)e^{-x} = -t(2-x)e^{-x}$

$$f_t''(1) = -te^{-1} \begin{cases} < 0 & \text{für } t > 0 \\ > 0 & \text{für } t < 0 \end{cases}$$

Mit $f_t(1) = \frac{t}{e}$ folgt daraus: Für $t > 0$ liegt bei $E_t\left(1 \,\middle|\, \frac{t}{e}\right)$ ein Hochpunkt vor, für $t < 0$ gibt es bei $E_t\left(1 \,\middle|\, \frac{t}{e}\right)$ einen Tiefpunkt.

Wendestellen: $f_t''(x) = -t(2-x)e^{-x} = 0 \quad \Leftrightarrow \quad x = 2$

$f_t(2) = \frac{2t}{e^2}$

An der Stelle $x = 2$ hat $f_t''(x)$ einen Vorzeichenwechsel (der Faktor $2 - x$ ändert an dieser Stelle sein Vorzeichen, die anderen Faktoren nicht), sodass das Schaubild den Wendepunkt $W_t\left(2 \,\middle|\, \frac{2t}{e^2}\right)$ besitzt.

Aufgabe **3.** Gegeben ist für $t > 0$ die Funktion f_t mit $f_t(x) = \frac{1}{t + e^x}$. Ihr Schaubild wird mit K_t bezeichnet.
Bestimmen Sie die Gleichung einer Kurve, auf der die Wendepunkte von K_t liegen.

Gleichung einer Tangente in einem Kurvenpunkt

Die Gleichung der Tangente an das Schaubild einer Funktion f in einem Kurvenpunkt $P(u\,|\,f(u))$ lautet:

$y = f'(u) \cdot (x - u) + f(u)$

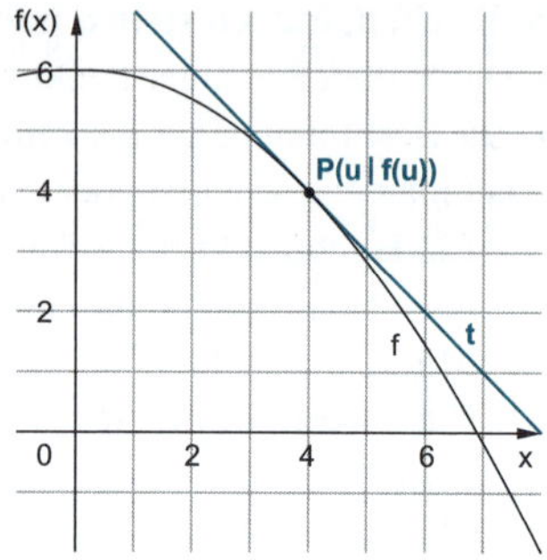

Die Richtigkeit obiger Formel ist leicht einzusehen: An der Stelle $x = u$ ist der Klammerterm $(x - u) = 0$. Somit nimmt die Tangente an dieser Stelle den Wert $y = f(u)$ an; der Berührpunkt liegt also auf der Tangente. Die Tangente hat die Steigung $f'(u)$, also stimmt die Tangentensteigung mit der Steigung der Kurve am Berührpunkt überein.

Beispiel

Bestimmen Sie die Gleichung der Geraden, die parallel zur ersten Winkelhalbierenden ist und das Schaubild der Funktion f mit $f(x) = \frac{x-1}{x^2}$ berührt.

Lösung:

Die erste Winkelhalbierende hat die Steigung 1. Gesucht ist also eine Tangente mit der Steigung 1. Im Berührpunkt $B(u\,|\,f(u))$ muss auch das Schaubild von f die Steigung 1 haben. Zu lösen ist also zunächst die Gleichung $f'(x) = 1$.

1. Weg (vorwiegend analytisch):

$f(x) = \frac{x-1}{x^2} = \frac{1}{x} - \frac{1}{x^2}$; somit folgt für die Ableitung f' von f:

$f'(x) = -\frac{1}{x^2} + \frac{2}{x^3}$

Die Bedingung

$f'(x) = 1 \Leftrightarrow -\frac{1}{x^2} + \frac{2}{x^3} = 1 \Leftrightarrow -x + 2 = x^3$

löst man mit dem GTR: Eingabe der beiden Seiten der Gleichung als Funktionsterme mittels [Y=] und numerische Bestimmung des Schnittpunkts mittels [CALC] <intersect>.

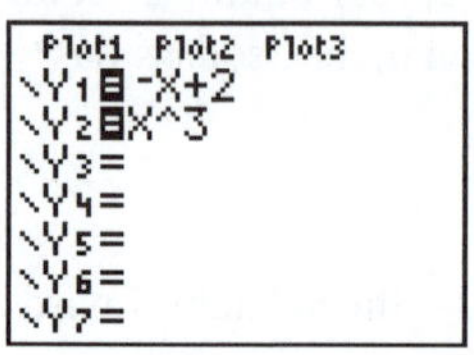

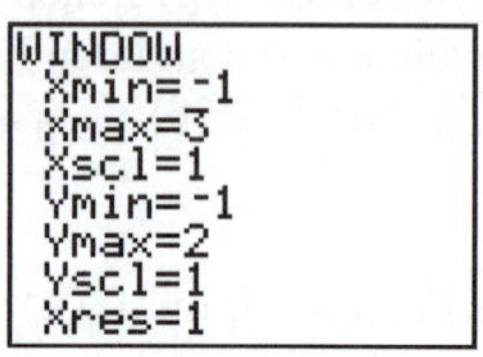

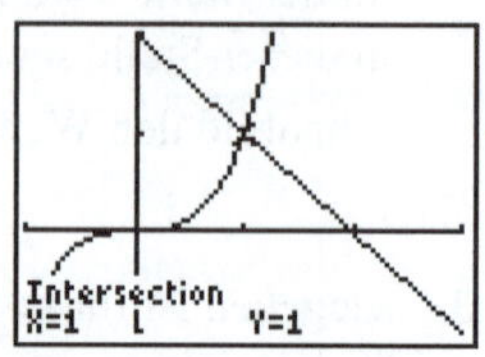

Natürlich ist auch der völlige Verzicht auf den GTR möglich. In diesem Fall muss man eine Lösung raten und dann eine Polynomdivision durchführen.

2. Weg (vorwiegend mit GTR):

Da der GTR numerisch ableiten kann, ist auch eine reine GTR-Lösung möglich: Man lässt den GTR das Schaubild von f und von f' sowie die Gerade $y=1$ zeichnen (Menüpunkte [Y=], [WINDOW] und [GRAPH]). Anschließend bestimmt man mit [CALC] <intersect> den Schnittpunkt zwischen dem Schaubild von f' und der Geraden $y=1$. An dieser Stelle liegt der Berührpunkt.

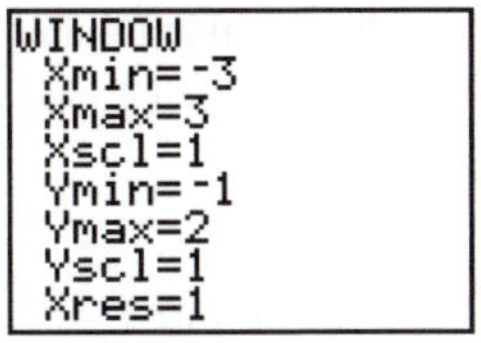

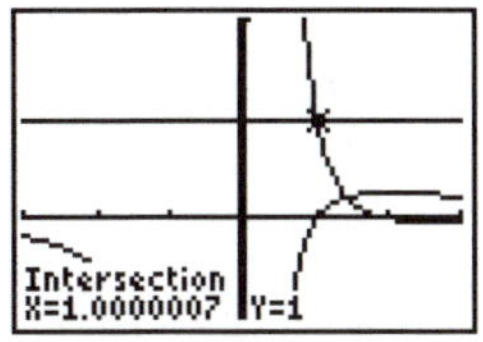

Der GTR liefert als Schnittpunkt zwischen dem Schaubild von f' und der Geraden $y=1$ den Wert $x=1$.

Der Berührpunkt lautet also $B(1\,|\,f(1))=B(1\,|\,0)$.

Zur Bestimmung des Schnittpunkts müssen die Kurven Y2 und Y3 mit der Cursortaste [▼] ausgewählt und ein Näherungswert für die Lösung muss eingegeben werden. Die Korrektheit der exakten Lösung $x=1$ kann nun noch mithilfe der Ableitungsfunktion nachgewiesen werden.

Bei beiden Wegen ergibt sich für die Gleichung der Tangente:

$y=1\cdot(x-1)+f(1)=x-1+0=x-1$

Abschließend kann man mittels GTR noch eine Kontrollzeichnung anfertigen:

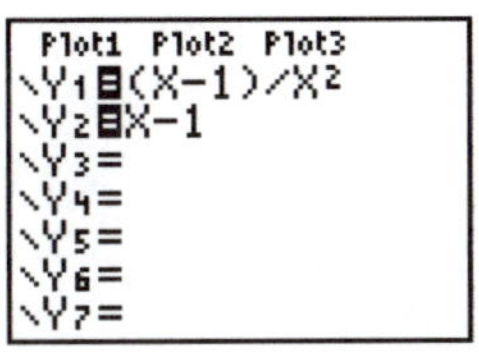

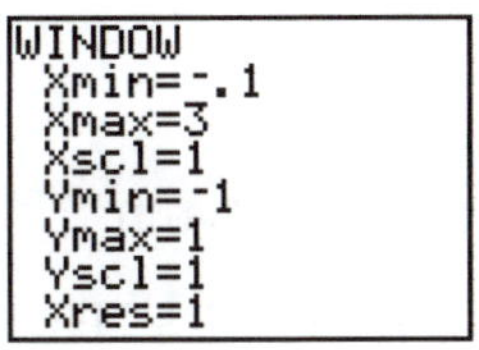

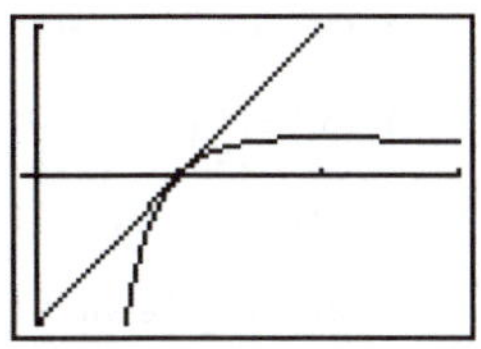

Aufgabe 4. Gegeben ist das Schaubild K der Funktion f mit $f(x)=x^3-12x^2+36x$. Die Tangente im Kurvenpunkt $P(3\,|\,f(3))$ schließt mit K eine Fläche ein. Bestimmen Sie deren Inhalt.

Gleichung einer Normalen in einem Kurvenpunkt
Die Normale in einem Kurvenpunkt $P(u\,|\,f(u))$ besitzt die folgende Gleichung:
$y = -\frac{1}{f'(u)} \cdot (x - u) + f(u)$
Für die Steigungen **m_t der Tangente und m_n der Normalen gilt stets:**
$m_n \cdot m_t = -1$
(Diese Beziehung gilt für alle orthogonal aufeinanderstehenden Geraden, sofern die beiden Geraden endliche Steigungen haben, also keine der beiden Geraden parallel zur y-Achse verläuft.)

Beispiel

Gegeben ist für $t \neq 0$ die Funktion f_t mit $f_t(x) = \frac{t}{9}x(x^2 - 9)$. Ihr Schaubild wird mit K_t bezeichnet.
Geben Sie die Gleichung der Tangente und die Gleichung der Normalen im Ursprung an.
Welche Beziehung besteht zwischen t_1 und t_2, wenn sich die zugehörigen Schaubilder im Ursprung rechtwinklig schneiden?
Welche Beziehung besteht zwischen t_1 und t_2, wenn sich die zugehörigen Schaubilder auf der positiven x-Achse rechtwinklig schneiden?
Gibt es Schaubilder K_t, die sich im Ursprung und auf der positiven x-Achse rechtwinklig schneiden?

Lösung:
Alle Kurven K_t gehen durch $O(0\,|\,0)$, $N_1(3\,|\,0)$ und $N_2(-3\,|\,0)$.

$f_t(x) = \frac{t}{9}(x^3 - 9x)$

$f_t'(x) = \frac{t}{9}(3x^2 - 9)$

$f_t'(0) = \frac{t}{9}(-9) = -t;\ f_t'(3) = \frac{t}{9}(27 - 9) = 2t$

Damit ergibt sich für die Tangente im Ursprung: $y = -tx$

Die Gleichung der Normalen im Ursprung lautet: $y = \frac{1}{t}x$

Damit sich die Schaubilder für t_1 und t_2 im Ursprung rechtwinklig schneiden, muss $m_1 \cdot m_2 = -1$ sein:
$(-t_1)(-t_2) = -1 \quad \Leftrightarrow \quad t_1 \cdot t_2 = -1$

Damit sich die Schaubilder für t_1 und t_2 auch in $N_1(3\,|\,0)$ rechtwinklig schneiden, muss das Produkt der beiden Steigungen dort ebenfalls -1 sein:
$2t_1 \cdot 2t_2 = -1 \Leftrightarrow t_1 \cdot t_2 = -\frac{1}{4}$

Beide Bedingungen können nicht gleichzeitig erfüllt sein; es gibt also keine Schaubilder, die sich in diesen beiden Nullstellen rechtwinklig schneiden.

Aufgaben **5.** Es bezeichne K das Schaubild der Funktion f mit $f(x)=\frac{1}{4}x^4-\frac{3}{2}x^2+2$.

a) Bestimmen Sie die Fläche, die von K und den Tangenten an K in den beiden äußeren Nullstellen eingeschlossen wird.

b) Bestimmen Sie den Flächeninhalt des Vierecks, das von den Tangenten und Normalen in den beiden Wendepunkten von K umschlossen wird.

→ Lösungshilfe 5

6. Gegeben ist für $t>0$ die Funktion f_t mit $f_t(x)=6(2x^2+x^3)e^{x-0{,}25t}$. Ihr Schaubild wird mit K_t bezeichnet.
Die Tangente an K_t im Punkt $P(-2\,|\,f(-2))$ schneidet die y-Achse im Punkt R. Die Normale in P schneidet die y-Achse im Punkt S. Skizzieren Sie diese Situation für $t=1$.
Bestimmen Sie t so, dass die Strecke [RS] die Länge 5 besitzt.

Tangente von einem Punkt P außerhalb der Kurve K an die Kurve

Es gibt mehrere Wege, die zum Ziel führen; meist ist der hier als 1. Weg beschriebene Weg der einfachste.

1. Weg: Aufstellen der **Tangentengleichung in einem beliebigen Kurvenpunkt** $Q(u\,|\,v)$ mit u als Parameter und Bestimmung von u durch Punktprobe mit P.

2. Weg: Aufstellen einer **allgemeinen Geradengleichung** durch P mit der Steigung m als Parameter. Der Berührpunkt auf der Kurve ist mindestens **doppelter Schnittpunkt** zwischen Kurve und allgemeiner Geraden.

3. Weg: Aufstellen einer **allgemeinen Geradengleichung** durch $P(x_P\,|\,y_P)$ mit der Steigung m als Parameter. Damit diese Gerade Tangente an K in einem Kurvenpunkt $Q(u\,|\,v)$ ist, müssen **Funktionswert und Steigung von Tangente und Kurve in P übereinstimmen**. Es muss also gelten:
$f(u)=m(u-x_P)+y_P$ und $f'(u)=m$
Aus diesen beiden Bedingungen werden u und m bestimmt.

Beispiel

Gegeben ist die Funktion f mit $f(x)=x^2$.
Bestimmen Sie die Gleichungen aller Tangenten, die man vom Punkt $P(1\,|\,-3)$ aus an das Schaubild von f legen kann.

Lösung:

$f'(x)=2x$

1. Weg:

Tangente in einem beliebigen Kurvenpunkt $Q(u\,|\,u^2)$:

$t\colon y=f'(u)\cdot(x-u)+f(u)=2u(x-u)+u^2=2ux-u^2$

Punktprobe mit $P(1\,|\,-3)$:

$-3=2u\cdot 1-u^2 \;\Leftrightarrow\; u^2-2u-3=0 \;\Leftrightarrow\; u_{1;2}=1\pm 2 \;\Leftrightarrow\; u_1=-1;\, u_2=3$

2. Weg:

Allgemeine Gerade durch $P(1|-3)$: $g: y = m(x-1)-3$

Schnitt dieser Geraden mit dem Schaubild von f:

$f(x) = m(x-1)-3 \iff x^2 - mx + m + 3 = 0 \iff x_{1;2} = \frac{m}{2} \pm \sqrt{\frac{m^2}{4} - m - 3}$

Die gesuchten Lösungen dieser Gleichung müssen doppelte Lösungen sein, deshalb muss der Radikand $\frac{m^2}{4} - m - 3 = 0$ sein:

$\frac{m^2}{4} - m - 3 = 0 \iff m^2 - 4m - 12 = 0 \iff m_{1;2} = 2 \pm 4 \iff m_1 = -2; m_2 = 6$

3. Weg:

Allgemeine Gerade durch $P(1|-3)$: $g: y = m(x-1)-3$

1. Bedingung: Die Gerade geht durch den Kurvenpunkt $Q(u|u^2)$:

$m(u-1)-3 = u^2$

2. Bedingung: Die Kurve hat bei $x = u$ die Steigung $m = 2u$.

Einsetzen der 2. Bedingung in die 1. Bedingung:

$2u(u-1)-3 = u^2 \iff u^2 - 2u - 3 = 0 \iff u_{1;2} = 1 \pm 2 \iff u_1 = -1; u_2 = 3$

Die gesuchten Tangentengleichungen lauten also stets:

$t_1: y = -2x - 1$; $t_2: y = 6x - 9$

Aufgaben

7. Gegeben ist die Funktion f mit $f(x) = \frac{1}{9}x^3 - \frac{2}{3}x^2$. Ihr Schaubild wird mit K bezeichnet.
Vom Punkt $P\left(-\frac{3}{2}\middle|\frac{3}{2}\right)$ aus sollen Tangenten an K gelegt werden. Bestimmen Sie die Gleichungen der Tangenten und die dazugehörigen Berührpunkte.

8. Das Schaubild K einer ganzrationalen Funktion f dritten Grades geht durch $A(0|2)$ und hat im Wendepunkt $W(2|0)$ eine Wendetangente mit der Steigung -3. Bestimmen Sie eine Funktionsgleichung von f.
Von einem Punkt $P(0|p)$ auf der y-Achse aus sollen Tangenten an K gelegt werden. Bestimmen Sie in Abhängigkeit von p die Anzahl der Tangenten, die man vom Punkt P aus an K legen kann.
→ Lösungshilfe 8

Ortslinien
Ortslinien sind Kurven, die durch eine Parametrisierung beschrieben werden. Meist stellt der Funktionsparameter die Parametrisierungsvariable dar. Durch Eliminierung des Parameters erhält man eine parameterfreie Darstellung dieser Kurve. Ortslinien können bequem **mit dem GTR skizziert** werden (siehe Beispiel).
Wichtig: Um die Ortslinie vollständig zu beschreiben, ist die Angabe des entsprechenden Definitionsbereichs erforderlich (siehe Beispiel).

Beispiel

Gegeben ist für $t>0$ die Funktion f_t mit $f_t(x) = x^3 + 2tx^2 + t^2x$. Ihr Schaubild wird mit K_t bezeichnet.
Bestimmen Sie die Koordinaten des Wendepunkts W_t.
Zeichnen Sie die Ortslinie aller Wendepunkte W_t.
Bestimmen Sie die Gleichung einer Kurve, auf der alle Wendepunkte W_t liegen.
Bestimmen Sie die Ortslinie aller Wendepunkte W_t.

Lösung:

$f_t'(x) = 3x^2 + 4tx + t^2$; $f_t''(x) = 6x + 4t$

$f_t''(x) = 0 \quad \Leftrightarrow \quad 6x = -4t \quad \Leftrightarrow \quad x = -\frac{2}{3}t$

Der Vorzeichenwechsel von f_t'' an dieser Stelle garantiert das Vorliegen eines Wendepunktes. Für seine Koordinaten x_W und y_W gilt:

(1) $x_W = -\frac{2}{3}t$

(2) $y_W = f_t(x_W) = \left(-\frac{2}{3}t\right)^3 + 2t\left(-\frac{2}{3}t\right)^2 + t^2\left(-\frac{2}{3}t\right) = -\frac{2}{27}t^3$

Zeichnen der Ortslinie mit dem GTR:
Der GTR wird mittels [MODE] in der vierten Zeile auf Par (Parameterdarstellung) eingestellt und man gibt x_W und y_W durch Aufruf des Funktionen-Editors (über die [Y=]-Taste) in die Zeile X1T bzw. Y1T ein. Der Parameter t wird dabei mithilfe der Taste [X,T,Θ,n] eingegeben.
Danach stellt man den geeigneten Zeichenbereich mit dem [WINDOW]-Menü ein und zeichnet die Ortslinie mittels [GRAPH].

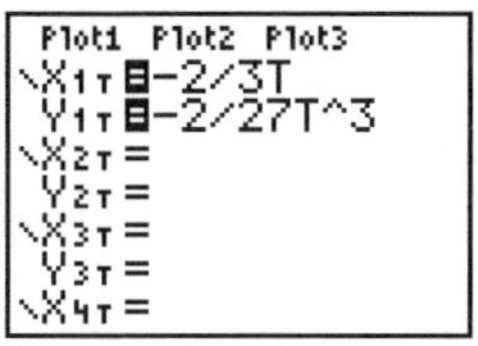

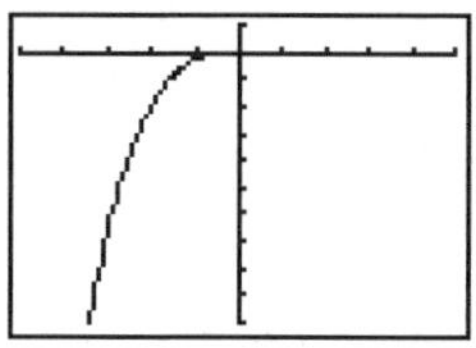

Bestimmung der Kurve:
Aus (1) folgt:
$t = -\frac{3}{2} x_W$
Eingesetzt in (2) ergibt sich damit:
$y_W = -\frac{2}{27}\left(-\frac{3}{2} x_W\right)^3 = \frac{1}{4} x_W^3$
Die Gleichung der gesuchten Kurve lautet:
$y = \frac{1}{4} x^3 \quad (x \in \mathbb{R})$

Nun ist nicht eine Kurve gesucht, die alle Wendepunkte enthält, sondern die Ortslinie selbst.
Da $t > 0$ vorausgesetzt ist, ergibt sich:
$x_W = -\frac{2}{3} t < 0$
Daher wird die Ortslinie bestimmt durch die Gleichung
$y = \frac{1}{4} x^3 \quad (x < 0)$

Die Ortslinie der Wendepunkte enthält in diesem Beispiel also weniger Punkte als die Kurve, auf der alle Wendepunkte liegen.

Aufgaben

9. Gegeben ist für $t > 0$ die Funktion f_t mit $f_t(x) = \frac{x^4}{t} - 2x^2 - 3t$.
Bestimmen Sie die Gleichung der Ortslinie der Tiefpunkte T_t des Schaubildes von f_t.

10. Gegeben ist für $t > 0$ das Schaubild K_t der Funktion f_t mit $f_t(x) = t(tx + 1)e^{-tx}$.
Untersuchen Sie K_t auf Wendepunkte. Welche Kurve durchlaufen die Wendepunkte, wenn t alle positiven reellen Zahlen durchläuft?

11. Gegeben ist die Funktion f_t mit $f_t(x) = e^x(t - x)$. Ihr Schaubild wird mit K_t bezeichnet.
Bestimmen Sie die Ortslinie der Hochpunkte von K_t.

Optimierungsaufgaben

Viele Optimierungsaufgaben können nach einem festen Schema bearbeitet werden:
1. Was ist zu optimieren? **(Aufstellen der Zielgröße)**
2. Welche Vorgaben sind hierbei zu beachten? **(Nebenbedingungen)**
3. Einbau der Vorgaben in die Zielgröße (**Bestimmung der Zielfunktion** als Funktion von nur noch einer Variablen)
4. Bestimmen des Optimums (Bestimmen der **Extremwerte der Zielfunktion**)

Beispiel

Gegeben ist die Funktion f mit $f(x) = \sin x \ (x \in [0; \pi])$. Das Schaubild von f schließt mit der x-Achse eine Fläche ein. In diese Fläche wird ein Rechteck eingezeichnet, dessen eine Seite auf der x-Achse liegt. Bestimmen Sie näherungsweise die Abmessungen dieses Rechtecks, wenn die Fläche des Rechtecks möglichst groß sein soll.

Lösung:

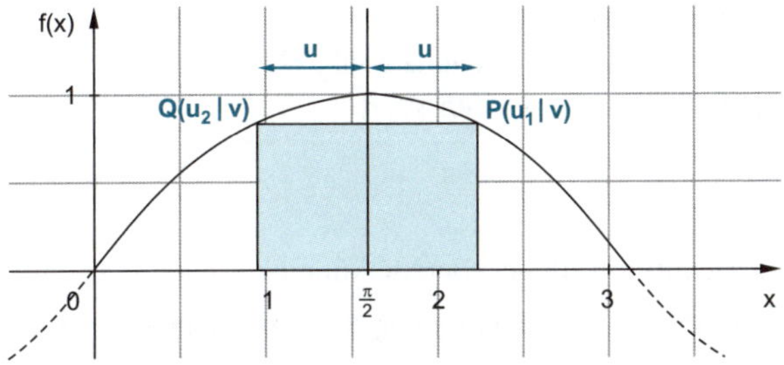

Zielgröße: Die Fläche des Rechtecks hat den Inhalt $A = (u_1 - u_2)v$.

Nebenbedingungen: Die Punkte P und Q liegen auf dem Schaubild von f und haben den gleichen y-Wert. Wegen der Symmetrie der Sinuskurve zu $x = \frac{\pi}{2}$ kann man den Parameter u einführen und die Variablen u_1, u_2 und v durch u ausdrücken:

$u_1 = \frac{\pi}{2} + u;\ u_2 = \frac{\pi}{2} - u$

Mit dem Additionstheorem für den Sinus erhält man für v:

$$v = \sin\left(\frac{\pi}{2} + u\right) = \sin\frac{\pi}{2} \cdot \cos u + \sin u \cdot \cos\frac{\pi}{2} = 1 \cdot \cos u + 0 \cdot \sin u = \cos u$$

Zielfunktion: Daraus ergibt sich $A(u) = 2u \cdot \cos u$ mit $0 < u < \frac{\pi}{2}$.

Extremwerte der Zielfunktion: Da nur eine näherungsweise Angabe der Abmessungen erforderlich ist, kann der GTR zur Bestimmung der maximalen Fläche eingesetzt werden.

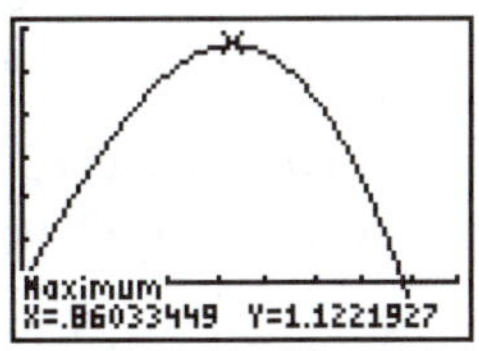

Die optimalen Abmessungen des Rechtecks sind:

$a = 2u_{max} \approx 2 \cdot 0{,}86 = 1{,}72$

$b = \sin\left(\frac{\pi}{2} + u_{max}\right) \approx 0{,}65$

Die maximale Rechtecksfläche beträgt dann $A_{max} \approx 1{,}12$.

Aufgabe 12. Gegeben ist die Funktion f mit $f(x) = (5-x)e^{x-1}$.
Die Gerade $x = u$ mit $0 < u < 5$ schneidet die x-Achse im Punkt A und das Schaubild von f im Punkt B. Bestimmen Sie u so, dass das Dreieck OAB einen maximalen Inhalt hat.

Integralfunktion und Stammfunktion

- Vorgegeben sind eine stetige Funktion f und eine Zahl $a \in \mathbb{D}_f$.
  Die Funktion F_a, die jedem Wert $x \in \mathbb{D}_f$ den Wert
  $$F_a(x) = \int_a^x f(t)\,dt$$
  zuordnet, nennt man **Integralfunktion** der Randfunktion f zur unteren Grenze a.
- Eine Funktion F, deren Ableitung die Funktion f ergibt, nennt man **Stammfunktion** von f.
- Die **Ableitung der Integralfunktion** liefert die Randfunktion:
  $$F_a'(x) = f(x)$$
- **Jede Integralfunktion ist eine Stammfunktion, aber nicht jede Stammfunktion ist eine Integralfunktion.**

Beispiel

Gegeben ist die Funktion f mit $f(x) = x^2 \cdot e^{-x}$.
Zeigen Sie, dass die Funktion F mit $F(x) = -(x^2 + 2x + 2)e^{-x}$ eine Stammfunktion von f ist. Überprüfen Sie, ob F auch eine Integralfunktion zur Randfunktion f ist.

Lösung:

Der Nachweis der **Stammfunktion** wird über die Ableitung von F (mithilfe von Produkt- und Kettenregel) durchgeführt:

$$\begin{aligned} F'(x) &= -(2x+2)e^{-x} + (x^2 + 2x + 2)e^{-x} \\ &= x^2 \cdot e^{-x} = f(x) \end{aligned}$$

Überprüfung der **Integralfunktionseigenschaft:**
Für jedes $a \in \mathbb{D}_f$ ist

$$F_a(a) = \int_a^a f(t)\,dt = 0.$$

Da sich F und F_a für jedes $a \in \mathbb{D}_f$ nur in einer Konstanten unterscheiden, ist F genau dann Integralfunktion, wenn es ein $a \in \mathbb{D}_f$ gibt, für das $F(a) = 0$ ist.

$$F(a) = 0 \quad \Leftrightarrow \quad -(a^2 + 2a + 2)e^{-a} = 0 \quad \Leftrightarrow \quad a^2 + 2a + 2 = 0$$

Da aber $a^2 + 2a + 2 = (a^2 + 2a + 1) + 1 = (a+1)^2 + 1$ für alle $a \in \mathbb{R}$ größer null ist, existiert kein solches a. F kann deshalb keine Integralfunktion von f sein.

Aufgabe **13.** Gegeben ist die Funktion f mit $f(x) = \frac{x^2-4}{x^2+1}$.
Bestimmen Sie die Extremstellen aller Integralfunktionen F_a von f.

Musteraufgabe

Gegeben ist zu jedem $t \in \mathbb{R}$ die Funktion f_t mit $f_t(x) = e^{1-x} + t(x-1)$ und dem Schaubild K_t.

a) Untersuchen Sie K_t auf Extrempunkte, Wendepunkte und Asymptoten.
Skizzieren Sie K_{-1}, K_1 und K_5.

b) Zeigen Sie, dass es einen Punkt S gibt, der für alle $t \in \mathbb{R}$ auf K_t liegt.
Für welche Werte von t schließt die Normale an K_t in S mit den Koordinatenachsen im ersten Feld (= Quadrant) ein Dreieck ein? Für welchen Wert von t ist die Fläche dieses Dreiecks minimal?

c) Die Schaubilder K_{-1} und K_5 schließen zusammen mit der y-Achse eine Fläche ein. Bestimmen Sie ihren Inhalt.

d) Geben Sie die Gleichung einer Kurve an, auf der alle Extrempunkte von K_t liegen.
Für welchen Wert von t berührt K_t die x-Achse?
Geben Sie die Anzahl der gemeinsamen Punkte von K_t mit der x-Achse in Abhängigkeit von t an. Begründen Sie Ihre Aussage.

Lösung:

a) $f_t'(x) = -e^{1-x} + t$; $f_t''(x) = e^{1-x}$

Extremstellen:

Die notwendige Bedingung $f_t'(x) = 0$ liefert $e^{1-x} = t$. Damit diese Gleichung lösbar ist, muss $t > 0$ sein. Daraus folgt:

$1 - x = \ln t \quad \Leftrightarrow \quad x = 1 - \ln t$

Die hinreichende Bedingung

$f_t''(1 - \ln t) = e^{\ln t} = t > 0$

liefert mit

$f_t(1 - \ln t) = e^{\ln t} - t \cdot \ln t = t - t \cdot \ln t$

den Tiefpunkt $T_t(1 - \ln t \mid t - t \cdot \ln t)$.

Für $t \leq 0$ existieren keine Extrema.

Wendestellen:

Die Gleichung

$f_t''(x) = 0 \quad \Leftrightarrow \quad e^{1-x} = 0$

hat keine Lösung; es gibt keine Wendepunkte.

Asymptoten:

$e^{1-x} \xrightarrow[x \to \infty]{} 0$

Das Schaubild K_t hat die Asymptote $y = t(x-1) = tx - t$.

Schaubildskizze (hier mit GTR):

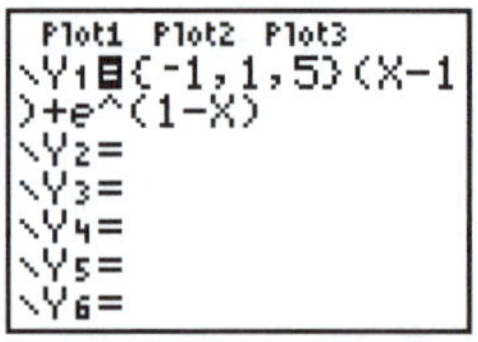

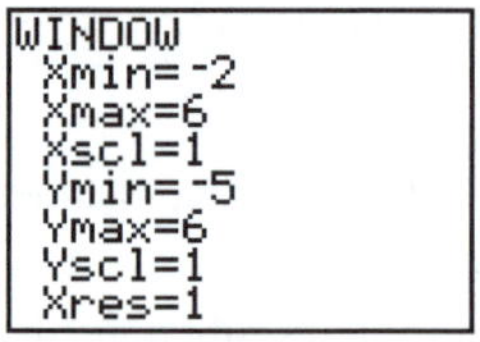

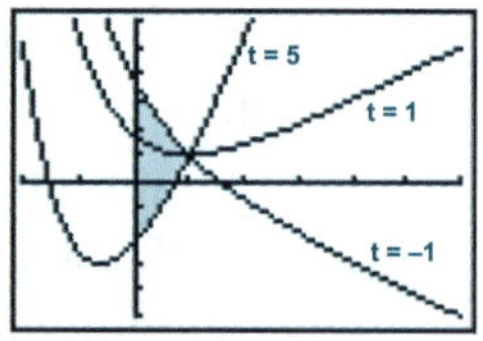

b) Anhand der Schaubildskizze vermutet man den gemeinsamen Punkt $S(1\,|\,1)$. Eine Punktprobe bestätigt die Richtigkeit dieser Vermutung:

$f_t(1) = e^0 + t(1-1) = 1$

Damit eine Gerade durch den Punkt S mit den Koordinatenachsen im ersten Feld ein Dreieck einschließt, muss die Gerade die Gleichung $y = m(x-1)+1$ mit $\mathbf{m < 0}$ erfüllen.

Eine negative Normalensteigung ist nur möglich, wenn das Schaubild K_t an der Stelle $x_S = 1$ eine positive Steigung besitzt (wegen $m_n = -\frac{1}{m_t}$).

Es muss also gelten:

$f_t'(1) = -1 + t > 0 \quad \Leftrightarrow \quad t > 1$

Die Gerade $y = m(x-1)+1$ hat dann die Koordinatenschnittpunkte

$A(0\,|\,-m+1)$ und $B\left(-\frac{1}{m}+1\,\middle|\,0\right)$.

Das Dreieck OAB hat die Fläche

$A(m) = \frac{1}{2}(-m+1)\left(-\frac{1}{m}+1\right) = \frac{1}{2}\left(-m+2-\frac{1}{m}\right)$.

Für den Wert m, für den diese Fläche minimal ist, muss notwendigerweise

$A'(m) = \frac{1}{2}\left(-1+\frac{1}{m^2}\right) = 0 \quad \Leftrightarrow \quad m^2 = 1 \quad \Leftrightarrow \quad m = -1$

gelten ($m < 0$ ist vorausgesetzt). An der Stelle $m = -1$ wechselt das Vorzeichen von A' von Minus nach Plus, dort liegt also ein Minimum vor.

$f_t'(1) = -1 + t \quad \Rightarrow \quad m_n = -\frac{1}{-1+t}$

Damit die Steigung m_n der Normalen gleich -1 ist, muss deshalb $t = 2$ sein:

$m_n = -\frac{1}{-1+t} = -1 \quad \Leftrightarrow \quad t = 2$

c) $A = \int_0^1 (f_{-1}(x) - f_5(x))\,dx = \int_0^1 -6(x-1)\,dx = (-3x^2+6x)\big|_0^1 = 3$

(*Alternative:* Berechnung mit dem GTR)

d) Für die Extrempunkte gilt: $x_T = 1 - \ln t$; $y_T = t - t \cdot \ln t \quad (t > 0)$
Auflösen von x_T nach t und anschließendes Einsetzen in y_T ergibt:
$t = e^{1 - x_T}$;
$y_T = e^{1-x_T} - e^{1-x_T} \cdot \ln e^{1-x_T} = e^{1-x_T} - (1 - x_T)e^{1-x_T} = x_T \cdot e^{1-x_T}$
Aus $t > 0$ folgt, dass $x_T = 1 - \ln t$ alle reellen Zahlen durchläuft.
Die gesuchte Kurve lautet:
$y = x \cdot e^{1-x} \quad (x \in \mathbb{R})$

K_t berührt die x-Achse, wenn der Tiefpunkt auf der x-Achse liegt. Die Ortslinie der Tiefpunkte hat jedoch nur den Ursprung mit der x-Achse gemeinsam. Wenn K_t die x-Achse berühren soll, dann muss diese Berührung im Ursprung erfolgen, es muss also gelten:
$x_T = 0 \quad \Leftrightarrow \quad \ln t = 1 \quad \Leftrightarrow \quad t = e$
K_e berührt die x-Achse (im Ursprung).
Für $t > 0$ gilt:
$f_t(x) \xrightarrow[x \to \infty]{} \infty$ und $f_t(x) \xrightarrow[x \to -\infty]{} \infty$

Das Minimum ist also gleichzeitig absolutes Minimum. Somit ergeben sich insgesamt fünf verschiedene Fälle:

1. Fall: $t = e$
Die y-Koordinate des Tiefpunkts ist null; an der Stelle $x = 0$ liegt der einzige gemeinsame Punkt mit der x-Achse.

2. Fall: $0 < t < e$
Da $\ln t < 1$ ist, folgt $x_T = 1 - \ln t > 0$ und hieraus $y_T = x_T \cdot e^{1-x_T} > 0$. Da der Tiefpunkt eine positive y-Koordinate besitzt, gibt es keine gemeinsamen Punkte mit der x-Achse.

3. Fall: $t > e$
Aus $\ln t > 1$ ergibt sich $x_T = 1 - \ln t < 0$ und damit $y_T = x_T \cdot e^{1-x_T} < 0$. Da der Tiefpunkt eine negative y-Koordinate besitzt, gibt es genau zwei gemeinsame Punkte mit der x-Achse.

4. Fall: $t < 0$
K_t hat genau eine Nullstelle, weil für diese Werte von t die Funktion f_t streng monoton fallend ist und weil gilt:
$f_t(x) \xrightarrow[x \to -\infty]{} \infty$ und $f_t(x) \xrightarrow[x \to \infty]{} -\infty$

5. Fall: $t = 0$
$f_0(x) = e^{1-x}$; K_0 hat keine gemeinsamen Punkte mit der x-Achse.

Aufgaben

14. Gegeben ist für $t \neq 0$ die Funktion f_t mit $f_t(x) = \frac{tx^3}{x^2 - t}$ und dem Schaubild K_t.

a) Bestimmen Sie den maximalen Definitionsbereich $\mathbb{D}_t$ und untersuchen Sie K_t auf Symmetrie.

b) Bestimmen Sie die gemeinsamen Punkte von K_t mit den Koordinatenachsen und untersuchen Sie K_t auf Extremwerte.
Skizzieren Sie K_1.

c) Nun sei $t > 0$. Der Punkt $P_t(u \mid v)$ mit $u > \sqrt{t}$ ist ein Punkt von K_t. Die Koordinatenachsen und ihre Parallelen durch P_t begrenzen ein Rechteck. Bestimmen Sie die Abszisse des Punktes P_t, für den das Rechteck einen minimalen Flächeninhalt hat. Geben Sie diesen Flächeninhalt an. Für welchen Wert von t ist dieses Rechteck ein Quadrat?

15. Gegeben ist für $t \neq 0$ die Funktion f_t mit $f_t(x) = \frac{tx^2 - 4}{x^2}$. Ihr Schaubild wird mit K_t bezeichnet.

a) Skizzieren Sie für drei Werte von t die Schaubilder K_t in einem gemeinsamen Achsenkreuz. Beschreiben Sie anhand der Skizzen wesentliche Eigenschaften der Schaubilder und weisen Sie diese Eigenschaften anschließend anhand einer Kurvendiskussion nach.

b) Für $t > 0$ schließen die Tangenten in den Nullstellen von f_t mit der x-Achse ein Dreieck ein. Bestimmen Sie t so, dass dieses Dreieck einen rechten Winkel besitzt. Rotiert das Dreieck um die y-Achse, so entsteht ein Drehkörper mit dem Volumen V. Zeigen Sie, dass V nicht von t abhängt.

c) Bestimmen Sie in Abhängigkeit von t die Anzahl der gemeinsamen Punkte von K_t mit der ersten Winkelhalbierenden. Begründen Sie Ihr Ergebnis.

→ Lösungshilfe 15 c

Integration

Während die Integralrechnung bei Kurvenuntersuchungen überwiegend zur Berechnung von Flächeninhalten verwendet wird, kann man das Verfahren der Integration bei anwendungsorientierten Aufgaben in vielen Bereichen zur „stetigen Summation“ sowie zur Bestimmung eines Mittelwerts einsetzen.

Integrationsregeln

- **Potenzregel**

  Für $n \neq -1$ gilt: $\int x^n \, dx = \frac{1}{n+1} x^{n+1} + c \quad (c \in \mathbb{R})$

- **Lineare Substitution**

  Ist F eine Stammfunktion von f, dann gilt:

  $\int f(mx+b) \, dx = \frac{1}{m} F(mx+b) + c \quad (c \in \mathbb{R})$

Integrale von Funktionen, für die man keine Stammfunktion finden kann, lassen sich ersatzweise mit dem GTR bestimmen, sofern die Funktionen parameterfrei sind.

eispiele

1. $\int (2x+5)^6 \, dx = \frac{1}{2} \cdot \frac{1}{7}(2x+5)^7 + c = \frac{(2x+5)^7}{14} + c \quad (c \in \mathbb{R})$

   $$\int_1^2 \frac{1}{(5x-4)^2} \, dx = \int_1^2 (5x-4)^{-2} \, dx = \frac{1}{5}(-1)(5x-4)^{-1} \Big|_1^2 = -\frac{1}{30} + \frac{1}{5} = \frac{1}{6}$$

   $$\int_0^1 \sqrt{5x+4} \, dx = \int_0^1 (5x+4)^{\frac{1}{2}} \, dx = \frac{1}{5} \cdot \frac{2}{3}(5x+4)^{\frac{3}{2}} \Big|_0^1 = \frac{2}{15}(5x+4)^{\frac{3}{2}} \Big|_0^1$$

   $$= \frac{18}{5} - \frac{16}{15} = \frac{38}{15}$$

2. Bestimmen Sie $\int_0^{\pi} x \cdot \sin x \, dx$.

   Lösung:

   Da hier keine Integrationsregeln bekannt sind, wird das Integral mithilfe des GTR bestimmt.

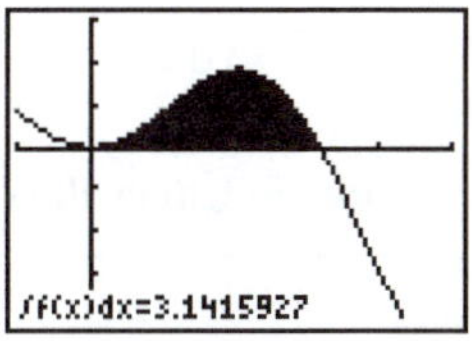

Die Integration wird mittels [CALC] <∫ f(x)dx> mit den Grenzen 0 und π bestimmt:

$$\int_0^{\pi} x \cdot \sin x \, dx = \pi$$

Aufgabe 16. Bestimmen Sie $\int_0^4 \sqrt{2x+1}\, dx$.

Interpretation des Integrals

Der Vorgang des Integrierens ist je nach Kontext verschieden interpretierbar.

1. **Standardvorstellung Flächenberechnung**

   Durch $\int_a^b f(x)\, dx$ wird die Fläche eines „krummlinigen Trapezes“ berechnet, also die Fläche, die vom Schaubild von f, der x-Achse und den beiden senkrechten Geraden x = a und x = b eingeschlossen wird.

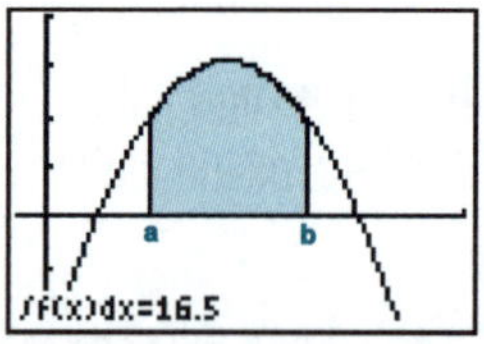

2. **Vorstellung des Aufsummierens**

   Beispiel:

   Stellt die Funktion v: t ↦ v(t) eine Geschwindigkeitsfunktion dar, dann kann

   $$\int_{t_1}^{t_2} v(t)\, dt$$

   interpretiert werden als die im Zeitraum von t_1 bis t_2 zurückgelegte Wegstrecke.

   Erklärung: Die Geschwindigkeit stellt die Änderung des Ortes pro Zeiteinheit (mathematisch genauer: die Änderungsrate des Ortes) dar. Integriert man die Geschwindigkeit über ein Zeitintervall $[t_1; t_2]$, dann „summiert“ man dadurch die einzelnen „Ortsänderungen“ auf und bestimmt somit die in diesem Zeitintervall zurückgelegte Gesamtwegstrecke.

   Allgemein: Stellt die **Funktion f die Änderungsrate (Ableitung) eines Zustands** in Abhängigkeit von einer Bezugsgröße x dar (im Beispiel ist die Zeit die Bezugsgröße), dann bestimmt

   $$\int_{x_1}^{x_2} f(x)\, dx$$

   die im Intervall $[x_1; x_2]$ erzielte Gesamtänderung des Zustands.

Beispiele für Aufsummierungen

Die Funktion f stellt dar:	$\int_a^b f(x)\,dx$ bedeutet:
Geschwindigkeit zu den jeweiligen Zeitpunkten (die Geschwindigkeit gibt die Wegänderung pro Zeiteinheit an)	die im Zeitintervall [a; b] zurückgelegte **Wegstrecke**
Beschleunigung zu den jeweiligen Zeitpunkten (die Beschleunigung gibt die Geschwindigkeitsänderung pro Zeiteinheit an)	die im Zeitintervall [a; b] erreichte Änderung der **Geschwindigkeit**
Wasserzuflussstärke in einem Wasserbecken zu den jeweiligen Zeitpunkten (die Zuflussstärke gibt die Änderung der Wassermenge pro Zeiteinheit an)	die im Zeitintervall [a; b] angesammelte **Wassermenge** in dem Wasserbecken
Umfang eines Kreises mit dem jeweiligen Radius (bei Änderung des Radius um Δr nimmt die Kreisfläche um etwa $U(r) \cdot \Delta r$ zu)	**Fläche** eines Kreisrings mit den Radien a und b
Oberfläche einer Kugel mit dem jeweiligen Radius (bei Änderung des Radius um Δr nimmt das Volumen um etwa $O(r) \cdot \Delta r$ zu)	**Volumen** einer Kugelschale mit Innenradius a und Außenradius b
Wachstumsrate einer Population zu den jeweiligen Zeitpunkten	**Zuwachs** der Population im Zeitintervall [a; b]
Wachstumsgeschwindigkeit eines Baumes zu den jeweiligen Zeitpunkten	**Größenzuwachs** des Baumes im Zeitintervall [a; b]

Beispiel

Die Oberfläche einer Kugel mit dem Radius r beträgt $O(r) = 4\pi \cdot r^2$. Bestimmen Sie hieraus das Volumen einer Kugel mit dem Radius R.

Lösung:

Die Wachstumsrate des Volumens wird durch die Oberfläche der Kugel beschrieben; das Volumen nimmt bei größer werdendem Radius proportional zur aktuellen Oberfläche zu.

Somit ergibt sich:

$$V(R) = \int_0^R O(r)\,dr = \int_0^R 4\pi \cdot r^2\,dr = \tfrac{4}{3}\pi \cdot r^3 \Big|_0^R = \tfrac{4}{3}\pi \cdot R^3$$

Aufgabe **17.** Eine Population umfasst zu Beginn der Messung 2000 Individuen und nimmt mit einer jährlichen Wachstumsrate gemäß der Funktion f mit $f(t) = 200e^{-\frac{1}{5}t}$ (t in Jahren) zu. Bestimmen Sie den Bestand nach 5 Jahren.

> **Aufsummieren bei nicht stetigen Vorgängen**
> Bei **diskreten Vorgängen** kann zum „Aufsummieren" des Bestandes das Verfahren der Integration prinzipiell nicht angewendet werden. Hier ist der GTR jedoch ein gutes Hilfsmittel, um die einzelnen diskreten Zuwächse zu summieren.

Beispiel

Zu Beginn der Messung bedeckt eine Bakterienkultur auf einem Nährboden 100 cm^2. Jeweils am Ende eines Tages wird der Zuwachs der bedeckten Fläche (in cm^2) gemessen:

Tag	1	2	3	4	5	6
Flächenzuwachs	120	60	40	30	24	20

Welche Fläche ist nach 6 Tagen bedeckt?
Welche Fläche ist nach 60 Tagen bedeckt, wenn der Flächenzuwachs am n-ten Tag weiterhin $\frac{120}{n}$ cm^2 beträgt?

Lösung:
Nach 6 Tagen sind
$F(6) = 100 + 120 + 60 + 40 + 30 + 24 + 20 = 394 \text{ cm}^2$
bedeckt.

Die Berechnung für 60 Tage lässt sich einfacher mit dem GTR durchführen, und zwar über die Folgendefinition im Hauptbildschirm. Hierbei werden im Wesentlichen die beiden Befehle seq und sum verwendet.
Der seq-Befehl erzeugt eine Folge von Zahlen. Die Argumente dieses Befehls sind das Bildungsgesetz, die veränderliche Variable, der Startwert und der Endwert. Den seq-Befehl erreicht man via [LIST] <Ops – seq(>.

Die Tastenfolge [LIST] <Ops – seq(> [ENTER] 120 [÷] X [,] X [,] 1 [,] 60 [)] [ENTER] erzeugt die im Beispiel gewünschte Folge von Tageszuwächsen, nämlich {120, 60, 40, 30, 24, 20, …}.[1]
Der sum-Befehl summiert die Elemente einer Folge auf. Dieser Befehl steht im Menü [LIST] <Math>. Einziges Argument dieses Befehls ist eine Folge (Liste), z. B. die mit dem seq-Befehl erzeugte Folge.

---

1 Der GTR stellt eine Folge stets mit Mengensymbolen dar.

Die beiden Befehle können in einer Befehlszeile kombiniert werden. Die Eingabe sieht dann für das obige Beispiel folgendermaßen aus (man beachte, dass gemäß der Konvention in diesem Buch die [ENTER]-Taste nach sum und seq jeweils nicht aufgeführt wird, aber gedrückt werden muss):
100 [+] [LIST] <Math – sum(> [LIST] <Ops – seq(> 120 [÷] X [,] X [,] 1 [,] 60 [)] [)] [ENTER]

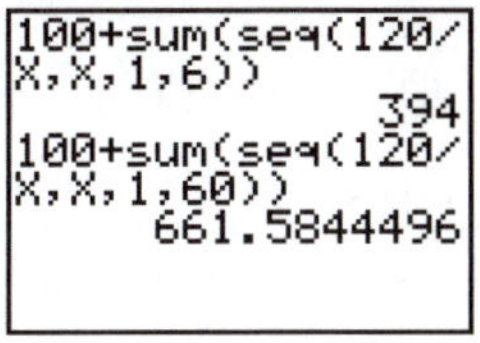

Auf diese Weise erhält man das Ergebnis $F(60) \approx 661{,}58\ cm^2$.

Verwendung des Verfahrens der Integration auch bei diskreten Zuwächsen
Wenn **sehr viele Einzelzuwächse** zu addieren sind, dann stößt der GTR an seine Grenzen; die **Rechenzeit** wächst sehr stark an. Für die näherungsweise Aufsummierung diskreter Zuwächse ist in einem solchen Fall auch die Integration geeignet.

Beispiel

Bestimmen Sie die nach 6 Tagen bedeckte Gesamtfläche aus dem Beispiel von Seite 34 näherungsweise mittels Integration.

Lösung:

Anhand der Messdaten kann man für den n-ten Tag einen Flächenzuwachs von $A(n) = \frac{120}{n}$ annehmen.

Der Ansatz

$$F(6) = 100 + \int_0^6 A(t)\,dt$$

ist zum Scheitern verurteilt, weil A(0) nicht definiert ist.

Das Problem bei den diskreten Tageszuwächsen liegt insbesondere darin, dass mit A(n), $n \in \{1; 2; 3; 4; 5; 6\}$, der Zuwachs während eines gesamten Tages angegeben wird und nicht die Wachstumsrate zu einem beliebigen Zeitpunkt in einem betrachteten Zeitintervall.

Folgende Darstellung für den 2. Tag soll das Problem erläutern: Die Zunahme der Fläche im Laufe des 2. Tages (t durchläuft an diesem Tag das Zeitintervall [1; 2]) beträgt wie in der Tabelle auf Seite 34 angegeben $\frac{120}{2} = 60\ cm^2$.

Übersetzung auf stückweise konstante Änderungsraten

Für den gesamten 2. Tag wird eine konstante Wachstumsrate von 60 angenommen. Den Tageszuwachs kann man damit auch formal korrekt über die Integration vom Beginn des 2. Tages bis zum Ende des 2. Tages berechnen:

$$\int_1^2 60\,dt = 60t\,\Big|_1^2 = 120 - 60 = 60$$

Im nachfolgenden Bild ist die während eines gesamten Tages konstante Wachstumsrate wiedergegeben.

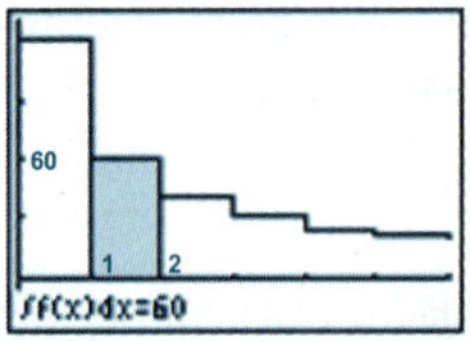

Fehler bei der Integration

Für jeden Zeitpunkt t während dieses Tages wird eine Zuwachsrate von $A(t) = \frac{120}{t}$ angenommen. Daraus ergibt sich für den Tageszuwachs

$$\int_1^2 A(t)\,dt = \int_1^2 \frac{120}{t}\,dt = 120\ln t\,\Big|_1^2$$
$$= 120\ln 2 \approx 83$$

Im nachfolgenden Bild ist die Zunahme von 60 **farbig** verdeutlicht; die darüberliegende schwarze Fläche stellt die fehlerhafte und überhöhte Zunahme von 23 dar.

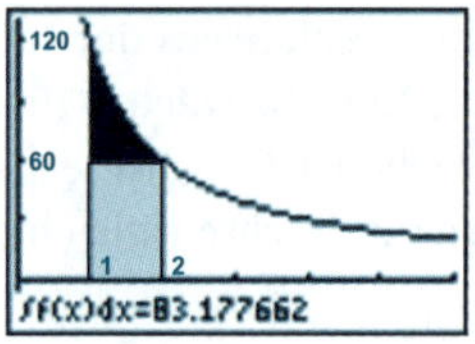

Nur an der Stelle $t = 2$ wird die Zuwachsrate für den 2. Tag korrekt angegeben, für alle Werte $t < 2$ ist die errechnete Zuwachsrate und damit auch die Gesamtzunahme zu hoch.

Das Verfahren der Integration ist immer dann zum Scheitern verurteilt, wenn sich zwischen der korrekten Treppenfunktion, wie sie sich bei diskreten Wachstumsvorgängen immer ergibt, und der stetigen Wachstumsfunktion **zu starke Unterschiede** ergeben. Wenn nun jedoch z. B. wegen zu vieler Einzelzuwächse die Summation zu zeitaufwendig ist, dann gibt es dennoch eine Möglichkeit, die Integration sinnvoll als Näherung zu verwenden:

Korrektur für das Verfahren der Integration

Man ändert die stetige Wachstumsrate so ab, dass sich über einen Tag gemittelt etwa die korrekte Zunahme ergibt. Für den 2. Tag könnte man z. B. annehmen, dass A(2) die **Wachstumsrate in der Mitte dieses Tages** ist. Damit würde der Beginn des zweiten Tages also auf $t = 1{,}5$ und das Ende auf $t = 2{,}5$ gelegt.

Nun ergibt sich für den Zuwachs während des 2. Tages unter Verwendung der stetigen Wachstumsrate:

$$\int_{1,5}^{2,5} A(t)\,dt = \int_{1,5}^{2,5} \frac{120}{t}\,dt$$
$$= 120 \ln t \Big|_{1,5}^{2,5} = 120(\ln 2,5 - \ln 1,5) \approx 61,3$$

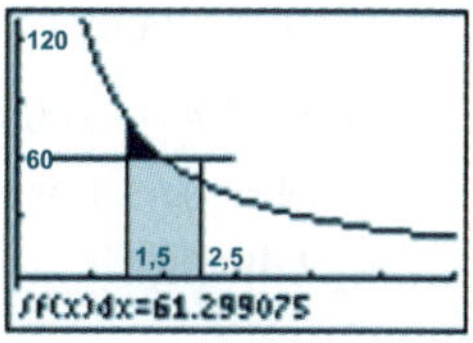

Hier heben sich also die zu großen Wachstumsraten zu Beginn des 2. Tages mit den zu kleinen Wachstumsraten am Ende des 2. Tages nahezu auf. Dieses Verfahren ist folglich gut geeignet, um diskrete Wachstumsvorgänge mittels Integration zu bestimmen, insbesondere wenn die diskrete Summation wegen zu vieler Einzelwerte zu lange dauert.

Zur Ermittlung der Gesamtgröße nach 6 Tagen kann man deshalb neben der Summation auch folgende **Näherungsrechnung** durchführen:

$$F(6) \approx 100 + \int_{0,5}^{6,5} A(t)\,dt = 100 + \int_{0,5}^{6,5} \frac{120}{t}\,dt = 100 + 120 \ln t \Big|_{0,5}^{6,5}$$
$$= 100 + 120 \ln 6,5 - 120 \ln 0,5 \approx 407,8$$

Aufgabe **18.** Bestimmen Sie näherungsweise die folgende Summe:

$$1 + \frac{1}{2} + \frac{1}{3} + \frac{1}{4} + \cdots + \frac{1}{10000}$$

→ Lösungshilfe 18

Mittelung mithilfe des Integrals

Beschreibt die Funktion f eine Größe in Abhängigkeit von der Zeit, dann gibt

$$\frac{1}{t_2 - t_1} \cdot \int_{t_1}^{t_2} f(t)\,dt$$

den **Mittelwert** dieser Größe im Zeitraum von t_1 bis t_2 an.

Beispiel

Die Geschwindigkeit eines Zuges zwischen zwei Stationen wird durch die Funktion v mit

$v(t) = 60t - 10t^2 \quad (0 \le t \le 6;$ t in Minuten, v(t) in km/h)

beschrieben. Bestimmen Sie die Durchschnittsgeschwindigkeit des Zuges bei dieser sechsminütigen Fahrt.

Lösung:

$$\overline{v} = \frac{1}{6} \cdot \int_0^6 v(t)\,dt = \frac{1}{6} \cdot \int_0^6 (60t - 10t^2)\,dt = \frac{1}{6}\left(30t^2 - \frac{10}{3}t^3\right)\Big|_0^6 = \frac{1}{6} \cdot 360 = 60$$

Die Durchschnittsgeschwindigkeit beträgt 60 $\frac{\text{km}}{\text{h}}$.

Aufgabe **19.** Die Größe einer Population wird während 20 Jahren durch die Funktion f mit

$f(t) = 4000 + 1000e^{-\frac{1}{10}t} \quad (0 \leq t \leq 20;\ t \text{ in Jahren})$

beschrieben. Bestimmen Sie die durchschnittliche Populationsstärke in diesen 20 Jahren.

Musteraufgabe

In ein Staubecken, das zu Beginn des Jahres 5000 m^3 Wasser enthält, fließt Wasser ein. Die Wasserzuflussrate kann durch die Funktion f mit

$f(t) = -t^2 + 40t + 225$

beschrieben werden (t in Tagen seit Jahresanfang, f(t) in m^3/Tag). Ein negativer Funktionswert weist dabei auf einen Abfluss von Wasser hin.

a) Bestimmen Sie den Wasserstand nach 30 Tagen.

b) Welche maximale Wassermenge ist in den ersten 3 Monaten zu erwarten?

c) Wann wird das Becken nach diesem Modell leer sein?

d) Bestimmen Sie die mittlere Zuflussrate in den ersten 60 Tagen.
Bestimmen Sie die mittlere Wassermenge in den ersten 60 Tagen.

Lösung:

a) Nach 30 Tagen beträgt der Wasserstand des Beckens (in Kubikmetern):

$$V = 5000 + \int_0^{30} f(t)\,dt = 5000 + \left(-\frac{t^3}{3} + 20t^2 + 225t\right)\Big|_0^{30} = 5000 + 15750 = 20750$$

b) Die größte Wassermenge wird dann erreicht, wenn der Zufluss in einen Abfluss übergeht, wenn also $f(t) = 0$ ist:

$f(t) = 0 \;\Leftrightarrow\; -t^2 + 40t + 225 = 0 \;\Leftrightarrow\; t = 45 \qquad (t \geq 0 \text{ wird vorausgesetzt})$

Nach 45 Tagen wird die größte Wassermenge erreicht. Sie beträgt dann (in Kubikmetern):

$$V = 5000 + \int_0^{45} f(t)\,dt = 5000 + \left(-\frac{t^3}{3} + 20t^2 + 225t\right)\Big|_0^{45} = 5000 + 20250 = 25250$$

Alternative: Die Wassermenge zu einem Zeitpunkt T beträgt

$$V(T) = 5000 + \int_0^{T} f(t)\,dt = 5000 - \frac{T^3}{3} + 20T^2 + 225T$$

Die größte Wassermenge wird dann mit dem GTR bestimmt. Man verwendet die GTR-Menüs [Y=] zur Funktionseingabe, [WINDOW] zum Einstellen des Zeichenbereichs und [GRAPH] zum Erstellen des Schaubilds.

Mit [CALC] <maximum> wird schließlich das Maximum errechnet.

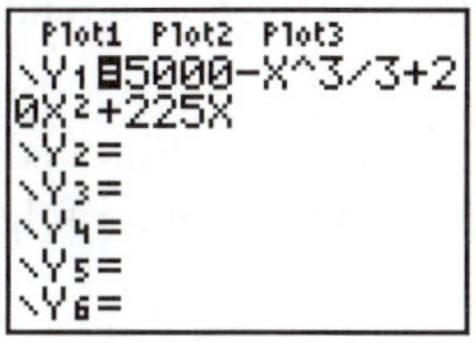

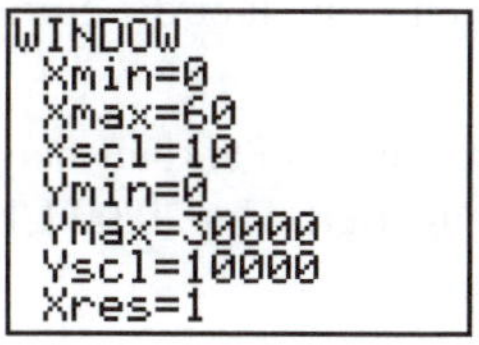

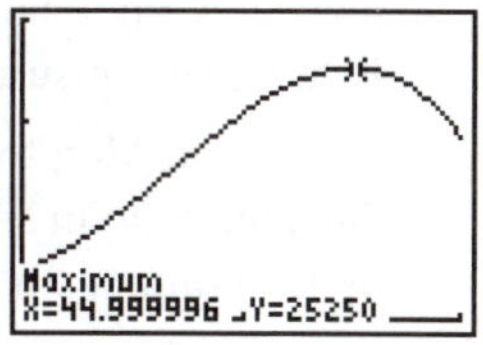

Die größte Wassermenge wird nach 45 Tagen erreicht und beträgt 25 250 m³.

c) Das Wasserbecken ist leer, wenn $V(T) = 0$ ist. Auch dieser Zeitpunkt kann mittels GTR bestimmt werden (Menüpunkt [CALC] <zero>).

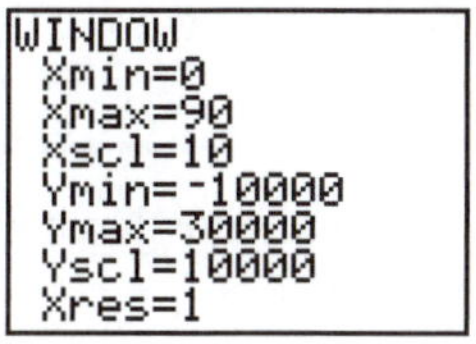

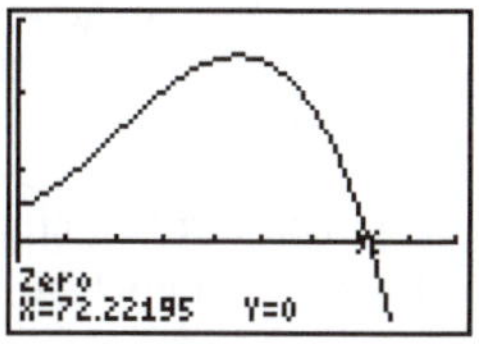

Nach ca. 72 Tagen ist das Becken nach diesem Modell leer. (Werte nach mehr als 72 Tagen sind nach diesem Modell also sinnlos.)

d) Die mittlere Zuflussrate beträgt (in m³/Tag):

$$\overline{Z} = \frac{1}{60} \cdot \int_0^{60} f(t)\,dt = \frac{1}{60}\left(-\frac{60^3}{3} + 20 \cdot 60^2 + 225 \cdot 60\right) = 225$$

Die Wassermenge zum Zeitpunkt T beträgt laut Aufgabenteil b:

$$V(T) = 5000 - \frac{T^3}{3} + 20T^2 + 225T$$

Für die durchschnittliche Wassermenge in den ersten 60 Tagen ergibt sich:

$$\overline{V} = \frac{1}{60} \cdot \int_0^{60} V(t)\,dt = \frac{1}{60} \cdot \int_0^{60} \left(5000 - \frac{t^3}{3} + 20t^2 + 225t\right) dt$$

Das Ergebnis kann bequem mit dem GTR bestimmt werden.
Die mittlere Wassermenge beträgt 17 750 m³.

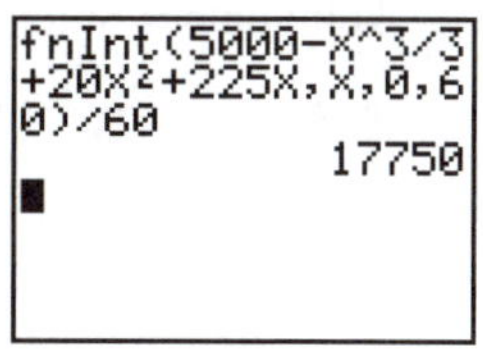

Aufgaben **20.** Ein Schilfrohr, das zu Beginn der Messung 10 cm hoch war, wächst gemäß der Funktion f mit

$$f(t) = 20e^{-\frac{1}{10}t} \qquad \text{(t in Tagen nach Beginn der Messung, f(t) in cm/Tag).}$$

a) Wie hoch ist das Schilfrohr gemäß diesem Modell nach einer Woche?

b) Wie groß kann das Schilfrohr nach diesem Modell höchstens werden?

21. In einem von 7.00 Uhr bis 24.00 Uhr geöffneten Parkhaus mit 800 Stellplätzen werden über einen Computer die einfahrenden und die ausfahrenden Fahrzeuge registriert.

Auf einem Monitor wird für den Parkhausbetreiber die jeweilige Ein- und Ausfahrtsrate in $\frac{\text{Pkw}}{\text{h}}$ registriert. Um 20.00 Uhr sind auf dem Monitor folgende Diagramme zu sehen:

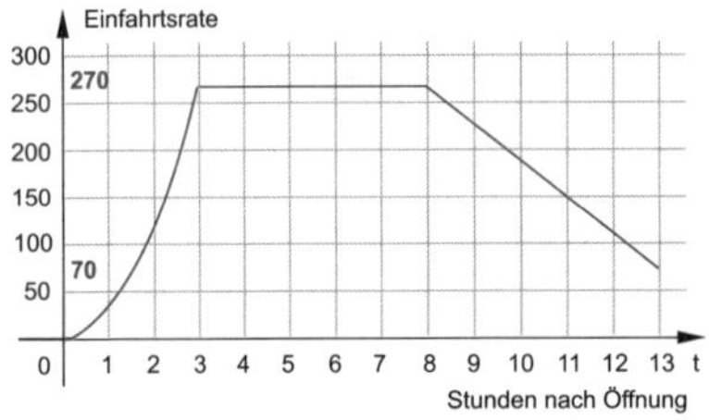

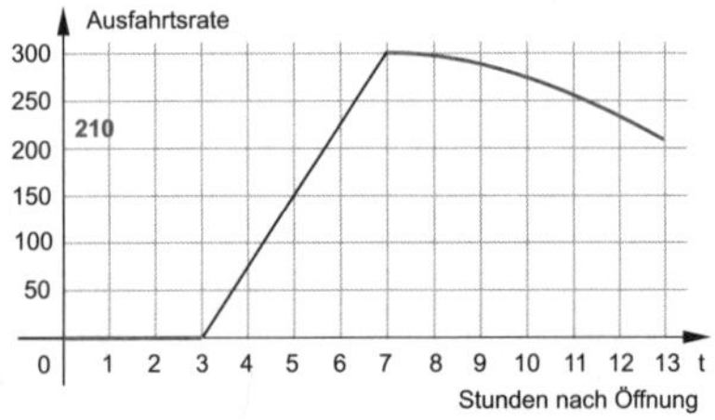

a) Beschreiben Sie die einzelnen farblich abgesetzten Abschnitte durch geeignete ganzrationale Funktionen höchstens zweiten Grades.

b) Wie viele Fahrzeuge befinden sich um 10.00 Uhr im Parkhaus? Wie viele Fahrzeuge sind im Laufe des Tages in das Parkhaus eingefahren?

c) Wie viele Fahrzeuge befinden sich um 20.00 Uhr noch im Parkhaus?

d) Geben Sie eine stückweise definierte Funktion an, die die Zahl der im Parkhaus abgestellten Pkws in Abhängigkeit von der Zeit nach der Öffnung angibt.
Um wie viel Uhr ist das Parkhaus am stärksten belegt? Geben Sie die maximale Belegung prozentual an.

→ Lösungshilfe 21 a

22. Die Produktionskosten für die Herstellung von handwerklichen Artikeln sinken im Verlauf der Herstellung durch Rationalisierungs- und Lerneffekte. Die Kosten in Euro für die Herstellung eines Artikels können in Abhängigkeit von der Stücknummer x beschrieben werden durch die Funktion K mit

$K(x) = \frac{60x + 380}{x + 5} \quad (x > 0).$

a) Die Produktionskosten sinken im Verlauf der Produktion ständig. Welcher Betrag wird für die Produktion eines Artikels auch langfristig nicht unterschritten?
Die Produktion wird als rentabel bezeichnet, wenn die Produktionskosten den langfristig erreichbaren Betrag um nicht mehr als 5 % überschreiten. Ab welcher Artikelnummer wird dies der Fall sein?

b) Wie viele Artikel kann man direkt nach Produktionsbeginn mit einem Geldbetrag von 10 000 € herstellen?

c) Bestimmen Sie die durchschnittlichen Herstellungskosten der ersten 200 Artikel.

23. Der Preis von Rohöl hat sich im Laufe eines Jahres durch weltpolitische Vorgänge folgendermaßen entwickelt (fiktives Beispiel):

Datum	1. Januar	1. Mai	1. Juli	1. November
Ölpreis in Dollar/Barrel	15,00	27,80	34,20	35,00

Beschreiben Sie die Entwicklung durch eine ganzrationale Funktion dritten Grades. Bestimmen Sie mittels dieser Funktion den Durchschnittspreis im Laufe dieses Jahres.

Rotationsvolumen

Wenn eine Fläche (z. B. die Fläche zwischen einer Kurve K_f und der x-Achse im Intervall [a; b]) um die x-Achse rotiert, dann entsteht ein **Rotationskörper**. Dieser Körper ist rotationssymmetrisch bezüglich der x-Achse. Methoden der Analysis erlauben es, das Volumen eines solchen Rotationskörpers zu bestimmen.

Rotationsvolumen

Die Formel zur Bestimmung des Rotationsvolumens des Körpers, der durch Rotation des Schaubildes der Funktion f um die x-Achse über dem Intervall [a; b] entsteht, lautet:

$$V = \pi \cdot \int_a^b f^2(x)\,dx$$

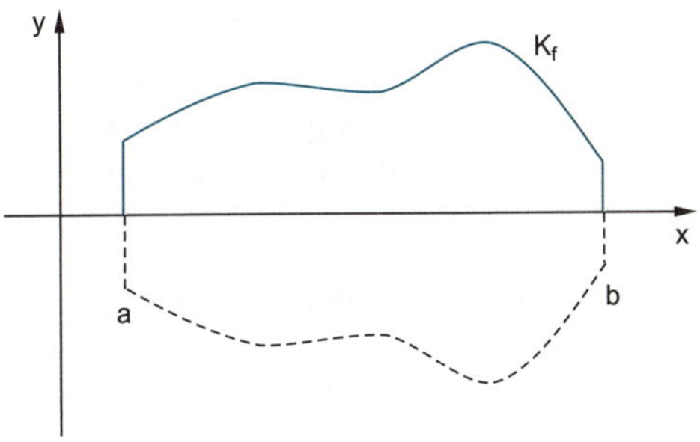

Die Funktion f wird hierbei quadriert, sodass man nicht auf das Vorzeichen von f achten muss. Auch Wurzelfunktionen können einfach integriert werden, weil die Wurzel durch das Quadrieren wegfällt. Vergessen Sie den Vorfaktor π bei der Integration nicht!

Um nun die obige Formel anwenden und somit das Volumen des aus einer Drehung einer Fläche um die x-Achse resultierenden Rotationskörpers berechnen zu können, muss man die Funktionsgleichung der Begrenzungslinie der Fläche kennen. Eine elementare Fläche ist die Fläche eines Halbkreises. Für deren Begrenzungslinie, den Halbkreis, gilt die folgende Funktionsgleichung.

Halbkreis

Der in den ersten beiden Feldern liegende Halbkreis mit dem Mittelpunkt O und dem Radius r hat die folgende Funktionsgleichung:

$f(x) = \sqrt{r^2 - x^2} \quad (-r \leq x \leq r)$

Die auf der vorangehenden Seite angegebene Funktionsgleichung des dort beschriebenen Halbkreises ergibt sich aus nebenstehender Skizze (Satz des Pythagoras):

$x^2 + y^2 = r^2 \quad \Leftrightarrow \quad y^2 = r^2 - x^2$

Die Auflösung nach y (man beachte, dass $y \geq 0$) liefert:

$f(x) = y = \sqrt{r^2 - x^2}$

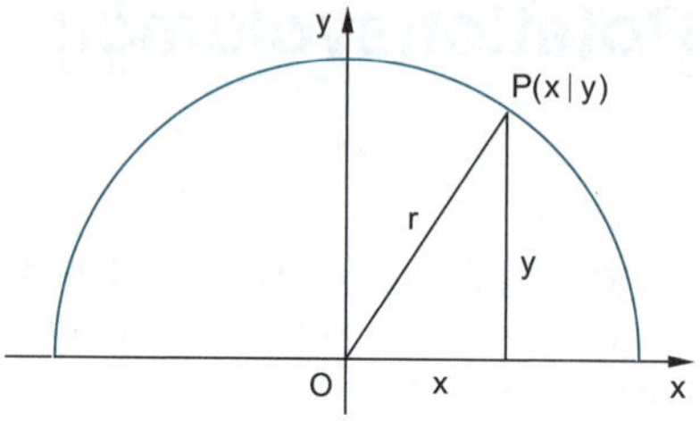

Beispiel

Bestimmen Sie das Volumen einer Kugel mit dem Radius 3.

Lösung:

Eine Kugel mit dem Radius 3 entsteht etwa durch Rotation des in den ersten beiden Feldern liegenden Halbkreises mit Radius 3 und Mittelpunkt O um die x-Achse. Die Funktionsgleichung dieses Halbkreises lautet:

$f(x) = y = \sqrt{3^2 - x^2}$

Das Volumen berechnet sich entsprechend der Formel:

$$V = \pi \cdot \int_{-3}^{3} \left(\sqrt{9 - x^2}\right)^2 dx = \pi \cdot \int_{-3}^{3} 9 - x^2\, dx = \pi\left(9x - \tfrac{1}{3}x^3\right)\Big|_{-3}^{3} = 36\pi$$

Aufgaben

24. Bestimmen Sie das Volumen einer Kugel mit dem Radius r.
Bestimmen Sie das Volumen einer Kugelkappe mit dem Kugelradius 8 und der Höhe 3.

25. Die Parabel mit der Gleichung

$f(x) = 8 - \frac{1}{2}x^2$

schließt mit der x-Achse eine Fläche ein. Bestimmen Sie das Volumen des Rotationskörpers, der bei Drehung dieser Fläche um die x-Achse entsteht.

26. Gegeben ist das Schaubild K_f der Funktion f mit

$f(x) = \frac{1}{2}\sqrt{9 - x^2} \quad (-3 \leq x \leq 3).$

Der Kurvenpunkt $A(a \mid f(a))$ und der Punkt $B(a \mid 0)$ sind Ecken eines zur y-Achse symmetrischen Rechtecks.
Bestimmen Sie die Koordinaten von A so, dass das Volumen des Zylinders, der bei Rotation des Rechtecks um die x-Achse entsteht, maximal ist.
Berechnen Sie den prozentualen Anteil des maximalen Zylindervolumens am Volumen des Rotationskörpers, der bei Rotation des Schaubilds K_f um die x-Achse entsteht.

→ Lösungshilfe 26

Musteraufgabe

Ein zylindrischer Getränkebecher mit aufgesetztem, halbkugelförmigem Deckel soll (ohne Deckel) ein Volumen von 300 cm^3 besitzen.

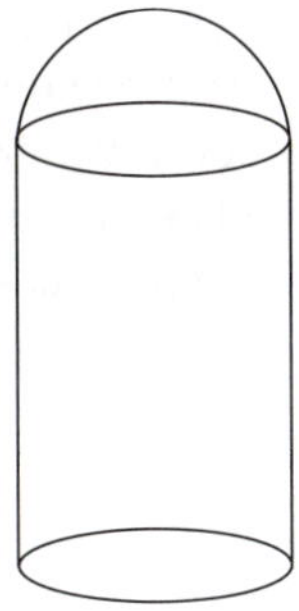

a) Bestimmen Sie die Abmessungen des Bechers, wenn er (mit Deckel) dreimal so hoch wie breit sein soll. Welches Volumen hat der Becher zusammen mit dem Deckel?

b) Bestimmen Sie die Abmessungen des Getränkebechers so, dass seine Oberfläche (inkl. Deckel) minimal ist und das Volumen von 300 cm^3 bestehen bleibt. Auf die Bedingung mit der dreifachen Höhe wird dabei verzichtet.

Lösung:

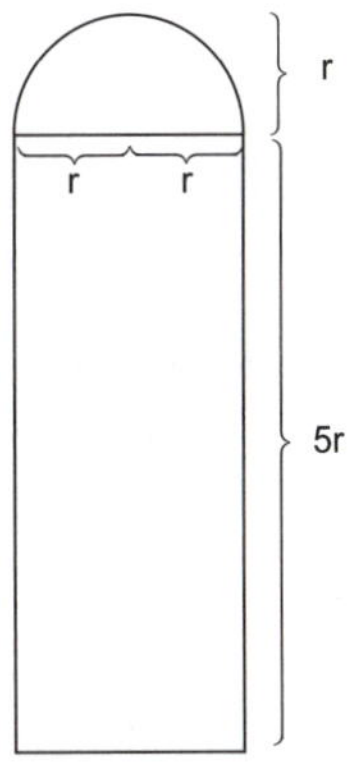

a) Der Zylinder besitzt die Höhe h = 5r. Daraus folgt:

$$V = \pi \cdot r^2 h = \pi \cdot r^2 \cdot 5r = 5\pi \cdot r^3 = 300\text{ cm}^3$$

und somit

$$r = \sqrt[3]{\frac{300\text{ cm}^3}{5\pi}} \approx 2{,}67\text{ cm}$$

$$V_{ges} = 300\text{ cm}^3 + \tfrac{2\pi}{3} r^3 = 340\text{ cm}^3$$

(Manchmal ist es also möglich, auch ohne Rotationsvolumenformel zum Ziel zu kommen!)

b) Aus der Volumenformel für den Zylinder, $V = \pi \cdot r^2 h$, erhält man die Nebenbedingung $h = \frac{V}{\pi \cdot r^2} = \frac{300\text{ cm}^3}{\pi \cdot r^2}$.

Setzt man diese Nebenbedingung in die Formel für die Oberfläche des gesamten Bechers ein, dann erhält man eine Funktionsgleichung in Abhängigkeit von r, die man minimieren kann:

$$O = O_{Becher} + O_{Halbk.} = 2\pi \cdot rh + \pi \cdot r^2 + 2\pi \cdot r^2$$

$$\Rightarrow \quad O(r) = 2\pi \cdot r \cdot \frac{300}{\pi \cdot r^2} + \pi \cdot r^2 + 2\pi \cdot r^2 = \frac{600}{r} + 3\pi \cdot r^2$$

Das Schaubild von O wird mit dem GTR gezeichnet und das Minimum wird numerisch mittels [CALC] <minimum> bestimmt.

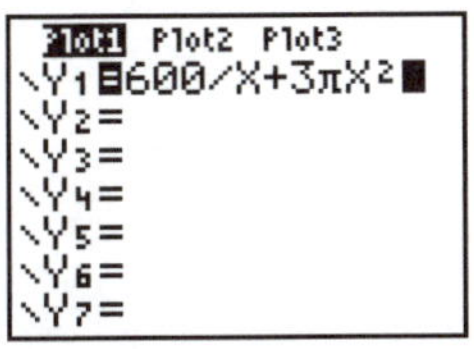

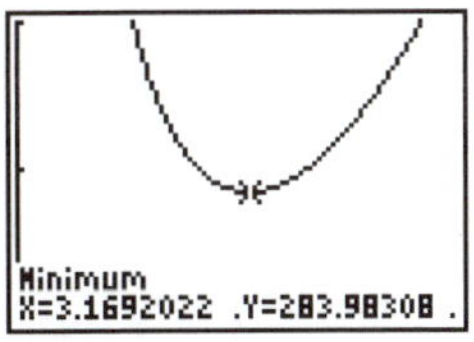

Die optimale Dose hat einen Durchmesser von ca. 6,3 cm und eine Oberfläche von ca. 284 cm^2. Die Höhe liegt dann bei $h = \frac{300\text{ cm}^3}{\pi \cdot r_{min}^2} \approx 9{,}5$ cm.

Aufgaben

27. Ein handelsüblicher Sprühsahnebehälter für 250 cm^3 Sahne besteht aus einem zylinderförmigen Mantel. Um dem Druck im Inneren standzuhalten, ist die Bodenplatte parabelförmig nach innen gewölbt (der Scheitel der quadratischen Parabel liegt auf der Symmetrieachse des Rotationskörpers). Die Deckplatte besitzt die Form einer Halbkugel. Die Abmessungen (Angaben in cm) können der Querschnittskizze entnommen werden.

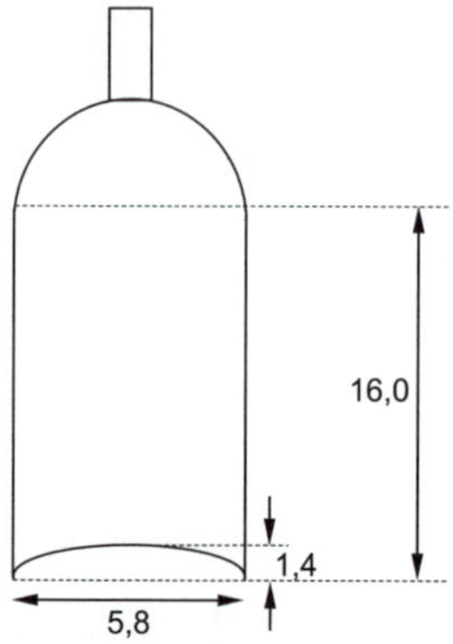

Bestimmen Sie näherungsweise das Innenvolumen sowie den prozentualen Anteil der Sahnefüllung (der Rest wird vom Treibgas ausgefüllt), wenn für das verwendete Blech ca. 8 cm^3 angenommen werden können.

→ Lösungshilfe 27

28. Einem Kreis mit dem Radius r ist ein Dreieck einbeschrieben, dessen Grundseite der Durchmesser des Kreises ist. Die beiden kleinen Flächenstücke zwischen dem Kreis und dem Dreieck rotieren um die Grundseite des Dreiecks. Gesucht ist das Volumen des entstehenden Drehkörpers.

a) Beschreiben Sie zwei unterschiedliche Lösungsmöglichkeiten für den Fall, dass das Dreieck gleichschenklig ist, und bewerten Sie diese.

b) Führen Sie einen der in Aufgabenteil a beschriebenen Lösungswege für das gleichschenklige Dreieck durch.

c) Zeigen Sie, dass das Volumen des entstehenden Drehkörpers größer wird, wenn das Dreieck nicht mehr gleichschenklig ist.

29. Die abgebildete Glasvase hat eine Höhe von ca. 7 cm und am oberen Rand einen Außendurchmesser von 6 cm. Die äußere Mantellinie wird bei geschickter Wahl des Koordinatenursprungs ungefähr durch eine Parabel mit der Gleichung $y = ax^4$ beschrieben.

a) Bestimmen Sie eine geeignete Gleichung für die Randform dieser Vase.

b) Bestimmen Sie das Fassungsvermögen der Vase, wenn die Vase eine Masse von 150 g besitzt. (1 cm^3 dieser Glassorte wiegt etwa 4,8 g.)

→ Lösungshilfe 29

30. Die Hülle des abgebildeten Heißluftballons hat eine Höhe von 28 m und der Ballon ein Volumen von 2600 m^3. Um die Breite dieses Ballons zu bestimmen, wird seine Randkurve beschrieben durch die Funktion

$f(x) = ax\sqrt{b - x}$.

Der Ballon ist hierbei um 90° gedreht; die x-Achse ist die Symmetrieachse des Ballons.

Bestimmen Sie die Parameter a und b sowie die daraus resultierende maximale Breite des Ballons. Sie können dabei, entgegen der realen Situation, annehmen, dass die Ballonhülle unten spitz zuläuft und somit geschlossen ist.

→ Lösungshilfe 30

31. Der 1999 gebaute Zeppelin NT besitzt eine Länge von 75 m und eine Höhe von ca. 17,40 m. Um sein Volumen zu bestimmen, wird seine Gestalt durch eine Funktion f mit

$$f(x) = a\sqrt{b^2 - x^2}$$

beschrieben. Wenn das Schaubild von f um die x-Achse rotiert, dann hat der entstehende Drehkörper in etwa die Form des Zeppelin NT. (Der echte Zeppelin ist nicht ganz rotationssymmetrisch; die Breite des Flugkörpers ist in Wirklichkeit etwas größer als die Höhe und die Formen von Heck und Front unterscheiden sich geringfügig voneinander. Dies soll hier jedoch vernachlässigt werden.)

a) Bestimmen Sie aus obigen Angaben die Werte von a und b und skizzieren Sie das Schaubild von f.
Bestimmen Sie mithilfe von f das Volumen des Zeppelin NT.

b) Ein Plan für den Zeppelin „Cargolifter" sieht für dieses Luftschiff einen Inhalt von 550 000 m^3 vor. Welche Abmessungen hätte der Cargolifter, wenn seine Form der des Zeppelin NT **ähnlich** wäre?

→ Lösungshilfe 31

32. Beim Diskuswerfen der Männer wird eine Diskusscheibe benutzt, die einen Durchmesser von ca. 220 Millimetern besitzt, in der Mitte ca. 45 Millimeter dick ist und zwei Kilogramm wiegt. Ober- und Unterseite sind gleichartig geformt.
Modellieren Sie die Oberfläche solch einer Diskusscheibe durch eine Parabel zweiter Ordnung und bestimmen Sie dann das Volumen dieser Scheibe. Welche Dichte (= Masse pro Volumen) besitzt die Scheibe?

→ Lösungshilfe 32

Ganzrationale und gebrochenrationale Funktionen

Ganzrationale und gebrochenrationale Funktionen sind die ersten Funktionstypen, die in der Schulmathematik diskutiert werden. Im Folgenden werden die wichtigen Eigenschaften dieser Funktionstypen wiederholt. Anschließend werden zumeist anwendungsorientierte Fragestellungen, wie sie Teil der Abiturprüfung sein können, behandelt.

Definitionen

- Einen Term der Form
  $a_n x^n + a_{n-1} x^{n-1} + \ldots + a_1 x + a_0$
  mit $n \geq 0$ und $a_n \neq 0$ nennt man **Polynom** (in x).
- Die Zahl n nennt man den **Grad des Polynoms**.
- Eine Funktion, deren Funktionsterm als Quotient zweier Polynome geschrieben werden kann, nennt man **rationale Funktion**.
- Wenn dabei **für alle reellen Zahlen** eine Darstellung mit einem **Nennerpolynom vom Grad 0** möglich ist, dann nennt man diese Funktion **ganzrationale Funktion**. Dementsprechend kann eine Funktion mit Definitionslücke keine ganzrationale Funktion sein.
- Eine rationale Funktion, die keine ganzrationale Funktion ist, heißt **gebrochenrationale Funktion**.

Beispiele

1. Bestimmen Sie den Funktionstyp der Funktion f mit $f(x) = 3x^2 + 3$.

   Lösung:
   Die Funktion ist eine ganzrationale Funktion (mit dem Nennerpolynom 1).

2. Bestimmen Sie den Funktionstyp der Funktion g mit $g(x) = \frac{x^2 - 4}{x + 2}$.

   Lösung:
   Die Funktion g ist eine gebrochenrationale und keine ganzrationale Funktion, denn sie hat eine Definitionslücke. Man beachte aber, dass g für alle $x \in \mathbb{D}_g = \mathbb{R} \setminus \{-2\}$ als Quotient zweier Polynome, wobei das Nennerpolynom den Grad 0 hat, darstellbar ist, denn für alle $x \neq -2$ gilt:
   $\frac{x^2 - 4}{x + 2} = x - 2$

3. Bestimmen Sie den Funktionstyp der Funktion h mit $h(x) = \frac{x^4 - 4}{x^2 + 2}$.

Lösung:

Die Funktion h ist eine ganzrationale Funktion, da für alle $x \in \mathbb{R}$ gilt:

$h(x) = x^2 - 2$

Aufgabe 33. Bestimmen Sie den Funktionstyp der nachfolgend genannten Funktionen.

$f(x) = x + \frac{4x - 8}{2x - 4}$ $\qquad g(x) = \frac{(x^2 + 4)^3}{4(x^2 + 4)} - 5$ $\qquad h(x) = \frac{7x^4 - x^3}{x^2}$

Ableitungsregeln

- **Potenzregel:** $f(x) = x^n \Rightarrow f'(x) = n \cdot x^{n-1}$
- **Produktregel:** Wenn die Funktionen u und v differenzierbar sind, dann gilt: $f(x) = u(x) \cdot v(x) \Rightarrow f'(x) = u'(x) \cdot v(x) + u(x) \cdot v'(x)$
- **Kettenregel:** Wenn die Funktion f als Verkettung zweier differenzierbarer Funktionen u und v dargestellt werden kann, $f = u \circ v$, dann gilt für die Ableitung der Funktion f:

  $f'(x) = u'(v(x)) \cdot v'(x)$

  Dabei bedeutet $u'(v(x))$ die Ableitung von u an der Stelle $v(x)$.

Beispiel

Bilden Sie die Ableitung von f mit $f(x) = \sin(7x + 3)$.

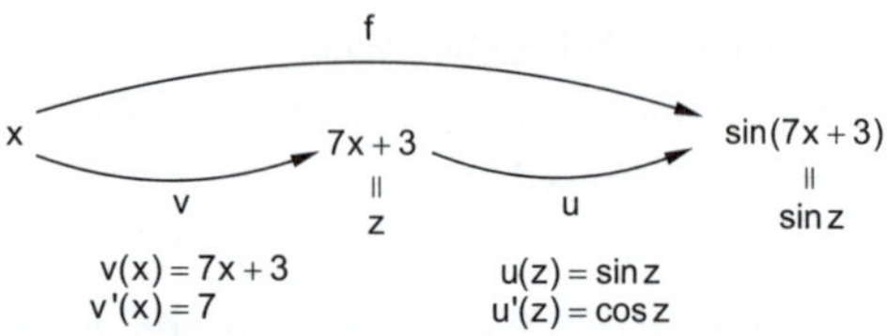

Lösung:

Man setzt $7x + 3 = v(x)$ und $u(x) = \sin x$. Dann gilt gemäß Skizze:

$f(x) = u(v(x))$

und damit

$$\begin{aligned} f'(x) &= u'(v(x)) \cdot v'(x) \\ &= \cos(7x + 3) \cdot 7 \\ &= 7\cos(7x + 3) \end{aligned}$$

Aufgabe 34. Bilden Sie die Ableitung der Funktion f.

a) $f(x) = \frac{x^2 - 9}{x}$ $\qquad$ b) $f(x) = \sin(3x^2 + \pi)$

Verhalten von gebrochenrationalen Funktionen für große $|x|$

Der Grad von Zähler- und Nennerpolynom entscheidet über das Verhalten für große $|x|$. Wenn **n** der **Zählergrad** und **m** der **Nennergrad** ist, dann gilt für f mit

$$f(x)=\frac{a_n x^n + a_{n-1} x^{n-1} + \ldots + a_1 x + a_0}{b_m x^m + b_{m-1} x^{m-1} + \ldots + b_1 x + b_0}$$

Folgendes:

$n<m$: x-Achse ist horizontale Asymptote $\quad f(x) \xrightarrow[x \to \pm\infty]{} 0$

$n=m$: horizontale Asymptote $y=\frac{a_n}{b_m}$ $\quad f(x) \xrightarrow[x \to \pm\infty]{} \frac{a_n}{b_m}$

Beispiel

Bestimmen Sie für folgende Funktionen das Verhalten für große $|x|$.

a) $f(x)=\frac{2x^2+5}{7x^2+2}$ b) $g(x)=\frac{5x^2-2}{6-2x^3}$

Lösung:

a) Der Zählergrad ist gleich dem Nennergrad (nämlich 2), also ist die horizontale Asymptote bestimmt als die Gerade $y=\frac{a_2}{b_2}=\frac{2}{7}$.

b) Der Zählergrad ist kleiner als der Nennergrad, also ist die x-Achse (d. h. die Gerade $y=0$) horizontale Asymptote.

Aufgabe 35. Untersuchen Sie das Verhalten der Funktion f für große $|x|$.

a) $f(x)=\frac{3x^2+6x}{x^3+3}$ b) $f(x)=\frac{4x^2+5x}{3+2x^2}$

Verhalten von gebrochenrationalen Funktionen an den Definitionslücken

An einer Definitionslücke x_0 hat das Nennerpolynom den Wert 0. Wenn das Zählerpolynom dort ebenfalls den Wert 0 besitzt, dann wird der Funktionsterm zunächst so lange durch $(x-x_0)$ gekürzt, bis Nenner- oder Zählerpolynom an der Definitionslücke nicht mehr den Wert 0 annehmen.

Wenn nach dem Kürzen das **Nennerpolynom** an der Stelle x_0 **nicht mehr den Wert 0** annimmt, dann liegt eine **Lücke** vor. Ansonsten liegt eine **Polstelle mit einer senkrechten Asymptote** vor.

Bei einer nach dem Kürzen einfachen (dreifachen, fünffachen, …) Nullstelle des Nennerpolynoms ist die Stelle eine **Polstelle mit Vorzeichenwechsel**. Bei einer doppelten (vierfachen, …) Nullstelle des Nennerpolynoms ist die Stelle eine **Polstelle ohne Vorzeichenwechsel**.

Beispiele

Untersuchen Sie das Verhalten der Funktion f an ihren Definitionslücken.

a) $f(x) = \frac{5x+1}{x-2}$ b) $f(x) = \frac{2x^3-8x}{x+2}$

Lösung:

a) Die Funktion hat die Definitionslücke $x = 2$. Das Zählerpolynom ist an der Stelle $x = 2$ ungleich 0, also liegt die senkrechte Asymptote $x = 2$ vor. Die Polstelle besitzt einen Vorzeichenwechsel.

b) Die Funktion hat die Definitionslücke $x = -2$. Durch Kürzen von $x + 2$ ergibt sich:

$$f(x) = \frac{2x^3-8x}{x+2} = \frac{2x(x-2)(x+2)}{x+2} = \frac{2x(x-2)}{1}$$

Das gekürzte Nennerpolynom hat an der Definitionslücke einen Wert ungleich 0 (nämlich 1), also liegt eine Lücke vor.

$$f(x) \xrightarrow[x \to -2]{} 2 \cdot (-2) \cdot (-2-2) = 16$$

Aufgabe **36.** Untersuchen Sie das Verhalten der Funktion f an ihren Definitionslücken.

$$f(x) = \frac{x^2-9}{(x+3)(x-1)}$$

Verwendung des GTR

Gebrochenrationale Funktionen sind manchmal tückisch. Vor dem Zeichnen der Schaubilder sollte man sich Klarheit über den Definitionsbereich, über das Verhalten für große x und über das Verhalten an den Definitionslücken verschafft haben. Danach sollte man die Wertetabellenfunktion [TABLE] und die Zeichenfunktion [GRAPH] verwenden.

Beispiel

Beschreiben Sie den charakteristischen Verlauf des Schaubildes der Funktion f mit $f(x) = \frac{x^4}{(x-5)\left(x-\frac{51}{10}\right)}$.

Lösung:

Der erste Lösungsversuch ist trügerisch:

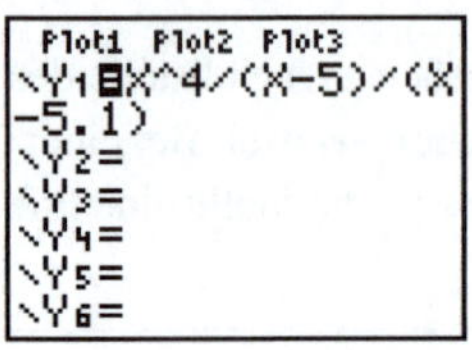

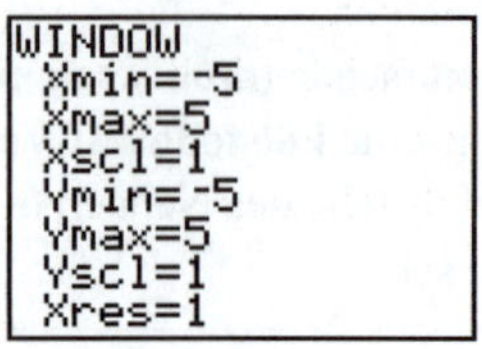

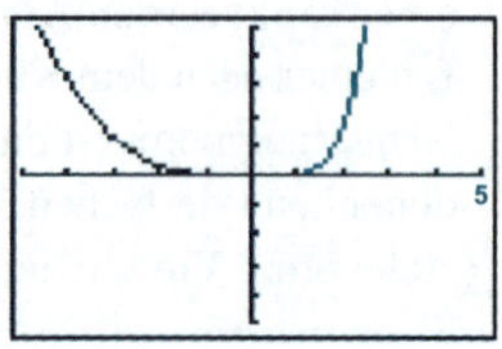

Die Betrachtung des Definitionsbereichs ergibt $\mathbb{D} = \mathbb{R} \setminus \{5; 5{,}1\}$. An den beiden Definitionslücken liegen jeweils Polstellen mit Vorzeichenwechsel vor. Also muss das Schaubild dies auch wiedergeben.
Ein zweiter Versuch mit dem Zeichenbereich von –5 bis 10 ist nicht viel aussagekräftiger:

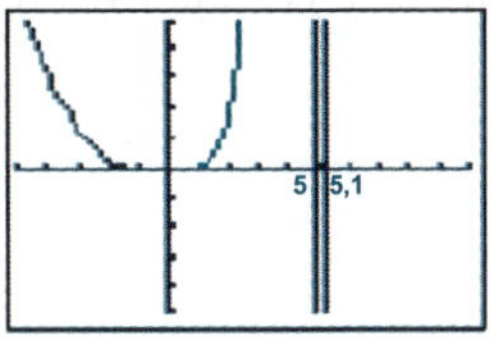

Erst die Anzeige einer geeigneten Wertetabelle (einstellbar über [TBLSET]) für den Bereich zwischen 5 und 5,1 ergibt ein aussagekräftiges Schaubild (die Anzeige –4E5 bedeutet $-4 \cdot 10^5 = -400\,000$):

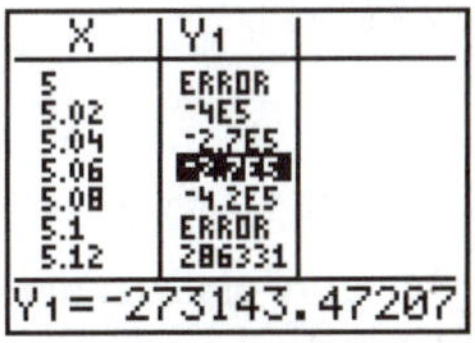

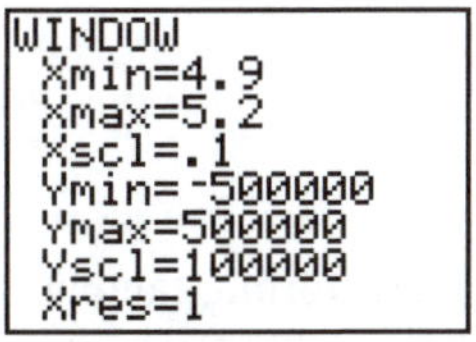

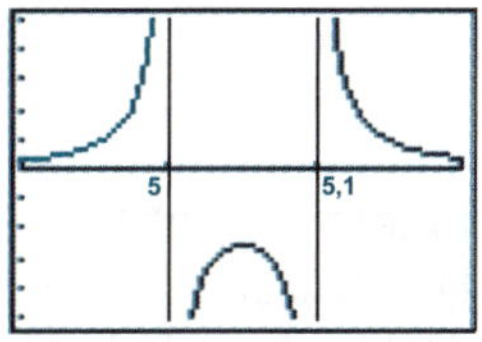

Die in den drei Schaubildern farbig hervorgehobenen Teile stellen jeweils den gleichen Teil des Schaubildes von f dar.

Das Schaubild der Funktion f kommt aus dem Unendlichen, berührt im Ursprung die x-Achse und strebt dann für $x \to 5$ gegen unendlich. Im Bereich zwischen 5 und 5,1 kommt das Schaubild von $-\infty$, besitzt etwa in der Mitte zwischen $x = 5$ und $x = 5{,}1$ einen lokalen Hochpunkt und verschwindet wieder gegen $-\infty$. Im Bereich ab 5,1 kommt das Schaubild aus dem Unendlichen, besitzt etwa bei $x = 10{,}1$ einen Tiefpunkt und strebt anschließend ähnlich einer Parabel gegen unendlich, wie man in den folgenden Abbildungen sieht.

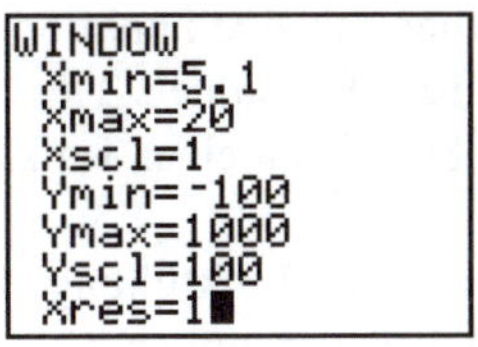

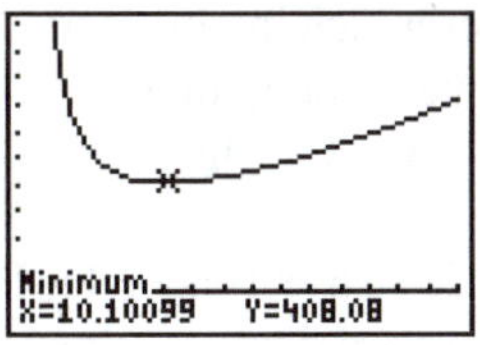

ufgaben **37.** Beschreiben Sie den Verlauf des Schaubildes von f mit

$$f(x) = \frac{\left(x - \frac{47}{8}\right)\left(x - \frac{49}{8}\right)}{(x-6)^2}$$

sowie den Verlauf des Schaubildes von $\frac{1}{f}$.

38. Geben Sie einen möglichen Funktionsterm für die Funktion f an, deren Schaubild bei $x = 0$ und $x = 3$ senkrechte Asymptoten und bei $x = 5$ eine Nullstelle besitzt.

39. Geben Sie zu folgenden Schaubildern mögliche Funktionsterme an. Überprüfen Sie Ihre Angaben mit dem GTR auf Korrektheit und begründen Sie Ihre Entscheidungen.

a)

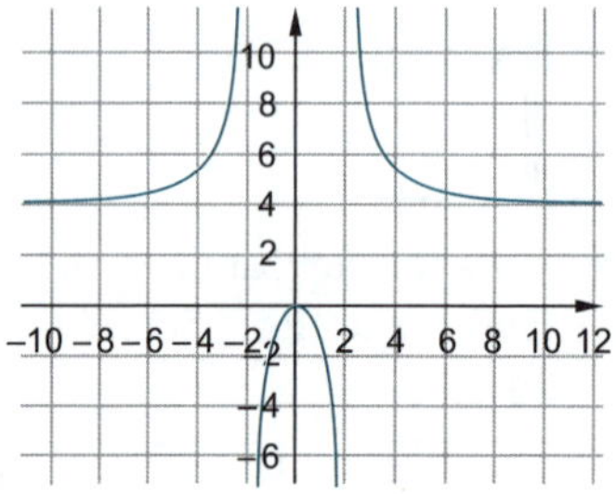

b)

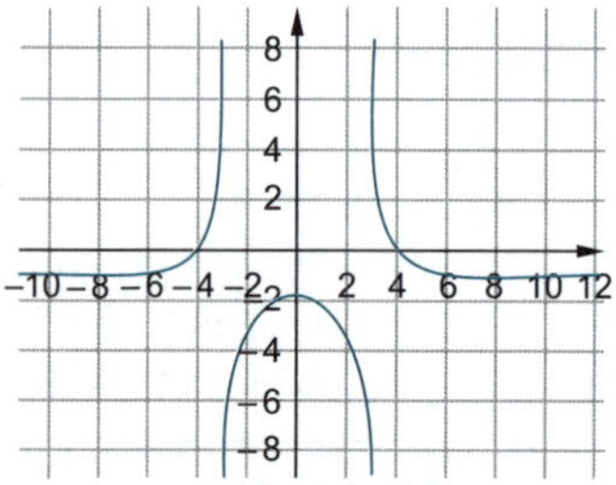

Musteraufgabe

Der Benzinverbrauch eines gleichförmig fahrenden Pkw hängt in erster Linie von der Geschwindigkeit ab. Bei einem Testfahrzeug mit 60-Liter-Tank ergibt sich pro 100 km ein Benzinverbrauch von

$B(v) = \frac{120}{v} + \frac{1}{1600}v^2 \quad (0 < v \leq 160)$

(Geschwindigkeit v in $\frac{km}{h}$, Benzinverbrauch B in Litern pro 100 km).

a) In welchem Geschwindigkeitsbereich beträgt die Reichweite mindestens 800 km?
Bestimmen Sie die Geschwindigkeit, bei der die Reichweite maximal ist. Geben Sie diese maximale Reichweite an.

b) Bestimmen Sie für die Geschwindigkeiten 25 $\frac{km}{h}$, 40 $\frac{km}{h}$, 50 $\frac{km}{h}$ und 100 $\frac{km}{h}$ den jeweiligen Benzinverbrauch in einer Stunde. Geben Sie eine Funktion S an, die der Geschwindigkeit v den Stundenverbrauch S(v) zuordnet.
Wie lange kann man bei einer Geschwindigkeit von 80 $\frac{km}{h}$ mit einer Tankfüllung fahren?
Wie groß ist die maximale Betriebsdauer des Pkw mit einer Tankfüllung? Bei welcher Geschwindigkeit wird diese maximale Betriebsdauer erreicht?

c) Bei einer Testfahrt von 12 Minuten Dauer wird ein Pkw in den ersten sechs Minuten gleichmäßig von 0 $\frac{km}{h}$ auf 120 $\frac{km}{h}$ beschleunigt und behält diese Endgeschwindigkeit für die nächsten sechs Minuten bei.
Bestimmen Sie den Benzinverbrauch für diese Testfahrt, wenn für die einmalige Beschleunigung des Fahrzeugs von 0 $\frac{km}{h}$ auf 120 $\frac{km}{h}$ ein zusätzlicher Verbrauch von 0,02 Litern angenommen werden kann.

Lösung:

a) Damit die Reichweite mindestens 800 km beträgt, darf der Benzinverbrauch pro 100 km nicht mehr als $\frac{60}{8}$ Liter betragen. Mithilfe des GTR ergibt sich für den Benzinverbrauch folgendes Schaubild (zusätzlich ist die Grenze von $\frac{60}{8}$ Litern eingetragen):

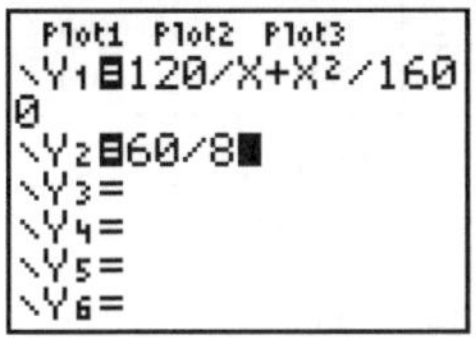

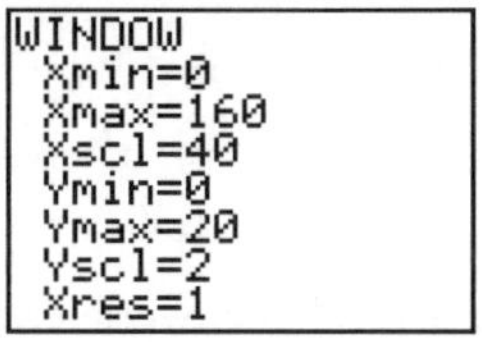

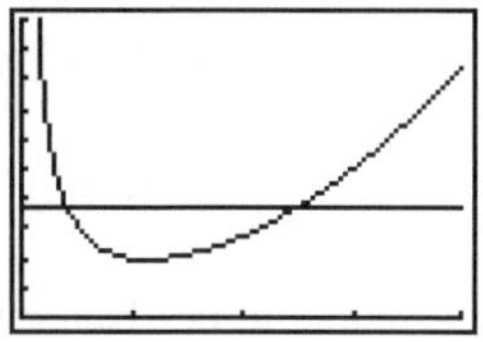

Mittels GTR bestimmt man die Schnittpunkte der beiden Kurven.

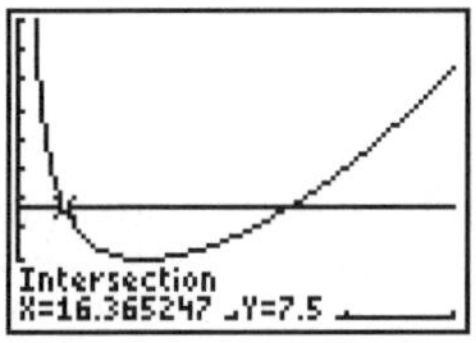

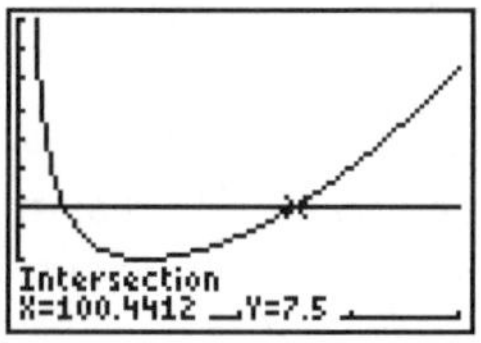

Zwischen 16 $\frac{km}{h}$ und 100 $\frac{km}{h}$ ist eine Reichweite von mindestens 800 km möglich.

Alternativ kann man auch die Gleichung

$$B(v) = \frac{60}{8} \quad \Leftrightarrow \quad \frac{120}{v} + \frac{1}{1600}v^2 = \frac{60}{8}$$

näherungsweise mit dem GTR lösen (algebraisch wird man scheitern, da hieraus eine kubische Gleichung entsteht).

Die optimale Geschwindigkeit wird ebenfalls mithilfe des GTR bestimmt.

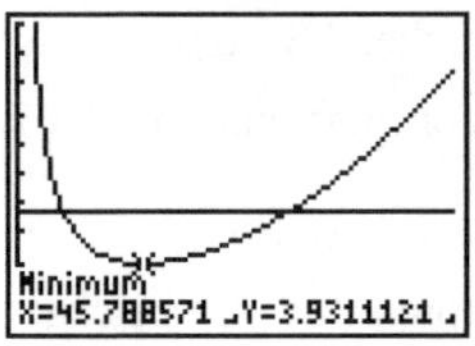

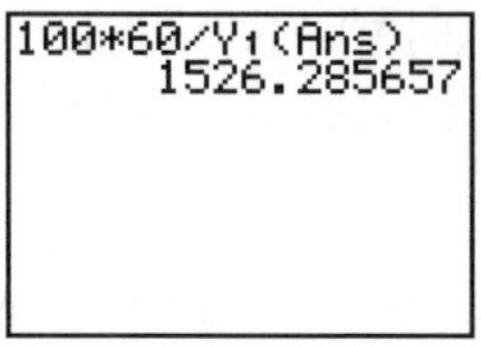

Erläuterung der verwendeten Berechnungsformel: In der Variablen Ans ist nach Verlassen des Grafikbildschirms der x-Wert des Minimums (≈ 45,79) enthalten, sodass Y1(Ans) den minimalen Benzinverbrauch pro 100 km (≈ 3,93) beinhaltet. Man kann also mit 60 Litern $\frac{60}{\text{Y1(Ans)}}$-mal 100 km zurücklegen.

Die optimale Geschwindigkeit liegt bei ca. 46 $\frac{km}{h}$; bei dieser Geschwindigkeit beträgt die Reichweite ca. 1526 km.

b) Es ergibt sich folgende Tabelle:

Geschwindigkeit v in $\frac{km}{h}$	25	40	50	100
Benzinverbrauch B(v) in $\frac{\ell}{100\,km}$	5,19	4,00	3,96	7,45
Zeit t für 100 km Fahrstrecke in h	$\frac{100}{25}=4$	$\frac{100}{40}=2{,}5$	$\frac{100}{50}=2$	$\frac{100}{100}=1$
Stundenverbrauch S(v) in $\frac{\ell}{h}$	$5{,}19:4\approx$ 1,30	$4:2{,}5=$ 1,60	$3{,}96:2\approx$ 1,98	7,45

Anhand der Berechnung der Tabellenwerte erkennt man, dass stets gilt:

$S(v)=B(v)\cdot\frac{v}{100}$

Damit ergibt sich für S:

$S(v)=\left(\frac{120}{v}+\frac{1}{1600}v^2\right)\frac{v}{100}=1{,}2+\frac{1}{160\,000}v^3$

Bei einer Geschwindigkeit von 80 $\frac{km}{h}$ erhält man $S(80)=4{,}4$ Liter pro Stunde und demzufolge bei einem 60-Liter-Tank eine Betriebsdauer von $\frac{60}{S(80)}\approx 13{,}64$ Stunden.

Aus dem Funktionsterm von S lässt sich direkt ablesen, dass es im Bereich $0<v\le 160$ wegen der Monotonie der Funktion kein Minimum gibt. Die maximale Betriebsdauer wird erreicht für $v\to 0$. Wenn der Pkw (im Leerlauf) steht, ist die Betriebsdauer mit ca. $\frac{60}{1{,}2}=50$ Stunden maximal (für $v=0$ ist allerdings B nicht definiert).

c) Bei der Geschwindigkeit v beträgt nach Aufgabenteil b der Benzinverbrauch pro Stunde:

$S(v)=1{,}2+\frac{1}{160\,000}v^3$

Zum Zeitpunkt t beträgt der Benzinverbrauch entsprechend S(v(t)).

Da die Geschwindigkeit v **in den ersten 6 Minuten** proportional mit der Zeit wächst, gilt der Ansatz:

$v(t)=m\cdot t$

Die Geschwindigkeit nach 6 Minuten (also zum Zeitpunkt $t=\frac{1}{10}$) beträgt 120 $\frac{km}{h}$; dies bedeutet für die Geschwindigkeitsfunktion:

$120=v\left(\frac{1}{10}\right)=m\cdot\frac{1}{10}$

Hieraus folgt $m=1200$, sodass sich $v(t)=1200t$ ergibt.

Nun wird der Verbrauch in den ersten sechs Minuten durch Integration bestimmt:

$$V_1 = \int_0^{0,1} S(v(t))\,dt = \int_0^{0,1} S(1200t)\,dt = \int_0^{0,1} \left(1,2 + \frac{1}{160\,000}(1200t)^3\right) dt$$

$$= \int_0^{0,1} (1,2 + 10\,800t^3)\,dt = (1,2t + 2700t^4)\Big|_0^{0,1} = 0,39$$

Alternative: Numerische Integration mit dem GTR

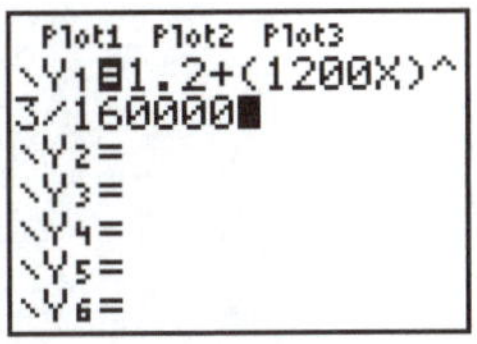

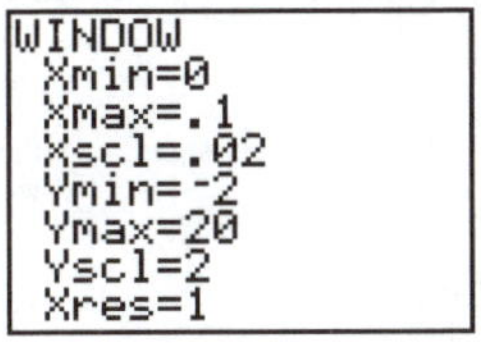

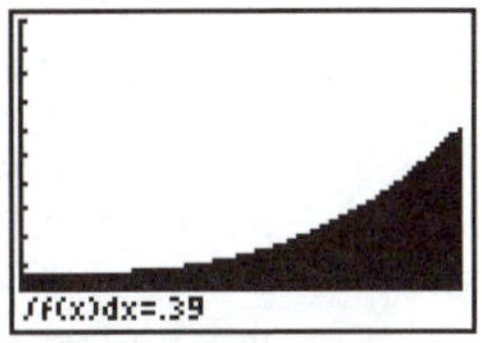

In den zweiten 6 Minuten ist der Benzinverbrauch pro Stunde konstant $S(120) = 12$ Liter pro Stunde. Also hat man in diesen 6 Minuten einen Verbrauch von 1,20 Litern.

Zusammen mit dem Verbrauch von 0,02 Litern für die anfängliche Beschleunigung ergibt sich ein Gesamtverbrauch von etwa 1,61 Litern.

Aufgaben

40. Die Herstellungskosten für eine Kaffeemaschine belaufen sich auf 22 €. Die Marketingabteilung ermittelt bei einem Verkaufspreis von 45 € ein Absatzpotenzial von 60 000 Geräten. Wenn der Verkaufspreis jeweils um 1 € erniedrigt wird, wird ein zusätzlicher Absatz von jeweils 8000 Geräten prognostiziert (bei einem Verkaufspreis von 39 € sind also z. B. 108 000 Geräte absetzbar).

a) Stellen Sie eine Funktion auf, die den Gesamtgewinn in Abhängigkeit vom angesetzten Verkaufspreis angibt. Bestimmen Sie den maximal möglichen Gewinn.

b) Als Verkaufspreis werden jetzt 39 € festgesetzt. In der Vergangenheit wurde festgestellt, dass der Absatz durch Werbung erhöht werden kann. Für eine Absatzerhöhung um x % sind erfahrungsgemäß $800x^2$ € Werbekosten anzusetzen.
Welchen Werbeetat sollte man ansetzen?

41. Elektromagnetische Strahlen in der Nähe von Mobilfunkanlagen werden als nicht unbedingt unbedenklich angesehen. Ein Maß für mögliche Strahlengefahren ist die Leistungsflussdichte, die umso größer ist, je geringer der Abstand zum Sendemasten ist.
Die unten stehende Grafik gibt die Abhängigkeit der Leistungsflussdichte von der Entfernung an.

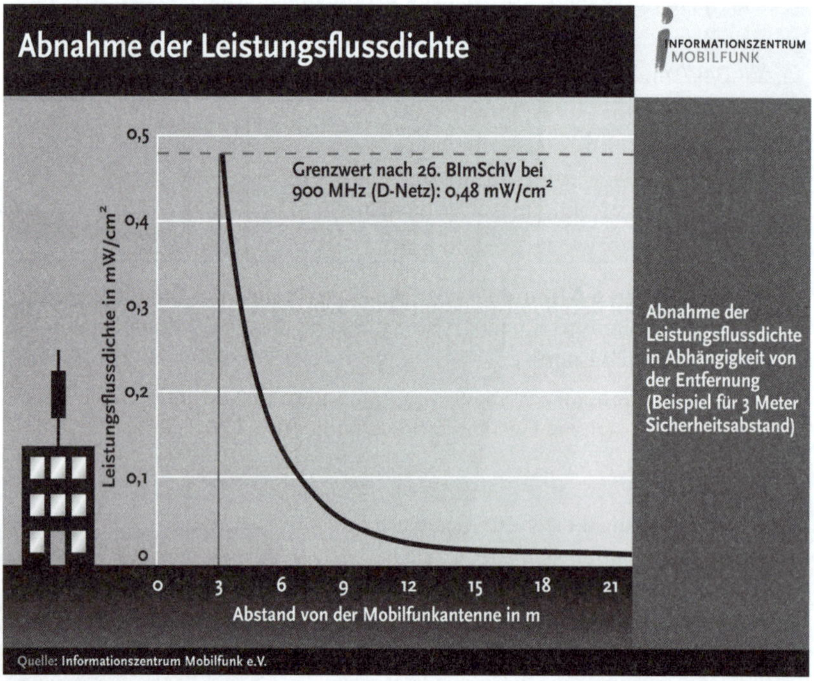

Beschreiben Sie die Leistungsflussdichte mithilfe einer Funktion der Form

$$f(x) = \frac{a}{(x-b)^2}$$

und bestimmen Sie mit dieser Funktion die mittlere Leistungsflussdichte im Bereich von 3 bis 20 Metern.

→ Lösungshilfe 41

42. Eine Konservendose soll insgesamt einen Inhalt von 700 $m\ell$ besitzen. Die Dose wird aus einem rechteckigen Blech (für den Mantel) sowie zwei kreisförmigen Blechteilen (für Ober- und Unterseite) hergestellt. Zunächst wird dabei das rechteckige Blech zu einem Zylinder gebogen und ohne Überlappung zusammengeschweißt. Anschließend werden die beiden kreisförmigen Blechteile durch Falzungen mit dem Dosenmantel verbunden. Für die Falzung benötigt man bei den zwei zu verbindenden Teilen jeweils ca. 7 mm Blech.

a) Bestimmen Sie die hinsichtlich des Materialverbrauchs optimalen Abmessungen.

b) Die kreisförmigen Blechteile werden aus einem großen Blech ausgestanzt (Stanzanordnung siehe Abbildung). Der bei dem Stanzvorgang entstehende Abfall kann wiederverwertet werden. Der Stanzabfall muss deshalb im Vergleich zu dem für die Dose verbrauchten Material nur mit dem halben Preis angesetzt werden.
Welche optimalen Abmessungen der Dose ergeben sich jetzt?

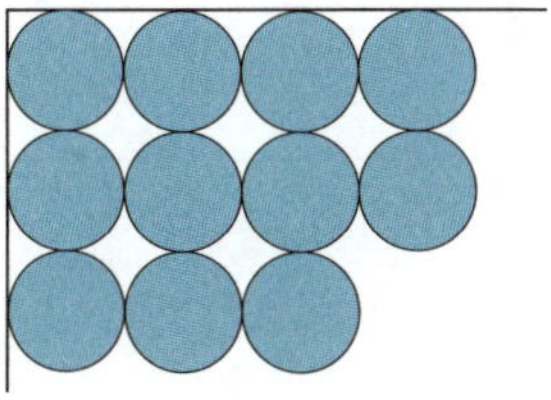

→ Lösungshilfe 42

Aufgaben mit trigonometrischem Schwerpunkt

In diesem Kapitel werden anwendungsorientierte Aufgaben bearbeitet, die mit trigonometrischen Funktionen lösbar sind. Hierfür benötigen Sie neben den üblichen Grundkenntnissen auch noch einige spezielle Grundlagen aus der Trigonometrie. Auf den folgenden Seiten werden Ihnen neben der allgemeinen Theorie auch hilfreiche Tipps und Tricks vorgestellt, die Ihnen den Umgang mit trigonometrischen Funktionen erleichtern.

Definition der trigonometrischen Funktionen

$$\sin\alpha = \frac{\text{Gegenkathete}}{\text{Hypotenuse}} = \frac{a}{c}$$

$$\cos\alpha = \frac{\text{Ankathete}}{\text{Hypotenuse}} = \frac{b}{c}$$

$$\tan\alpha = \frac{\text{Gegenkathete}}{\text{Ankathete}} = \frac{a}{b} = \frac{\sin\alpha}{\cos\alpha}$$

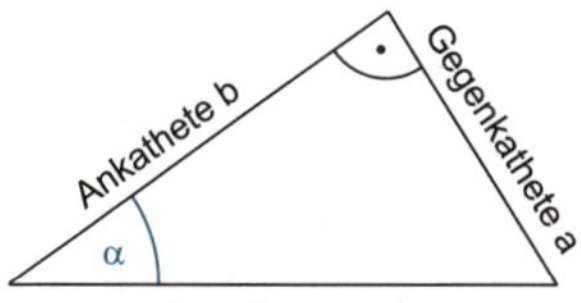

Bogen- und Gradmaß

Auf dem Winkelmesser werden die Winkel im Gradmaß angegeben. Ein rechter Winkel wird hier also mit 90° bezeichnet, ein Vollwinkel entspricht 360°.
Ein Winkel kann aber auch im Bogenmaß angegeben werden. Das Bogenmaß ist die Länge des zu einem Winkel α gehörenden Bogens auf dem Einheitskreis (Kreis mit Radius 1). Einem Winkel von 360° entspricht hier der Umfang des Kreises von 2π, dem Winkel von 90° entspricht die Bogenlänge des Viertel-Einheitskreises, also $\frac{\pi}{2}$.

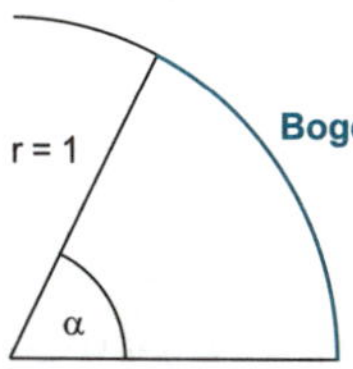

Umrechnung vom Bogenmaß ins Gradmaß

Sei x im Bogenmaß und α im Gradmaß gegeben. Die Umrechnung vom Bogenmaß ins Gradmaß kann mithilfe dieser beiden Formeln vorgenommen werden:

$$x = \frac{\pi}{180°} \cdot \alpha \qquad \alpha = \frac{180°}{\pi} \cdot x$$

Man muss sich nur merken, dass 180° dem Bogenmaß π entsprechen.

Einstellung am GTR

Der GTR muss bei den trigonometrischen Funktionen auf die korrekten Argumente eingestellt sein. Zum Einstellen auf das Gradmaß wählt man MODE und stellt in der dritten Zeile Degree ein, für Bogenmaß wählt man Radian.
Wenn man die weiter unten dargestellten Ableitungen und Stammfunktionen verwenden möchte, **muss** man das Bogenmaß verwenden. Für Argumente im Gradmaß gelten diese einfachen Ableitungsregeln nicht!

Beispiele

a) Wandeln Sie den Winkel 30° ins Bogenmaß um.

b) Geben Sie den Winkel $\frac{\pi}{4}$ im Gradmaß an.

Lösung:

a) $x = \frac{\pi}{180°} \cdot 30° = \frac{\pi}{6}$

b) $\alpha = \frac{180°}{\pi} \cdot \frac{\pi}{4} = 45°$

Aufgabe **43.** a) Wandeln Sie die Winkel 75°, 270° und 66° ins Bogenmaß um.

b) Geben Sie die Winkel π, $\frac{2\pi}{3}$, $\frac{7}{6}\pi$ und 0,6 im Gradmaß an.

Eigenschaften trigonometrischer Funktionen

- **Periodizität**

  Die Sinuskurve und die Kosinuskurve wiederholen sich beide regelmäßig nach 360° bzw. nach 2π. Folglich haben Sinus- und Kosinusfunktion die **Periode 2π**:

  $\sin x = \sin(x + k \cdot 2\pi) \quad (k \in \mathbb{Z})$

  $\cos x = \cos(x + k \cdot 2\pi) \quad (k \in \mathbb{Z})$

  Allgemein gilt: Die Funktion f mit $f(x) = \sin(cx)$ bzw. $f(x) = \cos(cx)$ mit $c \neq 0$ hat die Periodenlänge $\mathbf{P = \frac{2\pi}{c}}$.

- **Einfache Symmetrien**

  Die Sinuskurve ist **punktsymmetrisch** zum Ursprung: $\sin(-x) = -\sin x$

  Die Kosinuskurve ist **achsensymmetrisch** zur y-Achse: $\cos(-x) = \cos x$

  Die Tangenskurve ist **punktsymmetrisch** zum Ursprung: $\tan(-x) = -\tan x$

- **Weitere Symmetrien**
  Außer den einfachen Symmetrien besitzen trigonometrische Funktionen noch weitere Symmetrien.
  Die Sinuskurve ist auch achsensymmetrisch, z. B. zur Geraden $x = \frac{\pi}{2}$: $\sin\left(\frac{\pi}{2} - x\right) = \sin\left(\frac{\pi}{2} + x\right)$
  Weiterhin ist sie punktsymmetrisch, z. B. zu $P(\pi\,|\,0)$:
  $\sin(\pi - x) = -\sin(\pi + x)$

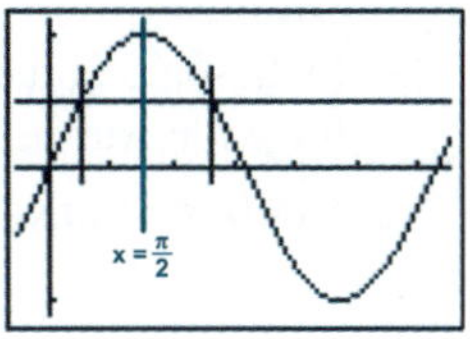

  Die Kosinuskurve ist achsensymmetrisch, z. B. zur Geraden $x = \pi$: $\cos(x - \pi) = \cos(x + \pi)$
  Außerdem ist sie punktsymmetrisch, z. B. zu $P\left(\frac{\pi}{2}\,\middle|\,0\right)$: $\cos\left(\frac{\pi}{2} - x\right) = -\cos\left(\frac{\pi}{2} + x\right)$

- **Phasenverschiebung von Sinus- und Kosinuskurve**
  Sinus- und Kosinuskurve sind um **90°** bzw. $\frac{\pi}{2}$ gegeneinander phasenverschoben.
  Man kann den Sinus also immer durch den Kosinus ersetzen und umgekehrt:
  Im Gradmaß: $\sin(\alpha + 90°) = \cos\alpha$ Im Bogenmaß: $\sin\left(x + \frac{\pi}{2}\right) = \cos x$

Beispiel

Bestimmen Sie die Periodenlänge der Funktion f mit $f(x) = \sin(5x)$.

Lösung:
Die Periodenlänge beträgt $\frac{2\pi}{5} \triangleq \frac{360°}{5} = 72°$.

Aufgaben

44. Bestimmen Sie die Periodenlänge der Funktion f.
a) $f(x) = \tan(2x)$ b) $f(x) = \sin(2x) + \cos(3x)$

45. Drücken Sie f durch eine Kosinus- und g durch eine Sinusfunktion aus:
$f(x) = \sin(3x)$ $g(x) = 3\cos(2x)$

Lösen trigonometrischer Gleichungen

- **Verwendung der Periodizität:** Trigonometrische Funktionen besitzen oft viele (in $\mathbb{R}$ sogar unendlich viele) Nullstellen. Daher verwendet man für die Nullstellenbestimmung die Periodizitätseigenschaft.
- **Bestimmung durch Transformation:** Die Gleichung $\sin z = 0$ besitzt als Lösungen alle ganzzahligen Vielfachen von π, also die Lösungen $z_k = k \cdot \pi$ $(k \in \mathbb{Z})$.
  Damit die Gleichung $\sin(mx + c) = 0$ erfüllt ist, muss das Argument $mx + c$ des Sinus also ein ganzzahliges Vielfaches von π sein. Daher muss hier gelten:
  $mx_k + c = z_k = k \cdot \pi$ $(k \in \mathbb{Z})$
  Diese Beziehung kann man leicht nach x_k auflösen:
  $x_k = \frac{k \cdot \pi - c}{m}$ $(k \in \mathbb{Z})$

Beispiele

1. Bestimmen Sie im Intervall $[0; 2\pi]$ alle Nullstellen von f mit $f(x) = \sin(3x)$.

   Lösung:

   In diesem Fall ist $m = 3$ und $c = 0$. Nach der obigen Regel ergeben sich also folgende Nullstellen (man beachte den Definitionsbereich von f):

   $x_0 = 0,\ x_1 = \frac{\pi}{3},\ x_2 = \frac{2}{3}\pi,\ x_3 = \pi,\ x_4 = \frac{4}{3}\pi,\ x_5 = \frac{5}{3}\pi,\ x_6 = 2\pi$

2. Bestimmen Sie die Lösung der Gleichung $\sin x = \frac{1}{2}$ $(0 \le x \le 2\pi)$.

   Lösung:

   Man verwendet in solch einem Fall die Symmetrien der Sinuskurve. Die erste Lösung (z. B. aus der Formelsammlung) für die Gleichung ist $x_1 = \frac{\pi}{6}$ (dies entspricht 30°).

   Wegen der Symmetrie der Sinuskurve zur Geraden $x = \frac{\pi}{2}$ ist diese Nullstelle von der 0 genauso weit entfernt wie die zweite Lösung von π. So erhält man:

   $x_2 = \pi - \frac{\pi}{6} = \frac{5\pi}{6}$

   Da $\sin x$ für $x \in [\pi; 2\pi]$ kleiner gleich null ist, sind dies die einzigen beiden Stellen im Intervall $[0; 2\pi]$, die die Gleichung erfüllen.

3. Bestimmen Sie die Nullstellen der Funktion f mit $f(x) = 3\sin\left(4x + \frac{\pi}{6}\right)$.

   Lösung:

   Es ist f(x) genau dann gleich null, wenn $\sin\left(4x + \frac{\pi}{6}\right)$ gleich null ist.

   In diesem Fall ist $m = 4$ und $c = \frac{\pi}{6}$. Nach obiger Regel ergeben sich somit die Nullstellen x_k von f:

   $x_k = \frac{k \cdot \pi - \frac{\pi}{6}}{4} = \frac{(6k-1)\pi}{24}$ $(k \in \mathbb{Z})$

Aufgaben

46. Bestimmen Sie im Intervall $[0; 2\pi]$ alle Nullstellen von f mit $f(x) = \cos(4x)$.

47. Bestimmen Sie sämtliche Nullstellen der Funktion f mit $f(x) = 2\cos\left(3x + \frac{\pi}{4}\right)$.

48. Bestimmen Sie im Intervall $[0; 2\pi]$ alle Lösungen der Gleichung $\sin(2x) = \frac{1}{2}$.

Ableitungen trigonometrischer Funktionen

$f(x) = \sin x \quad \Rightarrow \quad f'(x) = \cos x$

$f(x) = \cos x \quad \Rightarrow \quad f'(x) = -\sin x$

$f(x) = \tan x \quad \Rightarrow \quad f'(x) = \frac{1}{\cos^2 x} = 1 + \tan^2 x$

Stammfunktionen trigonometrischer Funktionen

$f(x) = \sin x \quad \Rightarrow \quad F(x) = -\cos x + c \quad (c \in \mathbb{R})$

$f(x) = \cos x \quad \Rightarrow \quad F(x) = \sin x + c \quad (c \in \mathbb{R})$

$f(x) = \tan x \quad \Rightarrow \quad F(x) = -\ln|\cos x| + c \quad (c \in \mathbb{R})$

Beispiel

Geben Sie die Ableitung und eine Stammfunktion der Funktion f mit $f(x) = \sin(4x)$ an.

Lösung:

$f'(x) = 4\cos(4x);\ F(x) = -\frac{1}{4}\cos(4x)$

Aufgabe **49.** Bestimmen Sie die Ableitung und eine Stammfunktion der Funktion g mit $g(x) = 4x^2 + \sin\left(\frac{\pi}{3} + x\right)$.

Satz des Pythagoras

Häufig wird der Satz des Pythagoras im rechtwinkligen Dreieck benötigt. Er liefert die folgende Winkelbeziehung: $\mathbf{\sin^2 \alpha + \cos^2 \alpha = 1}$

Diese Formel lässt sich vom Satz des Pythagoras folgendermaßen ableiten:

$$a^2 + b^2 = c^2 \quad \Leftrightarrow \quad \frac{a^2}{c^2} + \frac{b^2}{c^2} = 1$$
$$\Leftrightarrow \quad \left(\frac{a}{c}\right)^2 + \left(\frac{b}{c}\right)^2 = 1$$
$$\Leftrightarrow \quad \sin^2 \alpha + \cos^2 \alpha = 1$$

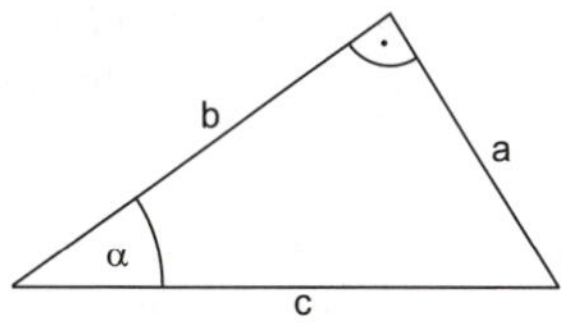

Aufgabe **50.** Bestimmen Sie im Intervall $[0;\ 2\pi]$ alle Lösungen der Gleichung $2\cos^2 x + 3\sin x = 3$.

Trigonometrische Funktionen und der GTR

- **Zeichnen trigonometrischer Schaubilder**
  Oft erkennt man die Periodenlänge trigonometrischer Funktionen auf einen Blick. So hat f mit $f(x) = \sin x + \sin(2x)$ beispielsweise die Periode 2π. Will man das zugehörige Schaubild **genau** im Bereich von 0 bis 2π zeichnen, kann man im Zeichenfenster [WINDOW] bei Xmax auch 2 [×] [π] eingeben. Der entsprechende numerische Wert von 2π wird berechnet und als Xmax angezeigt.
  Wenn man nicht genau weiß, welchen Wertebereich die Funktion besitzt, hilft meist ein Blick auf die Wertetabelle. Danach kann man leichter eine Entscheidung für einen geeigneten y-Zeichenbereich treffen.
- **Grad- oder Bogenmaß**
  Oft ist die Einstellung im Gradmaß günstig, wenn man exakte Werte erwartet.

Beispiel

Bestimmen Sie mit dem GTR das Maximum der Funktion f mit
$f(x) = \sin x + \frac{1}{2}\sin(2x) \quad (x \in [0; 2\pi])$.

Lösung:

Hier ist die Einstellung auf das Gradmaß (!) sinnvoll. Man zeichnet das Schaubild und bestimmt dann numerisch die gesuchte Extremstelle:

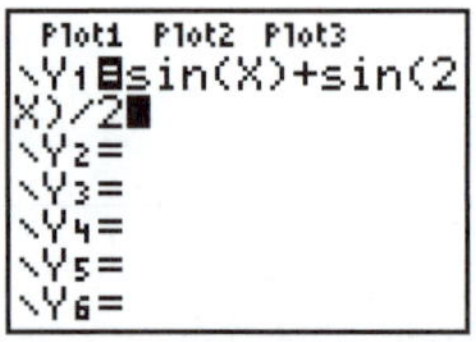

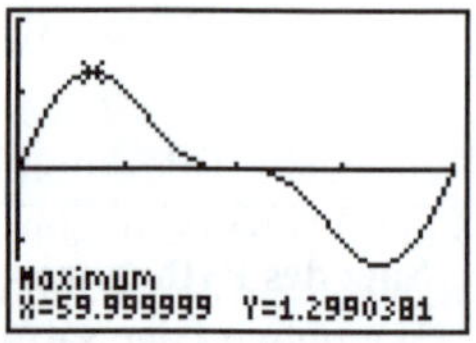

Durch die Arbeit im Gradmaß lässt sich die Extremstelle bei $\alpha = 60°$ (Anzeige 59,999…) ablesen, sodass sich im Bogenmaß die exakte Maximalstelle $x = \frac{\pi}{3}$ ergibt. Im Bogenmaß hätte der GTR den Wert 1,047197551 angezeigt. Hier hätte man nicht so leicht den Wert $x = \frac{\pi}{3}$ erkennen können!

Tipp zu anwendungsorientierten Aufgaben

Bei anwendungsorientierten Aufgaben genügt es oft, die Nullstellen und Extremstellen von Funktionen nur numerisch zu bestimmen. Dann kann man im Grafikfenster auch die [CALC]-Funktion des GTR verwenden, wobei am Schaubild jeweils das gewünschte Intervall für die gesuchte Nullstelle ausgewählt werden kann.
Die gesuchten **Lösungen trigonometrischer Gleichungen** sollte man nach Möglichkeit **mit dem GTR** berechnen. Das geht ungleich schneller als durch algebraische Umformungen und ist natürlich immer erlaubt, sofern es in der Aufgabenstellung nicht explizit verboten wurde.

Aufgaben

51. Zeichnen Sie im Intervall $[0; 2\pi]$ das Schaubild der Funktion f mit $f(x) = \sin(3x) - \cos(2x)$.

52. Bestimmen Sie die Nullstellen und Extremstellen der Funktion f mit $f(\alpha) = \sin\alpha + 2\cos\alpha \quad (\alpha \in [0°; 360°])$.

Versuchen Sie zunächst, eine algebraische Lösung zu ermitteln!

53. Das Schaubild der Funktion f mit
$f(x) = \sin x \quad (x \in [0; \pi])$
schließt mit der x-Achse eine Fläche ein. Die Fläche soll in diesem Intervall in vier gleich große Teile geteilt werden. Geben Sie hierfür möglichst viele verschiedene Lösungen an.

54. Die Funktion f mit $f(x) = \frac{\cos x}{\sin x}$ besitzt die Ableitung f' mit $f'(x) = -\frac{1}{\sin^2 x}$.

Bestimmen Sie $\int_{\frac{\pi}{4}}^{\frac{\pi}{2}} \frac{1}{\sin^2 x}\,dx$.

Musteraufgabe

Ein Schwerlastkran besitzt einen Teleskoparm, der durch Ausfahren der ineinandergeschobenen Teleskopteile verlängert werden kann. Außerdem kann der Einstellwinkel dieses Arms gegenüber der Horizontalen zwischen 0° und 85° eingestellt werden.
Der hier abgebildete Schwerlastkran beginnt zum Zeitpunkt 0 aus der Horizontalen heraus seine Ausfahrbewegung, wobei sich die Länge des Teleskoparms in jeder Sekunde um 0,2 m und der Einstellwinkel gegenüber der Horizontalen in jeder Sekunde um 2° erhöht. In der horizontalen Ausgangsposition hat der Teleskoparm eine Länge von 3,80 m und befindet sich 2,50 m über dem Erdboden.

a) Stellen Sie vier verschiedene Positionen dieser Ausfahrbewegung in einer Skizze dar.

b) Bestimmen Sie die Höhe des Teleskoparmendes über dem Erdboden nach 20 Sekunden. Wann hat der Teleskoparm eine Höhe von 5 m über dem Erdboden erreicht?

c) Der Schwerlastkran ist so positioniert worden, dass sein horizontal gelagerter Teleskoparm direkt auf eine Hochhauswand zeigt.
Welchen Mindestabstand muss das Ende des Teleskoparms im Ausgangszustand haben, damit es im Zuge der Aufstellbewegung nicht die Hauswand berührt?

d) Bestimmen Sie den Zeitpunkt, zu dem im Laufe der Ausfahrbewegung die vertikale Geschwindigkeit des Teleskoparmendes am größten ist.

Lösung:

Für die Lösung dieser Aufgabe ist die Verwendung des Gradmaßes für Winkel sinnvoll, weil der Einstellwinkel in Gradschritten erhöht wird. Der GTR muss folglich zuerst mittels MODE auf Degree eingestellt werden.

a) Um eine Skizze von verschiedenen Positionen der Ausfahrbewegung anfertigen zu können, ist es notwendig, dass Sie die zu einem Zeitpunkt t erreichte Länge L und den Einstellwinkel α in Abhängigkeit von der Zeit t darstellen.
Der Arm verlängert sich in jeder Sekunde um 0,2 m, also in t Sekunden um 0,2t Meter. Deshalb gilt unter Berücksichtigung der Anfangslänge:
$L(t) = 3{,}8 + 0{,}2t$
Der Einstellwinkel erhöht sich in jeder Sekunde um 2°. Nach t Sekunden sind also 2t Grad erreicht:
$\alpha(t) = 2t$
Da die vier Zeitpunkte in der Aufgabenstellung nicht explizit genannt sind, kann man beliebige Werte wählen, z. B.:

t in Sekunden	0	10	20	35
L(t) in Metern	3,8	5,8	7,8	10,8
α(t) in Grad	0	20	40	70

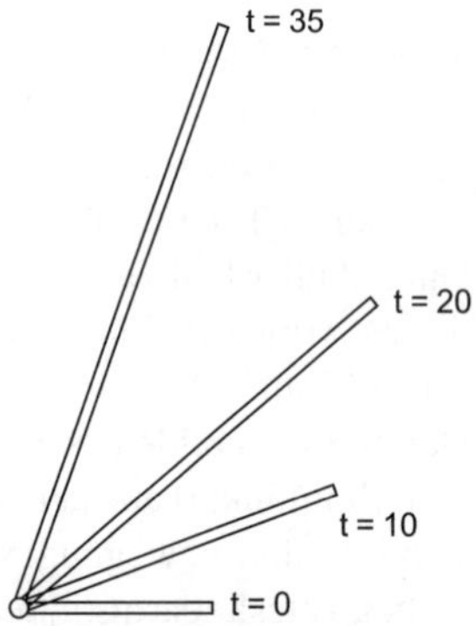

b) Da die Höhe des Teleskoparms in Aufgabenteil d noch benötigt wird, stellt man am sinnvollsten sofort eine Funktion H auf, die jedem Zeitpunkt t die erreichte Höhe H(t) in Metern zuweist.

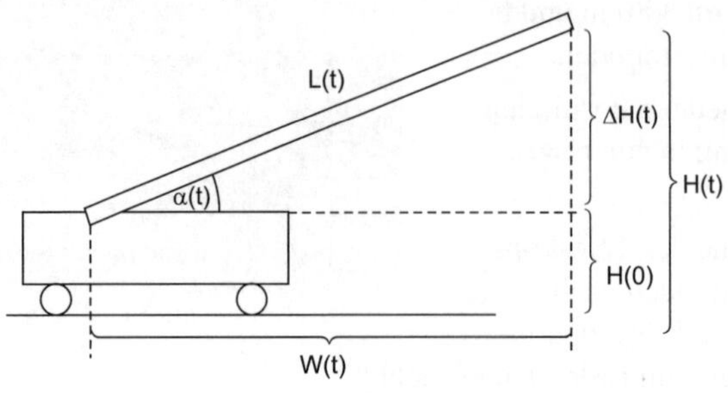

Der Skizze auf der vorangehenden Seite entnimmt man:
Die Höhe H(t) setzt sich aus der **Ausgangshöhe** $H(0) = 2{,}5$ m und der **Höhenzunahme** im Laufe der Ausfahrbewegung zusammen:
$H(t) = H(0) + \Delta H(t)$

Diese **Höhenzunahme** lässt sich aus dem rechtwinkligen Dreieck durch $\Delta H(t) = L(t) \cdot \sin(\alpha(t))$ angeben.

Mit Aufgabenteil a ergibt sich: $\Delta H(t) = (3{,}8 + 0{,}2\,t)\sin(2\,t)$

Für die **Gesamthöhe** folgt also: $H(t) = 2{,}5 + \Delta H(t) = 2{,}5 + (3{,}8 + 0{,}2\,t)\sin(2\,t)$

Jetzt kann man die Frage nach der Höhe des Teleskoparmes nach 20 Sekunden durch einfaches Einsetzen von $t = 20$ beantworten:
$H(20) = 2{,}5 + 7{,}8\sin(40°) \approx 7{,}51$ m

Die Teilfrage nach dem Zeitpunkt, zu dem die Höhe 5 m beträgt, kann ebenfalls mithilfe der Höhengleichung gelöst werden. Gesucht ist der Wert t, für den gilt: $H(t) = 5$.

Für die Lösung dieser Gleichung eignet sich der GTR. Man zeichnet hierzu das Schaubild von H und schneidet dieses mit der Geraden $y = 5$ (alternativ kann man auch die Nullstellen von $H(t) - 5$ bestimmen):

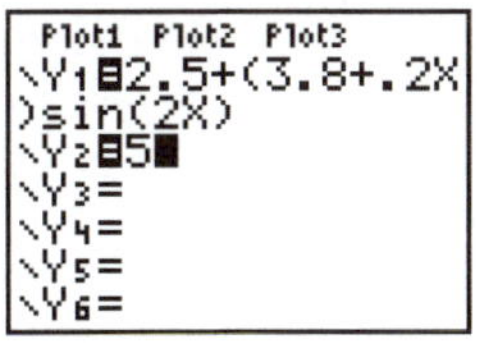

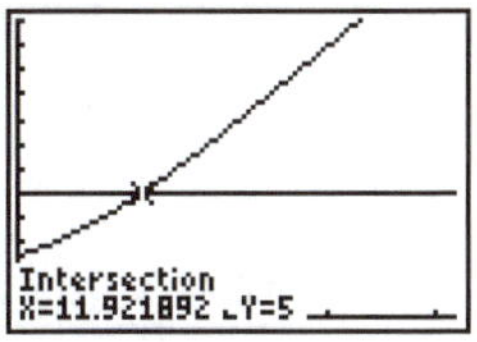

Der GTR liefert die Lösung $t \approx 11{,}9$ s.

c) Analog zu Aufgabenteil b lässt sich die (horizontale) Ausfahrweite W(t) (gemessen vom Drehgelenk aus) bestimmen:
$W(t) = L(t) \cdot \cos(\alpha(t)) = (3{,}8 + 0{,}2\,t)\cos(2\,t)$

Da für die Bestimmung der kritischen Entfernung von der Hauswand wieder ein numerischer Zahlenwert genügt, zeichnet man das Schaubild von W und bestimmt mit dem GTR die maximale Weite (Befehle: [Y=] zum Eingeben des Funktionsterms, [WINDOW] zum Auswählen des Zeichenbereichs und [CALC] <maximum> zum Berechnen des maximalen Wertes).

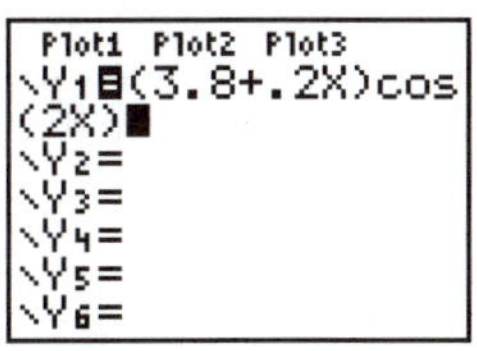

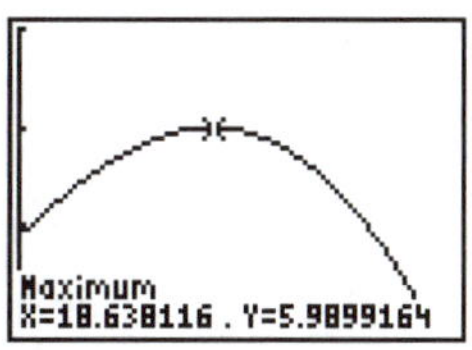

Subtrahiert man die **Ausgangsweite** $W(0) = 3{,}80$ m von der am GTR abgelesenen **maximalen Weite** $W_{max} \approx 5{,}99$ m, so ergibt sich ein Mindestabstand von etwa 2,19 m.

d) Die vertikale Geschwindigkeit des Teleskoparmendes wird durch die Ableitung der Höhenfunktion nach der Zeit dargestellt. Für die vertikale Geschwindigkeit v_{vert} gilt also: $v_{vert}(t) = H'(t)$

Das Maximum dieser Funktion ist die maximale Höhengeschwindigkeit.

Die Ableitung und die Extremwertbestimmung lassen sich mit dem GTR leicht realisieren. Der Funktionsterm von H wird in Y1 eingegeben. In Y2 lässt man sich die Ableitung von Y1 bilden (den Ableitungsoperator nDeriv erreicht man via [MATH] <MATH – nDeriv(> oder über die [CATALOG]-Übersicht).

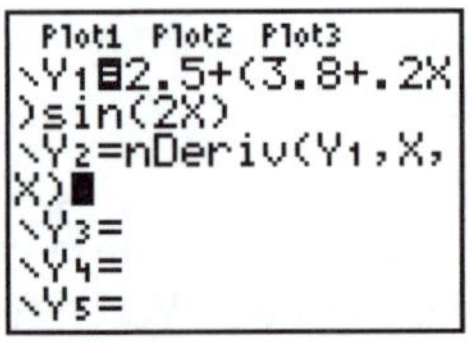

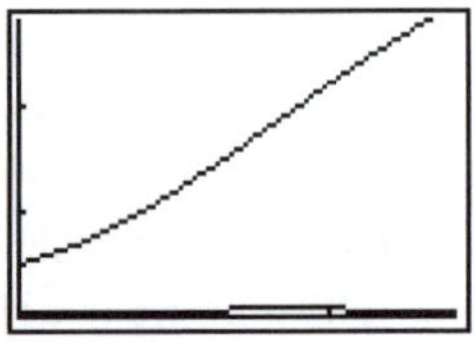

Beim ersten Zeichenversuch der beiden Schaubilder ist H gut zu erkennen, die Ableitungsfunktion H' aber nur schlecht, da ihr Schaubild ganz in der Nähe der x-Achse verläuft. Also muss man einen geeigneteren Zeichenbereich wählen um anschließend die Extremstelle von H' bestimmen zu können:

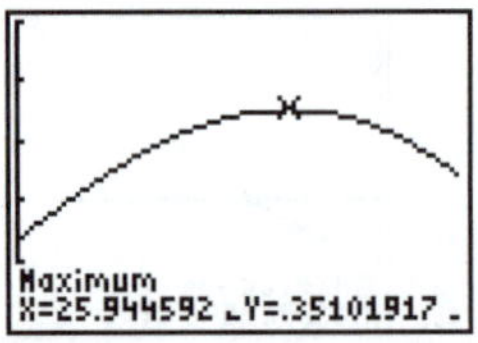

Der GTR liefert als Ergebnis eine Zeit von ca. 26 Sekunden, nach der die maximale Höhengeschwindigkeit von ca. $0{,}35\ \frac{m}{s}$ erreicht wird.

Tipp: Wenn man sich vor dem Zeichnen eine geeignete Wertetabelle anzeigen lässt, kann man das passende Zeichenfenster leichter festlegen.

Aufgaben **55.** Dem Kalender kann man die Zeiten von Sonnenaufgang und -untergang an bestimmten Tagen entnehmen (alle Angaben in Mitteleuropäischer Zeit, also ohne Berücksichtigung der Sommerzeit):

Datum	15. 01.	12. 03.	23. 04.	04. 06.	14. 08.	25. 09.	27. 11.
Aufgang	08:20	06:43	05:10	04:09	05:07	06:13	07:59
Untergang	16:43	18:21	19:32	20:32	19:45	18:13	16:20

Die Zeit zwischen Sonnenaufgang und -untergang wird als Sonnenscheindauer bezeichnet (Wettereinflüsse werden somit nicht berücksichtigt).

a) Stellen Sie jeweils für die angegebenen 7 Tage die Sonnenscheindauer grafisch dar.

b) Suchen Sie eine geeignete Funktion, die diese Sonnenscheindauer im Laufe eines Jahres näherungsweise beschreibt.

c) Bestimmen Sie mithilfe Ihrer Funktion die mittlere Sonnenscheindauer in den Ferienmonaten Juni bis August.

→ Lösungshilfe 55 a, b, c

56. Ein Grafiker soll für eine neu gegründete Firma ein Firmenlogo entwerfen. Nach den Vorstellungen der Firmeninhaber soll es aus einem Halbkreis mit einem Radius von 3 cm und einem darübergesetzten Dreieck bestehen, dessen untere Ecke 3 cm unterhalb des Mittelpunkts des Halbkreises liegt. Die beiden anderen Ecken sollen auf dem Halbkreis liegen. Eine mögliche Anordnung stellt die nebenstehende Skizze dar. Bei Bedarf soll das farbige (gleichschenklige) Dreieck beschriftet werden können, deshalb möchte der Grafiker ein Dreieck mit möglichst großem Inhalt verwenden. Entwerfen Sie hierfür das optimale Logo.

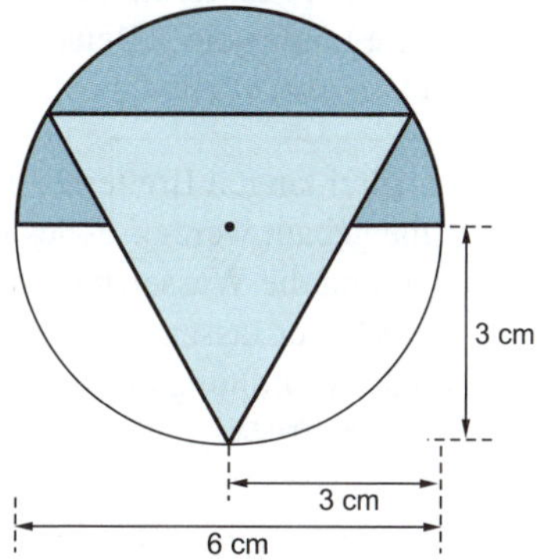

→ Lösungshilfe 56

57. Auf Jahrmärkten findet man oft das hier abgebildete Karussell. Dieses Karussell, das in der nachfolgenden Skizze schematisch dargestellt ist, dreht sich um seine Mittelachse M. Gleichzeitig drehen sich die Sitzkörbe um das Ende D des Karussellarms.

Die großen Tragearme haben die Länge $L_1 = 4{,}80$ m und drehen sich 10-mal pro Minute entgegen dem Uhrzeigersinn um die Mittelachse M. Die Korbarme, die sich dabei für den außen stehenden Beobachter 20-mal pro Minute um D drehen, besitzen eine Länge von $L_2 = 1{,}20$ m. Zum Zeitpunkt 0 befindet sich ein Sitzkorb in der gezeichneten Stellung.

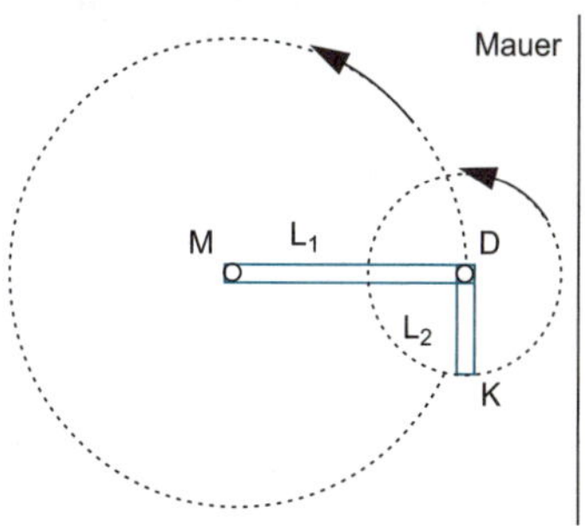

a) Zeichnen Sie die Stellung der beiden Arme zu den Zeitpunkten t = 1s, t = 2s und t = 3s.

b) Berechnen Sie den ersten Zeitpunkt, zu dem die beiden Arme lang gestreckt sind, also am weitesten hinausragen.

c) Die in die Skizze eingezeichnete Mauer ist 6,20 m von der Karussellmitte M entfernt. Bestimmen Sie den kleinsten Abstand, den der Korb K im Laufe seiner Bewegung von dieser Mauer hat.

→ Lösungshilfe 57 a, b, c

58. Aus drei langen Brettern soll eine Wasserrinne gebaut werden. Jedes Brett ist 30 cm breit und die Wasserrinne soll möglichst viel Wasser fassen. Bestimmen Sie die optimale Anordnung dieser Wasserrinne.

→ Lösungshilfe 58

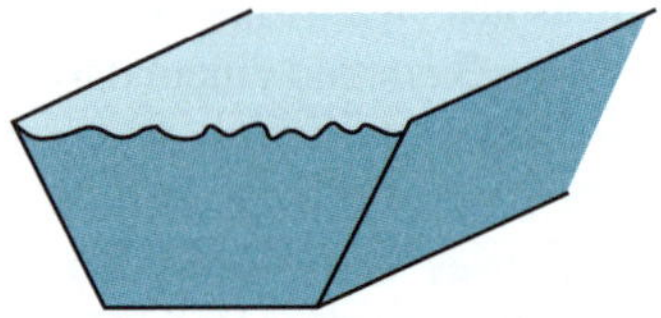

59. Eine 10 m breite Gebäudefront, die senkrecht zu einer Straße steht, soll aus einem Auto, das auf der Straße entlangfährt, fotografiert werden. An welcher Stelle der Straße ist die Größe des Blickwinkels optimal? Dabei ist die Entfernung des Autos vom Straßenrand der Straßenseite, auf der das Gebäude steht, zu vernachlässigen. Entnehmen Sie weitere Informationen der nebenstehenden Skizze!

→ Lösungshilfe 59

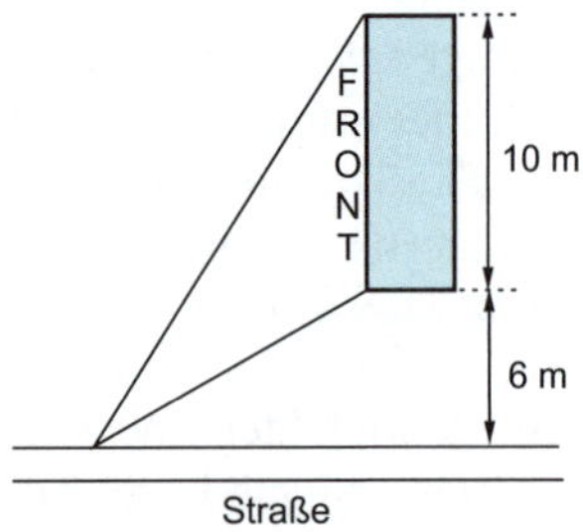

60. Bei einem Schubkurbelgetriebe, wie man es bei Dampflokomotiven verwendet, wird durch eine Kolbenstange die horizontale Kolbenbewegung auf eine Kreisbewegung des Rades übertragen.

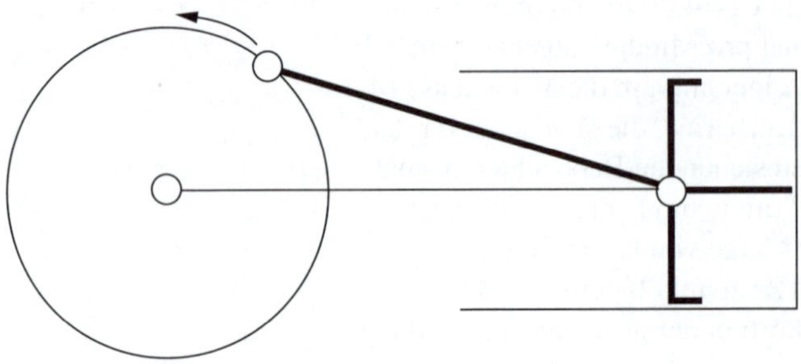

a) Das Rad soll eine gleichförmige Drehung ausführen.
Beschreiben Sie mithilfe einer geeigneten Funktion die Horizontalbewegung des Kolbens.

b) Vergleichen Sie die sich ergebende Kurve mit einer Sinus- bzw. Kosinuskurve.

c) Bestimmen Sie die größte horizontale Geschwindigkeit des Kolbens, wenn das Rad einen Durchmesser von 1,2 m besitzt, die Kolbenstange 2 m lang ist und das Rad sich pro Sekunde 2-mal dreht.

→ Lösungshilfe 60 a, c

61. Ein zylindrisches Fass hat den Durchmesser $d = 1{,}20$ m und die Höhe $h = 1{,}80$ m. Dieses Fass wird waagerecht gelegt und von oben mit Wasser gefüllt.

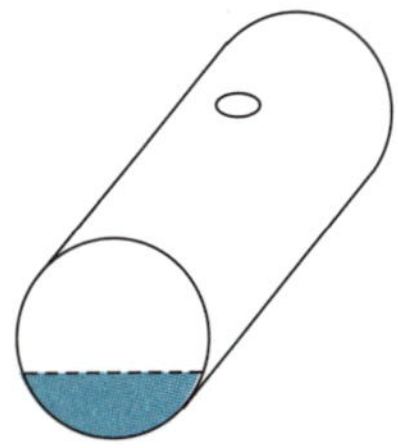

a) Bestimmen Sie eine Funktion $V\colon x \mapsto V(x)$, die jedem Mittelpunktswinkel x, der zu der eingezeichneten Wasserlinie gehört, das entsprechende Wasservolumen V(x) zuordnet.
(Ergebnis: $V(x) = \frac{d^2h}{8}(x - \sin x)$)

b) Bestimmen Sie das Volumen des Wassers im Fass, wenn das Wasser 20 cm hoch steht.
Welche Höhe hat der Wasserspiegel im Fass, wenn es mit 1000 Litern Wasser gefüllt ist?

c) Bei welcher Füllhöhe ändert sich der Mittelpunktswinkel bei gleichbleibender Zuflussrate am wenigsten? (Anschauliche Begründung genügt.)

Exponentialfunktion

In diesem Kapitel werden Exponentialfunktionen behandelt. Dieser Funktionstyp spielt in anwendungsorientierten Aufgaben eine wichtige Rolle. Außerdem führen Differenzialgleichungen häufig zu Exponentialfunktionen. Dieses Kapitel vermittelt die hierzu erforderlichen Grundlagen und bietet Aufgaben, die ohne Differenzialgleichungen bearbeitet werden können.

Rechenregeln für Potenzen

Bei der Potenzrechnung gelten folgende Regeln ($a \in \mathbb{R}$, $a > 0$; $x, y \in \mathbb{R}$; $n \in \mathbb{Z}$; $m \in \mathbb{N}$):

$a^x \cdot a^y = a^{x+y}$ $\qquad \frac{a^x}{a^y} = a^{x-y}$

$(a^x)^y = a^{x \cdot y}$ $\qquad a^{\frac{n}{m}} = \sqrt[m]{a}^{\,n}$

Exponentialgleichungen

Die **Umkehrfunktion** zur Exponentialfunktion (mit der Basis $e \approx 2{,}718$) ist die (natürliche) **Logarithmusfunktion**.

Exponentialgleichungen lassen sich lösen durch:

- **Substitution**
- **Logarithmieren**

Insbesondere bei Punktproben muss man häufig die Umkehrfunktionsbeziehung verwenden:

$e^{\ln k} = k$ und $\ln(e^k) = k$

Beispiele

1. Lösen Sie die Gleichung $e^x + 5e^{-x} - 14e^{-3x} = 0$.

   Lösung:

   $e^x + 5e^{-x} - 14e^{-3x} = 0$ — Multiplikation mit e^{3x}

   $e^{4x} + 5e^{2x} - 14 = 0$ — **Substitution $z = e^{2x}$**

   $z^2 + 5z - 14 = 0$ — Lösung mit p-q-Formel

   $z_{1;2} = -\frac{5}{2} \pm \sqrt{\frac{25}{4} + 14}$

   $z_1 = 2 \ \vee \ z_2 = -7$ — **Resubstitution**

   $e^{2x} = 2 \ \vee \ e^{2x} = -7$ — Logarithmieren der 1. Gleichung; die 2. Gleichung hat keine Lösung

   $x = \frac{\ln 2}{2}$

2. Vereinfachen Sie folgende Terme.
   a) $e^{-3\ln u}$ b) $e^{u+2\ln v}$
   c) $\ln(3e^{-kt+2})$

   Lösung:
   a) $e^{-3\ln u} = \frac{1}{e^{3\ln u}} = \frac{1}{(e^{\ln u})^3} = \frac{1}{u^3} = u^{-3}$
   b) $e^{u+2\ln v} = e^u \cdot e^{2\ln v} = e^u \cdot (e^{\ln v})^2 = e^u \cdot v^2$
   c) $\ln(3e^{-kt+2}) = \ln 3 + \ln(e^{-kt+2}) = \ln 3 + (-kt+2) = \ln 3 - kt + 2$

Aufgabe 62. Bestimmen Sie die Lösungsmenge der Gleichung.
a) $e^x + e^{-x} = 2$ b) $(e^{x-2} - 1)(x^2 - 4x) = 0$

Ableitung der Exponentialfunktion
Die Funktion f mit $f(x) = ae^x$ hat die Ableitung $f'(x) = ae^x$.
Bei Anwendung der Kettenregel ergibt sich für die Ableitung der Funktion g mit $g(x) = ae^{kx}$: $g'(x) = k \cdot ae^{kx}$.
Aus der Eigenschaft $g(x) = ae^{kx} \neq 0$ für alle $x \in \mathbb{R}$ und $a \neq 0$ folgt sofort:
Das Schaubild von g hat keine Nullstellen, keine Extrema und keine Wendepunkte.
Für die Funktion g kann man auch eine **Stammfunktion** G angeben:
$G(x) = \frac{1}{k} \cdot ae^{kx}$

Beispiel

Bilden Sie die Ableitung von f mit $f(x) = \frac{e^{2x} - 1}{e^{2x}}$.

Lösung:
Kürzen mit e^{2x} ergibt:
$f(x) = 1 - \frac{1}{e^{2x}} = 1 - e^{-2x}$
Anwenden der Kettenregel:
$f'(x) = -(-2)e^{-2x} = 2e^{-2x} = \frac{2}{e^{2x}}$

Aufgabe 63. Bilden Sie die Ableitung von f mit $f(x) = e^{3x}(1 + e^{-3x})^2$.

Asymptoten

Für jede beliebige ganzrationale Funktion p hat das Schaubild der Funktion f mit $f(x) = p(x) \cdot e^{kx}$
die horizontale Asymptote $y = 0$ (die Exponentialfunktion „dominiert" jede ganzrationale Funktion).
Falls $k > 0$ ist, gilt $f(x) \xrightarrow[x \to -\infty]{} 0$.
Falls $k < 0$ ist, dann gilt $f(x) \xrightarrow[x \to \infty]{} 0$.

Beispiel

Geben Sie – sofern vorhanden – die Asymptoten des Schaubilds von f an:

a) $f(x) = (4 - x^3)e^{-2x}$

b) $f(x) = x^5(1 + e^{-3x})^2$

c) $f(x) = \frac{4}{e^{-x} + 2}$

Lösung:

a) $f(x) \xrightarrow[x \to \infty]{} 0$ und $f(x) \xrightarrow[x \to -\infty]{} \infty$

Horizontale Asymptote: $y = 0$ (für $x \to \infty$)

b) $f(x) \xrightarrow[x \to \infty]{} \infty$ (da $f(x) = x^5 + 2x^5 \cdot e^{-3x} + x^5 \cdot e^{-6x}$) und

$f(x) \xrightarrow[x \to -\infty]{} -\infty$

Keine Asymptoten

c) $f(x) \xrightarrow[x \to \infty]{} 2$ und $f(x) \xrightarrow[x \to -\infty]{} 0$

Horizontale Asymptoten: $y = 2$ und $y = 0$

Aufgabe **64.** Bestimmen Sie den Definitionsbereich, die Nullstellen und die Asymptoten des Schaubilds von f. Beim Lösen von Aufgabenteil d können Sie auf den GTR zurückgreifen.

a) $f(x) = \frac{e^x + 1}{e^x - 1}$

b) $f(x) = \frac{x^2}{e^x + 1}$

c) $f(x) = \frac{e^x - 2}{x^2 - 4}$

d) $f(x) = \frac{x^2}{e^x - 1}$

Musteraufgabe

In der nebenstehenden Tabelle ist eine Übersicht über die Anzahl der Transistoren wiedergegeben, die sich in Computerprozessoren der jeweils aktuellen Computergeneration im angeführten Jahr befanden.

Jahr	Transistoren
1978	29 000
1982	134 000
1985	275 000
1989	1 200 000
1993	3 100 000
1995	5 500 000
1997	7 500 000
2000	42 000 000
2006	291 000 000
2008	420 000 000

a) Verwenden Sie die Daten der Jahre 1985 und 1995, um die Parameter a und b der Funktion f mit der Form $f(t) = a \cdot e^{bt}$ zu bestimmen, wenn t die Zeit (in Jahren ab 1980) und f(t) die Zahl der Transistoren pro Prozessor angibt.
Stellen Sie die tatsächliche Zahl der Prozessoren in den einzelnen Jahren der gemäß dieser Funktion zu erwartenden Zahl gegenüber und bestimmen Sie die maximale prozentuale Abweichung der beiden Werte voneinander.

b) Eine Mitte der 70er-Jahre aufgestellte Version des Moore'schen Gesetzes postuliert eine Verdoppelung der Zahl der Transistoren alle zwei Jahre.
Ermitteln Sie anhand der in Aufgabenteil a bestimmten Funktion die Verdoppelungszeit und beurteilen Sie damit die Güte dieses „Moore'schen Gesetzes".

c) Der im Jahr 2010 auf den Markt gebrachte Intel-i7-Prozessor enthält ca. 1,18 Milliarden Transistoren.
Beurteilen Sie unter Verwendung des Ausgangsjahrs 1978 die Güte des „Moore'schen Gesetzes" für den Zeitraum von 1978 bis 2010.
Welche Prognose für die Transistorenzahl eines Prozessormodells aus dem Jahr 2014 könnte jetzt gegeben werden?

Lösung:

Im Folgenden wird als Einheit 1000 Transistoren verwendet.

a) $f(5) = 275 \quad \Leftrightarrow \quad a \cdot e^{5b} = 275$
$f(15) = 5\,500 \qquad\quad a \cdot e^{15b} = 5\,500$

Division der zweiten Zeile durch die erste:

$$e^{10b} = \frac{5500}{275} = 20 \quad \Leftrightarrow \quad 10b = \ln 20 \quad \Leftrightarrow \quad b = \frac{\ln 20}{10} \approx 0{,}300$$

Eingesetzt in die erste Gleichung ergibt sich:

$$a = \frac{275}{e^{5b}} \approx 61{,}5$$

```
ln(20)/10→B
          .2995732274
275/e^(5B)→A
          61.49186938
```

Die Bestimmung und Speicherung der Werte für a und b wurde mit dem GTR durchgeführt. Mit dem GTR wird auch die geforderte Gegenüberstellung realisiert. Verwendet wird hierbei der Listen-Editor [STAT]: Die Werte in den Listen L1 und L2 werden manuell eingetragen. Die Werte in Liste L3 werden automatisch berechnet, wenn man die Formel mit Anführungszeichen fixiert[2]:

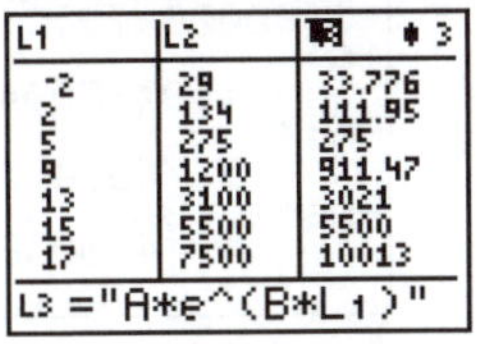

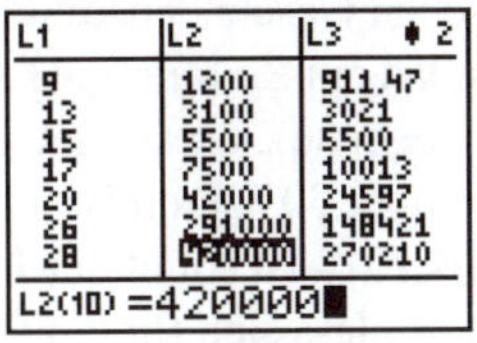

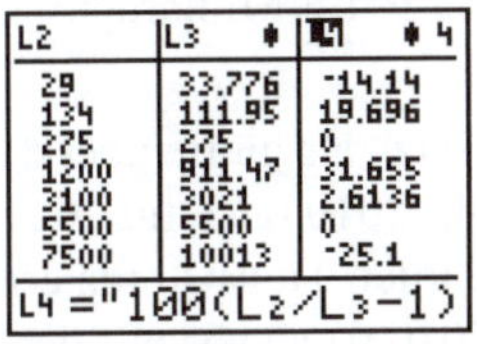

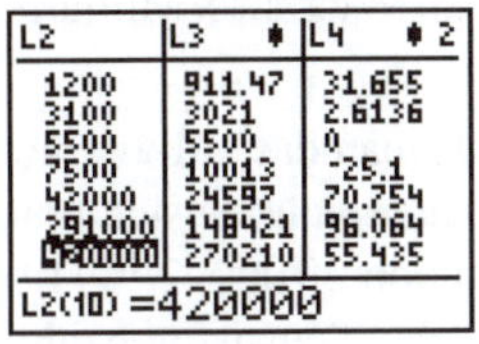

Die Liste L4 wird verwendet, um die jeweilige prozentuale Abweichung vom realen Wert zu berechnen. Im Jahr 2008 übertraf die reale Zahl von Transistoren die nach der Funktion f zu erwartende Zahl um gut 55 %, im Jahr 1978 wurde die Prognose dagegen um ca. 14 % unterschritten. Die maximale Abweichung beträgt ca. 96 %.

b) Die Verdoppelungszeit ist vom Ausgangszeitpunkt unabhängig. Man kann als Ausgangszeitpunkt also geschickt t = 0 wählen, um die Verdoppelungszeit T zu berechnen:

$f(T) = 2 \cdot f(0) \quad \Leftrightarrow \quad a \cdot e^{bT} = 2a \quad \Leftrightarrow \quad T = \frac{\ln 2}{b} \approx 2{,}31$

Ausgehend von der in Aufgabenteil a bestimmten Modellierungsfunktion sagt das „Moore'sche Gesetz" für die Jahre 1982, 1989 und ab dem Jahr 2000 eine langsamere, für die Jahre 1993, 1995 und 1997 eine schnellere Entwicklung der Transistorenanzahl voraus und trifft damit im betrachteten Zeitraum nur begrenzt zu.

---

2 **Fixierung der Formel:** Bewegen Sie den Cursor auf die Listenüberschrift L3 und geben Sie die Formel – eingeschlossen in Anführungszeichen (= grüne Belegung der [+]-Taste, erreichbar über die [ALPHA]-Taste) – ein. Wenn Sie Änderungen in der Liste L1 vornehmen, wird die Liste L3 sofort neu berechnet und entsprechend korrigiert.

c) Wenn sich die Zahl der Transistoren alle zwei Jahre auf das c-Fache vergrößert, dann gilt für den Zeitraum der 16 Zweijahresintervalle von 1978 bis 2010:

$$1180\,000 = 29 \cdot c^{16} \quad \Leftrightarrow \quad c^{16} = \frac{1180\,000}{29} \quad \Leftrightarrow \quad c = \sqrt[16]{\frac{1180\,000}{29}} \approx 1{,}94$$

```
(1180000/29)^(1/
16)
      1.941300429
Ans²
      3.768647357
Ans*1.18
      4.447003881
```

Der nach dem „Moore'schen Gesetz“ postulierte Faktor 2 wird also in diesem langen Zeitraum näherungsweise erreicht. Das „Moore'sche Gesetz“ hat also über den langen Zeitraum von über 30 Jahren Bestand.
Im Zeitraum von 2010 bis 2014 ist somit der Faktor von $c^2 \approx 3{,}77$ vernünftig, sodass sich für ein Prozessormodell aus dem Jahr 2014 ca. $1{,}18$ Milliarden $\cdot\, 3{,}77 \approx 4{,}4$ Milliarden Transistoren erwarten lassen.

Alternativantwort: Setzt man das „Moore'sche Gesetz“ als gültig über den langen Zeitraum voraus, dann müsste sich für das Jahr 2010 (also für 16 Zweijahresintervalle) die Zahl von $29\,000 \cdot 2^{16} \approx 1{,}9$ Milliarden Transistoren ergeben. Die Größenordnung der Transistorenzahl von 2010 ist angesichts des langen Zeitraums recht gut angenähert; das „Moore'sche Gesetz“ kann somit als geeignetes Modell angesehen werden.
Für das Jahr 2014 kann man daher näherungsweise eine zweimalige Verdoppelung der Transistorenzahl erwarten und somit etwa $1{,}18$ Milliarden $\cdot\, 2^2 \approx 4{,}7$ Milliarden Transistoren.

Aufgaben

65. Für die Herstellung einer Sonderedition eines Mountainbikes fallen wegen neuer Produktionsmethoden sowie der Anlaufkosten für die ersten Exemplare höhere Kosten an. Im Laufe der Produktion sinken die Herstellungskosten wegen eintretender Rationalisierungs- und Lerneffekte. Die Kosten für die Produktion des sechsten Fahrrads betrugen 510,50 €, für das 12. Fahrrad lagen sie noch bei 406,50 €. Langfristig werden 280 € Herstellungskosten erwartet. In einer Modellrechnung wird für die Beschreibung der Produktionskosten eine Funktion der Form $f(x) = a + b \cdot e^{-kx}$ verwendet.

a) Bestimmen Sie die Parameter a, b und k so, dass f die oben genannten Herstellungskosten korrekt beschreibt.
Begründen Sie, dass nach diesem Modell die Herstellungskosten im Laufe der Produktion fallen.
(Teilergebnis: $f(x) = 280 + 420e^{-0{,}1x}$)

b) Bestimmen Sie mithilfe der Funktion f die Kosten für die Herstellung der ersten 10 Fahrräder exakt.
Bestimmen Sie einen geeigneten Näherungswert für die Herstellung von weiteren 990 Fahrrädern sowie die durchschnittlichen Kosten für die ersten 1000 Fahrräder.

c) Als am Markt durchsetzbarer Preis für dieses Fahrrad wurden 299 € ermittelt. Ab welcher Fahrradnummer liegen die Herstellungskosten erstmals unter 299 €? Wie groß ist der bis dahin entstandene Anlaufverlust? Wie hoch ist der Gewinn, wenn 1000 Fahrräder abgesetzt werden können?

d) Eine Marktuntersuchung ergibt, dass das Sondermodell so attraktiv ist, dass sogar 2000 Fahrräder abgesetzt werden können, wenn der Preis unter 300 € liegt. Welcher Preis sollte nun mindestens festgelegt werden, wenn die Firma einen Gesamtgewinn von 20 000 € erzielen möchte?

→ Lösungshilfe 65 b

66. Im Diagramm ist die Sendeleistung von Handys aus drei verschiedenen Baujahren angegeben. Unter der Annahme, dass die jeweils **maximale** Sendeleistung einer Funktion der Form $f(t) = G + a \cdot e^{-kt}$ folgt, lässt sich ein Grenzwert angeben, der bei **maximaler** Sendeleistung langfristig erreichbar ist. Bestimmen Sie diesen Grenzwert.

→ Lösungshilfe 66

ENTWICKLUNG DER SENDELEISTUNG VON HANDYS (in Watt)

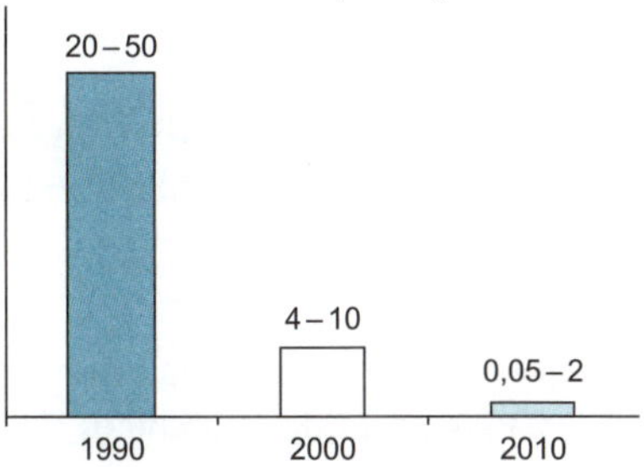

© Informationszentrum Mobilfunk e. V.

67. Im Rahmen einer Versuchsreihe wird das Wachstum einer Getreideart, die maximal 1,20 m hoch wird, untersucht. Zu Beginn der Messung ist die Pflanze 20 cm hoch, nach einer Woche werden bereits 40 cm gemessen. Zur Modellierung wird für die Größe der Pflanze eine Funktion f der Form

$$f(t) = \frac{a}{e^{ct} + b}$$

verwendet.

a) Bestimmen Sie mithilfe der angegebenen Messwerte die Werte a, b und c.
Bestimmen Sie den Zeitpunkt, zu dem die Pflanze nach diesem Modell eine Höhe von 60 cm erreichen wird.
(Teilergebnis (bei t in Tagen, Höhe in cm): $a = 24$; $b = 0{,}2$; $c \approx -0{,}1309$)

b) Bestimmen Sie den Zeitpunkt, zu dem die Pflanze am schnellsten wächst.

→ Lösungshilfe 67

68. Die Anreicherung von CO_2 in der Atmosphäre ist mitverantwortlich für den sogenannten Treibhauseffekt, d. h. für die Erhöhung der mittleren Lufttemperatur. Die CO_2-Emission nahm von 1970 bis 1990 ständig zu. Im Jahr 1970 (Zeitpunkt $t=0$) betrug die Emission ca. 3,98 Mrd. Tonnen CO_2, im Jahr 1986 lag sie bereits bei 5,62 Mrd. Tonnen CO_2.

a) Bestimmen Sie die Parameter a und k der Funktion f mit $f(t)=a \cdot e^{kt}$, die diese Entwicklung beschreibt.
Wie groß war in diesem Zeitraum die jährliche prozentuale Zunahme der Emission?
Bestimmen Sie die Verdoppelungszeit.
Berechnen Sie die Gesamtemission im Zeitraum von 1970 bis 1990.

b) In einem neuen Modell geht man davon aus, dass ab 1990 die CO_2-Emission exponentiell begrenzt ist, wobei langfristig ein Wert von 12 Mrd. Tonnen CO_2 erwartet wird.
Bestimmen Sie eine passende Funktionsgleichung, die sich im Jahr 1990 stetig und differenzierbar (d. h. ohne Sprung und ohne Knick) an die Funktion f anschließt.

→ Lösungshilfe 68 b

69. In der Abbildung ist die Anzahl der Mobilfunkteilnehmer in den jeweiligen Jahren wiedergegeben. Die Entwicklung in den Jahren 1996 bis 2001 lässt vermuten, dass die Zahl der Mobilfunknutzer einer Funktion der Art $f(t)=a \cdot e^{kt}$ folgt.

a) Bestimmen Sie anhand der Daten der Jahre 1996 und 1999 die Parameter a und k und ermitteln Sie die maximale Abweichung der realen Zahlen von den mittels der Funktion f prognostizierten Zahlen im Zeitraum von 1996 bis 1999.

b) Der Grafik ist auf einen Blick zu entnehmen, dass die Werte der Jahre 2000 und 2001 nicht beide zugleich dem exponentiellen Wachstum der vorigen Jahre genügen.
Untersuchen Sie unter Zugrundelegung der Funktion f, ob das Jahr 2000 einen Absatzboom oder das Jahr 2001 einen Absatzeinbruch im Hinblick auf die exponentielle Entwicklung darstellt.

c) Die Entwicklung der Zahl der Mobilfunkteilnehmer ab 2006 deutet auf begrenztes Wachstum (Funktionsgleichung $g(t) = G - b \cdot e^{ct}$) hin.
Geben Sie unter Verwendung der Daten der Jahre 2007, 2008 und 2009 eine Prognose für die langfristig zu erwartende Zahl der Mobilfunkteilnehmer an, wenn Sie ein begrenztes Wachstum zugrunde legen.
Bestimmen Sie mithilfe der Funktion g die zu erwartende mittlere Zahl der Mobilfunknutzer in den Jahren 2007 bis 2015.

→ Lösungshilfe 69 c

Differenzialgleichungen und Wachstumsformen

In diesem Kapitel geht es um diejenigen einfachen Differenzialgleichungen, die den in der Schulmathematik behandelten Wachstumsformen zugrundeliegen.

Was ist eine Differenzialgleichung?

Eine Differenzialgleichung (DGL) ist eine Gleichung, bei der eine Funktion sowie ihre Ableitungen auftreten. In der Schulmathematik werden nur solche Differenzialgleichungen behandelt, bei denen neben der Funktion nur ihre erste Ableitung sowie konstante Faktoren und Summanden auftreten. Die Funktion selbst ist dabei die gesuchte Größe; es ist lediglich die durch die Differenzialgleichung beschriebene wechselseitige Abhängigkeit der Funktion von ihrer ersten Ableitung bekannt.

Ist zusätzlich zu einer DGL noch ein Funktionswert der Lösungsfunktion an einer bestimmten Stelle gegeben, so bezeichnet man das aus diesen beiden Bedingungen bestehende Problem als **Anfangswertproblem** (AWP).

Das folgende **Beispiel** veranschaulicht die obigen Begriffe. Eine typische DGL lautet:

$K'(t) = 2 \cdot K(t)$

Eine **Lösung** dieser Differenzialgleichung ist gegeben durch:

$K(t) = c \cdot e^{2t}$

Die **Überprüfung des Ergebnisses** auf Richtigkeit ist durch die Bildung der Ableitung der Funktion K und den Vergleich mit der durch die Differenzialgleichung gegebenen Gleichung für K'(t) möglich.

Die Ableitung von K mit $K(t) = c \cdot e^{2t}$ ergibt:

$K'(t) = 2 \cdot c \cdot e^{2t}$

Somit erfüllt die Funktion $K(t) = c \cdot e^{2t}$ obige Differenzialgleichung:

$K'(t) = 2 \cdot K(t) = 2 \cdot c \cdot e^{2t}$

Stellt man zusätzlich die Bedingung $K(0) = 500$, so liegt ein **AWP** vor:

$$\left.\begin{array}{l} K'(t) = 2 \cdot K(t) \\ K(0) = 500 \end{array}\right\} \text{AWP}$$

Mit

$K(0) = c \cdot e^0 = 500 \quad \Leftrightarrow \quad c = 500$

lautet die Lösung dieses speziellen Anfangswertproblems:

$K(t) = 500 \cdot e^{2t}$

In der Schulmathematik werden vorwiegend nur die folgenden drei Differenzialgleichungen behandelt.

1. Lineares Wachstum

Die **momentane Änderungsrate** bei dieser Wachstumsform ist **konstant**. Die **Differenzialgleichung** hierfür lautet:

$f'(t) = c \quad (c \in \mathbb{R})$

Diese Differenzialgleichung hat die **Lösung**

$f(t) = c \cdot t + a_0$,

wobei a_0 den Bestand f(0) zum Zeitpunkt 0 angibt. Das **Schaubild** von f ist eine Gerade.

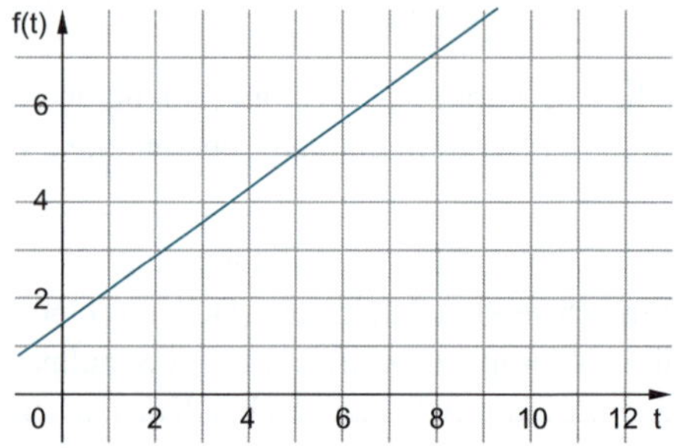

Beispiele

1. Die Differenzialgleichung $f'(t) = 5$ mit $f(0) = 3$ hat als Lösung $f(t) = 5t + 3$.

2. In einem Schwimmbecken befinden sich zu Beginn der Messung 4000 Liter Wasser. Pro Minute werden 80 Liter abgepumpt.
   Beschreiben Sie mithilfe einer Funktion die Veränderung der Wassermenge in Abhängigkeit von der Zeit und geben Sie einen sinnvollen Definitionsbereich für diese Funktion an.

   Lösung:

   Die Wassermenge wird mit W(t) bezeichnet. Zum Zeitpunkt $t = 0$ beträgt die Wassermenge $W(0) = 4000$. Die zu lösende Differenzialgleichung lautet:

   $W'(t) = -80$

   Somit ergibt sich:

   $W(t) = -80t + 4000$

   Ein sinnvoller Definitionsbereich für die Funktion W ist das Intervall [0; 50], da das Schwimmbecken nach 50 Minuten leer gepumpt ist.

Aufgabe 70. Ein Flugzeug startet zum Zeitpunkt 0 auf einem Flugplatz, der in 600 m Höhe über NN liegt. Pro Minute gewinnt das Flugzeug 800 m an Höhe. Geben Sie die passende Differenzialgleichung an und beschreiben Sie die Flughöhe durch eine geeignete Funktion.
Geben Sie einen sinnvollen Definitionsbereich für diese Funktion an.

2. Exponentielles Wachstum

Bei dieser Wachstumsform ist die **momentane Änderungsrate proportional zum aktuellen Bestand**.

Differenzialgleichung:

$f'(t) = k \cdot f(t)$ **($k > 0$)**

Diese Differenzialgleichung hat die **Lösung** $f(t) = a_0 \cdot e^{kt}$, wobei a_0 den Bestand zum Zeitpunkt 0 angibt. Das Schaubild von f verläuft exponentiell wachsend.

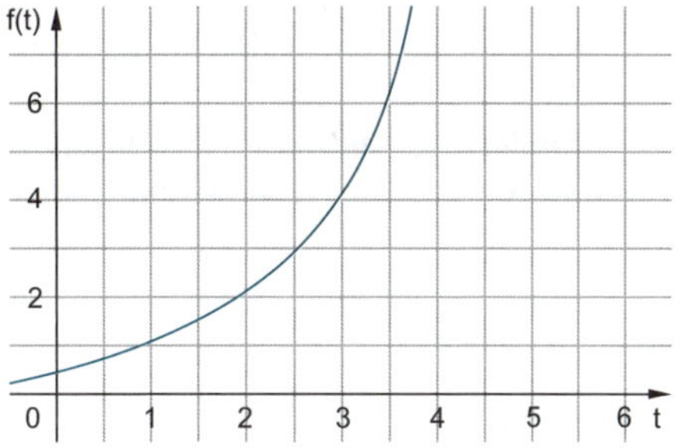

Exponentieller Zerfall

Wenn die Differenzialgleichung $f'(t) = -k \cdot f(t)$ mit **$k > 0$** lautet, dann ergibt sich als Lösung $f(t) = a_0 \cdot e^{-kt}$, wobei a_0 ebenfalls den Bestand zum Zeitpunkt 0 angibt. Man spricht dann von **exponentiellem Zerfall**; das Schaubild von f hat für $t \to \infty$ die Asymptote $y = 0$.

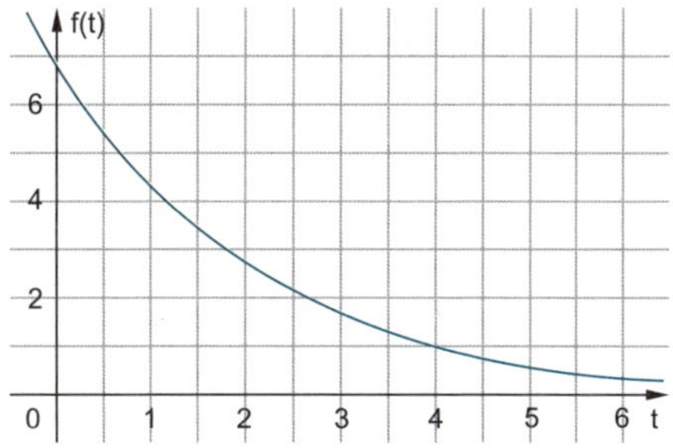

Beispiele

1. Die Differenzialgleichung $f'(t) = 3 \cdot f(t)$ mit $f(0) = 7$ hat die Lösung $f(t) = 7e^{3t}$.

2. Zu Beginn der Messung sind auf einem großen See 80 m^2 Wasserfläche mit Algen bedeckt. Beobachtungen zeigen ein momentanes Wachstum der Algenfläche von 5 % pro Tag[3].

   Beschreiben Sie diesen Vorgang durch eine Differenzialgleichung und bestimmen Sie die Größe der Algenfläche nach einer Woche.

   Lösung:

   Die Algenfläche A(t) erfüllt die Differenzialgleichung $A'(t) = 0{,}05A(t)$ mit $A(0) = 80$.

   Dieses Anfangswertproblem hat die Lösung $A(t) = 80e^{0{,}05t}$.

   Somit beträgt die Algenfläche nach einer Woche $A(7) = 80e^{0{,}35} \approx 113{,}5\ m^2$.

---

3 Die Formulierung ist hier und in manchen anderen Aufgaben bewusst umgangssprachlich verfasst; derartige die Einheit der momentanen Änderungsrate unterdrückende Aussagen sind jedoch täglich den Medien zu entnehmen. Mathematisch korrekt müsste formuliert werden: „... zeigen eine momentane Wachstumsrate der Algenfläche von 5 % der Algenfläche pro Tag“. Solche Transfers auf den mathematischen Sachverhalt werden also immer wieder vonnöten sein.

3. Eine Bakterienkultur vermehrt sich in einer ausreichenden Nährlösung stets proportional zum aktuellen Bestand. Im Rahmen einer Versuchsreihe verdoppelt sich der Bestand an Bakterien jeweils innerhalb von 10 Minuten.
   Stellen Sie eine geeignete Differenzialgleichung auf und bestimmen Sie die Vermehrung von 60 000 Bakterien innerhalb einer Viertelstunde.

   Lösung:
   Der Bestand B(t) wächst proportional zum aktuellen Bestand, also gilt:
   $B'(t) = k \cdot B(t)$ (t in Minuten)
   Diese Differenzialgleichung hat die Lösung $B(t) = a_0 \cdot e^{kt}$.
   Aus den Angaben der Aufgabe entnimmt man $B(0) = a_0 = 60\,000$ und $B(10) = 120\,000$.
   Setzt man $t = 10$, $a_0 = 60\,000$ und $B(10) = 120\,000$ in die Lösung der Differenzialgleichung ein, so erhält man:

   $$120\,000 = B(10) = 60\,000e^{k \cdot 10} \iff e^{k \cdot 10} = \frac{120\,000}{60\,000} = 2$$
   $$\iff k \cdot 10 = \ln 2$$
   $$\iff k = \frac{\ln 2}{10} \approx 0{,}0693$$

   Die Differenzialgleichung lautet also $B'(t) = \frac{\ln 2}{10} B(t)$.
   Die Lösung dieser Differenzialgleichung lautet $B(t) = 60\,000e^{\frac{\ln 2}{10}t}$.
   Nach einer Viertelstunde werden

   $$B(15) = 60\,000e^{\frac{\ln 2}{10} \cdot 15} \approx 170\,000$$

   Bakterien gezählt.

Aufgabe 71. Auf einem Nährboden werden zu Beginn der Messung 60 000 Bakterien gezählt. Nach einer Viertelstunde hat sich die Anzahl der Bakterien auf 150 000 erhöht. Beschreiben Sie unter Annahme eines exponentiellen Wachstums diesen Vorgang durch eine Differenzialgleichung und bestimmen Sie die Bakterienzahl nach einer weiteren Stunde.

3. Begrenztes Wachstum

Die **momentane Änderungsrate** ist hier **proportional zur Differenz zwischen einer Grenze G und dem momentanen Bestand.**

Differenzialgleichung:

$f'(t) = k \cdot (G - f(t)) \quad (k > 0)$

Diese Differenzialgleichung hat die **Lösung** $f(t) = G - c \cdot e^{-kt}$.

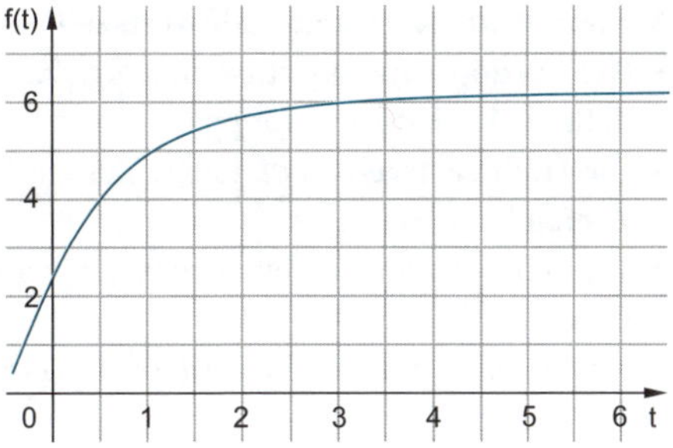

Dabei gibt $f(0) = G - c \cdot e^0 = G - c$ den Bestand zum Zeitpunkt 0 an. Deshalb ist $c = G - f(0)$. Das Schaubild von f verläuft exponentiell begrenzt mit einer horizontalen Asymptote $y = G$ für $t \to \infty$.

Beispiele

1. Zeigen Sie, dass die Differenzialgleichung $f'(t) = 3(7 - f(t))$ mit $f(0) = 2$ die Lösung $f(t) = 7 - 5e^{-3t}$ hat.

   Lösung:

   Von der gegebenen Funktion f bildet man die Ableitung:

   $f'(t) = -3(-5e^{-3t}) = 15e^{-3t}$

   Man berechnet nun $3(7 - f(t))$:

   $3(7 - f(t)) = 3(7 - (7 - 5e^{-3t})) = 3 \cdot 5e^{-3t} = 15e^{-3t} = f'(t)$

   Die Differenzialgleichung ist also erfüllt. Der Anfangsbestand wird durch Punktprobe überprüft:

   $f(0) = 7 - 5e^0 = 7 - 5 = 2$

2. Auf einem großen See mit einer Fläche von 80 000 m^2 sind anfangs 20 000 m^2 mit Algen bedeckt. Beobachtungen zeigen, dass die Algenfläche mit einer momentanen Wachstumsrate von 20 % der noch freien Fläche wächst, wenn die Zeit in Tagen gemessen wird.
   Beschreiben Sie diesen Vorgang durch eine Differenzialgleichung und bestimmen Sie die Größe der Algenfläche nach einer Woche.

   Lösung:

   Die Algenfläche A(t) erfüllt folgende Differenzialgleichung:

   $A'(t) = 0{,}2(80\,000 - A(t))$ mit $A(0) = 20\,000$

   Diese Differenzialgleichung hat die Lösung $A(t) = 80\,000 - 60\,000e^{-0{,}2t}$.

   Die Algen bedecken nach einer Woche also eine Fläche von

   $A(7) = 80\,000 - 60\,000e^{-1{,}4} \approx 78\,520\ m^2$.

Verdoppelungszeit und Halbwertszeit

- Die **Verdoppelungszeit** ist diejenige Zeit, in der sich ein Bestand bei **exponentiellem Wachstum** verdoppelt.
- Die **Halbwertszeit** ist diejenige Zeit, in der sich ein Bestand bei **exponentiellem Zerfall** halbiert.
- Wenn bei exponentiellem Wachstum der Bestand der Funktionsgleichung
  $f(t) = a_0 \cdot e^{kt} \quad (k > 0)$
  genügt, dann gilt für die Verdoppelungszeit:
  $t_2 = \frac{\ln 2}{k}$
- Bei exponentiellem Zerfall mit der Funktionsgleichung
  $f(t) = a_0 \cdot e^{-kt} \quad (k > 0)$
  erhält man entsprechend die Halbwertszeit
  $t_{\frac{1}{2}} = \frac{\ln 2}{k}.$

Beispiel

Bei einem exponentiellen Wachstumsvorgang erhöht sich ein Bestand in jeder Stunde um 12 %. Bestimmen Sie die Verdoppelungszeit.

Lösung:

Aus dem Ansatz $f(t) = a_0 \cdot e^{kt}$ folgt mit $f(0) = a_0$ und $a_0 \cdot e^{k \cdot 1} = f(1) = 1{,}12a_0$:
$e^k = 1{,}12 \;\Rightarrow\; k = \ln 1{,}12.$
Für die Verdoppelungszeit t_2 gilt demnach: $t_2 = \frac{\ln 2}{\ln 1{,}12} \approx 6{,}1$
Der Bestand verdoppelt sich etwa alle 6,1 Stunden.

Aufgabe 72. Luft besteht zu ca. 0,03 % aus Kohlendioxid. In diesem Kohlendioxid ist zu einem gleichbleibenden Anteil das radioaktive Kohlenstoff-Isotop ${}^{14}_{6}C$ enthalten. Dieser Anteil bleibt in der Luft stets gleich, da das Isotop in der oberen Atmosphäre ständig neu gebildet wird. In lebenden Organismen ist dieser Anteil ebenfalls zeitlich konstant, weil mit der Nahrung dieser gleichbleibende Anteil aufgenommen wird. Mit dem Tod eines Lebewesens endet dessen Stoffwechselprozess und das Isotop zerfällt mit einer Halbwertszeit von 5730 Jahren.

In einer Höhle fand man Knochen verstorbener Menschen, bei denen die Aktivität des Isotops nur noch 20 % der Aktivität bei lebenden Organismen betrug. Bestimmen Sie das ungefähre Alter der Knochen.

Geben Sie eine Funktion an, die die relative Aktivität des Isotops in Abhängigkeit von der Zeit beschreibt.

Unterschied zwischen momentaner Änderungsrate und mittlerer Änderungsrate

Die Verwendung der Begriffe „momentane Änderungsrate“ und „mittlere Änderungsrate“ ist in den Lehrbüchern leider nicht einheitlich. Mit dem Begriff „Änderungsrate“ (ohne Zusatz) kann die mittlere Änderungsrate oder die momentane Änderungsrate gemeint sein. Sie müssen anhand der Textformulierungen **inhaltlich** selbst entscheiden, welche der beiden Alternativen für die Übertragung der Aufgabenstellung die zutreffendere ist. In Einzelfällen kann die Textformulierung auch beide Alternativen zulassen.

Momentane Änderungsrate

Die **momentane Änderungsrate** (je nach Situation auch **momentane Wachstums- bzw. momentane Zerfallsrate** genannt) gibt die **Steigung der Bestandskurve und somit die Steigung der Tangente** zu dem betrachteten Zeitpunkt an. Eine momentane Zerfallsrate von 50 % des Bestands pro Zeiteinheit bedeutet insbesondere **nicht**, dass nach einer Zeiteinheit 50 % des Stoffes zerfallen sind.

Beispiel

Beim Zerfall eines bestimmten radioaktiven Materials beträgt die **momentane Zerfallsrate** 50 % des Bestands pro Tag. Bestimmen Sie den Bestand nach einem Tag.

Zeichnen Sie die Bestandskurve und interpretieren Sie die momentane Zerfallsrate (momentane Änderungsrate) an diesem Schaubild.

Lösung:

Bezeichnet M(t) die Bestandsfunktion, also für einen Zeitpunkt t den Bestand des radioaktiven Materials, wobei t in Tagen angegeben ist, so gilt für die **momentane Zerfallsrate** R:

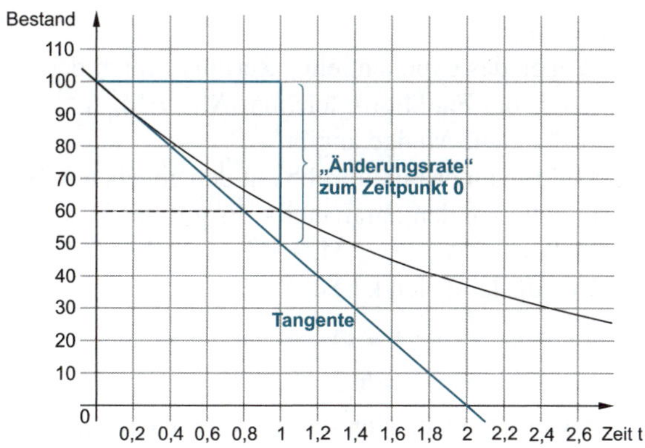

$R(t) = M'(t) = -0{,}5M(t)$

Die Differenzialgleichung $M'(t) = -0{,}5M(t)$ hat die Lösung

$M(t) = M_0 \cdot e^{-\frac{1}{2}t}$.

Dabei gibt M_0 den Anfangsbestand an. Nach einem Tag sind

$M(1) = M_0 \cdot e^{-\frac{1}{2}} \approx 0{,}6M_0$,

also noch ca. 60 % des radioaktiven Stoffes vorhanden.

Mittlere Änderungsrate (diskrete Änderungsrate)
Wenn die **Zunahme bzw. der Zerfall innerhalb eines bestimmten Zeitraums**, d. h. zwischen zwei (verschiedenen) Zeitpunkten angegeben ist, dann darf das nicht mit der momentanen Änderungsrate verwechselt werden, die ja die Zunahme bzw. den Zerfall zu einem bestimmten Zeitpunkt angibt.
Die **mittlere Änderungsrate** ergibt sich als **Quotient aus** der **Bestandsänderung** innerhalb eines betrachteten Zeitraums **und** der **Zeitänderung** innerhalb dieses Zeitraums. Dieser Quotient ist gleichzeitig die **Steigung der Sekante** an die Bestandskurve bezüglich der beiden den Zeitraum begrenzenden Zeitpunkte.
Die **zugehörige momentane Änderungsrate bzw. Differenzialgleichung** ermittelt man, indem man mit gegebenen Beständen eine Punktprobe mit der Bestandsfunktion durchführt, damit den Parameter k der Bestandsfunktion bestimmt und anschließend die Bestandsfunktion ableitet und den erhaltenen Term mithilfe der Bestandsfunktion ausdrückt.
Man nennt die mittlere Änderungsrate auch **diskrete Änderungsrate**, da sie nicht die Bestandsänderung zu einem beliebigen Zeitpunkt angibt, sondern die Bestandsänderung zwischen zwei verschiedenen, also voneinander getrennten[4] Zeitpunkten.

Beispiel

Beim exponentiellen Zerfall eines bestimmten radioaktiven Materials sind **innerhalb eines Tages** 50 % des Materials zerfallen. Bestimmen Sie die zugehörige Differenzialgleichung.
Zeichnen Sie die Bestandskurve und interpretieren Sie anhand dieses Schaubilds die Abnahme des radioaktiven Materials um 50 % innerhalb eines Tages.

Lösung:
Wegen des exponentiellen Zerfalls genügt der Bestand des radioaktiven Materials der Funktionsgleichung $M(t) = M_0 \cdot e^{-kt}$, wobei M_0 die zum Zeitpunkt 0 vorhandene Menge angibt.
Mithilfe einer Punktprobe mit den gegebenen Beständen M(0) und M(1) ermittelt man den Parameter k. Es gilt mit $M(0) = M_0$:
$$M(1) = 0{,}5M_0 \quad \Rightarrow \quad M_0 \cdot e^{-k \cdot 1} = M(1) = 0{,}5M_0$$
Hieraus lässt sich k bestimmen:
$$e^{-k} = \tfrac{1}{2} \quad \Leftrightarrow \quad -k = \ln\tfrac{1}{2} = -\ln 2$$
$$\Leftrightarrow \quad k = \ln 2 \approx 0{,}693$$
Als Probe ergibt sich für den Wert nach einem Tag:
$$M(1) = M_0 \cdot e^{-\ln 2} = M_0 \cdot \tfrac{1}{2}$$
Dies entspricht, wie gefordert, 50 % der Ausgangsmenge.

4 lat. *discretus* „getrennt“, „unterschieden“

Durch Ableiten von $M(t) = M_0 \cdot e^{-\ln 2 \cdot t}$ erhält man die zugehörige Differenzialgleichung:
$M'(t) = M_0 \cdot (-\ln 2) \cdot e^{-\ln 2 \cdot t} = -\ln 2 \cdot M(t)$
Dies ist gleichzeitig die zugehörige momentane Änderungsrate.

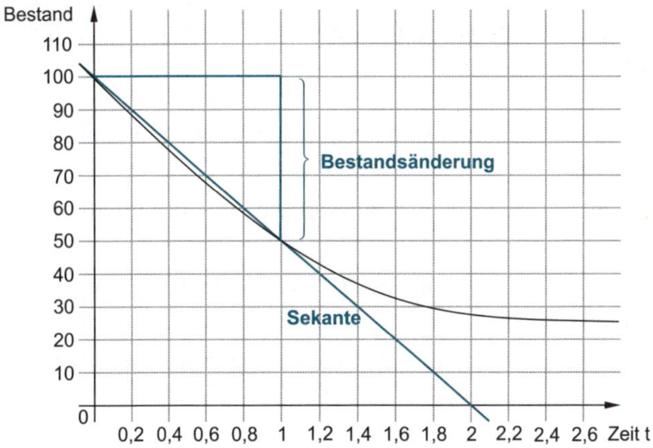

Eingezeichnet ist die Sekante an die Bestandskurve bezüglich der Zeitpunkte $t = 0$ und $t = 1$. Ihre Steigung (und damit die mittlere Änderungsrate) ergibt sich als Quotient aus der Bestandsänderung zwischen den Zeitpunkten $t = 0$ und $t = 1$ und der Zeitänderung zwischen diesen Punkten.

Bemerkung: Aus umgangssprachlichen Formulierungen ist manchmal nicht oder nur sehr schwer ersichtlich, welche der beiden Alternativen gemeint ist. Dann müssen Sie dies inhaltlich selbst entscheiden.
Je kleiner dabei der Quotient $\frac{f'(t)}{f(t)}$ ist, desto weniger unterscheiden sich die beiden Ansätze hinsichtlich ihrer Ergebnisse.

ufgaben **73.** Bestimmen Sie in den nachfolgenden Aufgaben – sofern ersichtlich – die Art des zugrunde liegenden Wachstums und geben Sie an, ob bei der entsprechenden Formulierung ein Ansatz über die momentane Änderungsrate oder über eine mittlere Änderungsrate korrekt ist.

	momentane Änderungsrate	mittlere Änderungsrate
a) In einem Fischteich nimmt die Zahl der Fische innerhalb des ersten Jahres um 400 zu.	☐	☐
b) Die Weltbevölkerung wuchs im Jahr 1984 um 80 Millionen.	☐	☐
c) Die Ausflussgeschwindigkeit von Wasser aus einem Wasserfass ist proportional zu der im Fass enthaltenen Wassermenge.	☐	☐

d) Aus dem Bodensee fließen über den Rheinfall bei Schaffhausen je nach Jahreszeit 100 bis 1 000 Kubikmeter Wasser pro Sekunde ab. ☐ ☐

e) Die jährliche Inflationsrate beträgt 2,7 %. ☐ ☐

f) Nach 10 Minuten hat sich die Kaffeetasse von 70 °C auf 32 °C abgekühlt. ☐ ☐

74. In einem See nimmt die Lichtintensität von Sonnenstrahlen mit zunehmender Tiefe exponentiell ab.

a) Im See A werden mit jedem Meter Wassertiefe 20 % der Lichtintensität absorbiert.

b) Im See B beträgt die Absorptionsrate 20 % der jeweils vorhandenen Lichtintensität pro Meter.

Vergleichen Sie bei beiden Seen die Lichtintensität in 5 Metern Wassertiefe.

→ Lösungshilfe 74

75. Lösen Sie die folgenden Differenzialgleichungen.

a) $f'(t) = 7$ mit $f(0) = 2$

b) $f'(t) = \frac{1}{8} f(t)$ mit $f(1) = 200$

c) $f'(t) = \frac{1}{3}(80 - f(t))$ mit $f(0) = 10$

d) $f'(t) = 60 - \frac{1}{6} f(t)$ mit $f(0) = 4$

76. Bestimmen Sie eine Lösung der Differenzialgleichung $f'(t) = 3t + 5$ mit $f(0) = 2$.

77. Geben Sie eine Differenzialgleichung für die Funktion f an.

a) $f(t) = -2e^{-4t}$

b) $f(t) = 10 - 2e^{-4t}$

78. Zeigen Sie, dass die Funktion f mit $f(t) = 60 - e^{-\frac{1}{2}t}$ die Differenzialgleichung $f'(t) = 30 - \frac{1}{2} f(t)$ erfüllt.

79. Bestimmen Sie die Konstanten a, $b \neq 0$ und k so, dass f mit $f(t) = a + b \cdot e^{kt}$ eine Lösung der Differenzialgleichung $f'(t) = 5 - \frac{1}{3} f(t)$ ist.

Musteraufgabe

In der Abbildung ist die Entwicklung der in Deutschland installierten Windenergieanlagen zu sehen. Verwenden Sie für Ihre Modellierungen stets das Jahr 1996 als Startzeitpunkt t = 0.

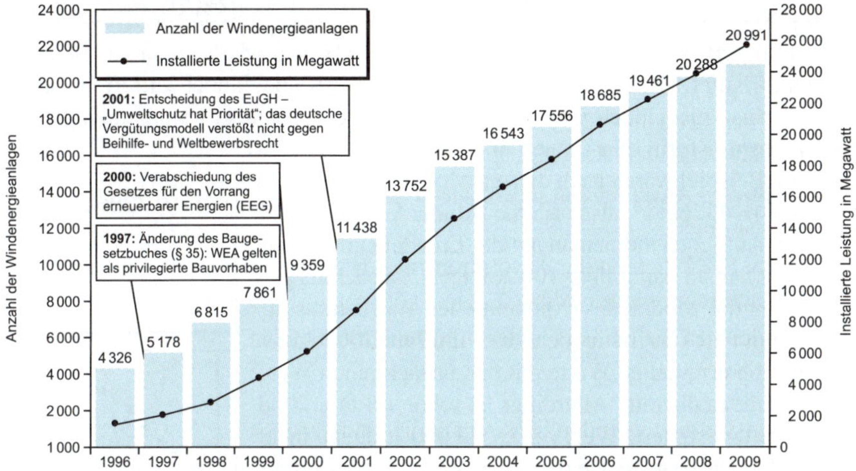

a) Bestimmen Sie unter Benutzung der über den entsprechenden Balken angegebenen Daten aus den Jahren 1996 und 2002 die Parameter a und b der Funktion f mit $f(t) = a \cdot e^{bt}$, die die Entwicklung der Zahl der Windenergieanlagen in diesem Zeitraum beschreibt.
   Wann wird demnach die Schwelle von 100 000 installierten Anlagen überschritten werden? Beurteilen Sie die langfristige Güte dieser Modellierung anhand der gegebenen Daten.

b) Realistischere Annahmen gehen davon aus, dass langfristig ca. 25 000 Anlagen installiert sein werden.
   Erstellen Sie unter Verwendung der Angaben über die Jahre 2006 und 2009 ein geeignetes Modell und bestimmen Sie damit den Zeitpunkt, zu dem die Schwelle von 24 000 installierten Anlagen überschritten werden wird.

Lösung:

a) Aus den Punkten $A(0\,|\,4326)$ und $B(6\,|\,13\,752)$ erhält man mit dem Ansatz $f(t) = a \cdot e^{kt}$ bei Punktprobe folgendes Gleichungssystem:
   $$f(0) = a \cdot e^0 = 4326$$
   $$f(6) = a \cdot e^{6k} = 13\,752$$
   Die erste Zeile liefert a = 4326. Eingesetzt in die zweite Zeile folgt:
   $$4326e^{6k} = 13\,752 \quad \Leftrightarrow \quad 6k = \ln\frac{13\,752}{4326} \quad \Leftrightarrow \quad k = \frac{1}{6}\ln\frac{13\,752}{4326} \approx 0{,}193$$

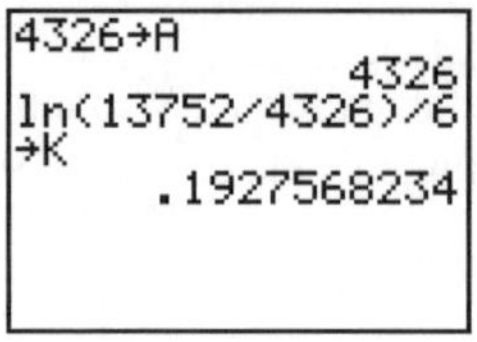

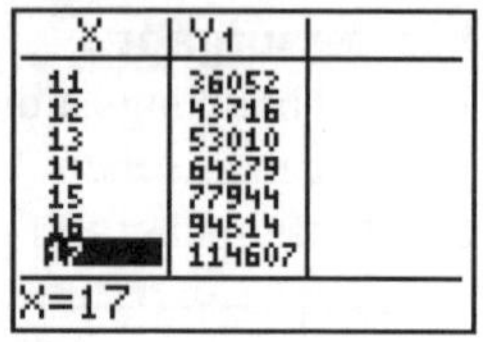

Im Jahr 2013 wird die Überschreitung der 100 000er-Marke zu erwarten sein. Kurzfristig (z. B. bis zum Jahr 2006) könnte das Modell noch zutreffend sein. Langfristig ist jedoch jedes exponentielle Wachstum nicht geeignet, da diese Wachstumsform sehr schnell über alle Grenzen wächst.

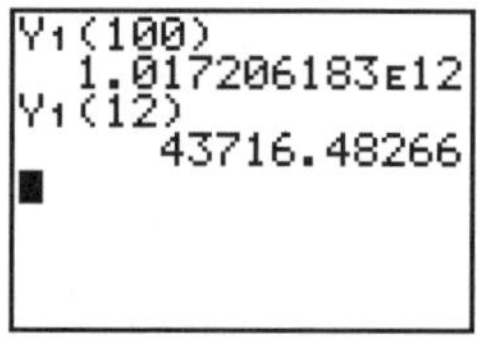

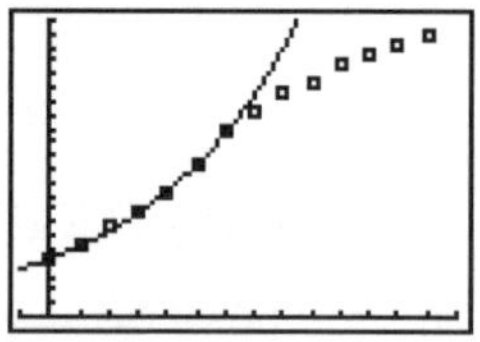

Zum Beispiel wären nach diesem Modell im Jahr 2096 $f(100) \approx 4326e^{19,3}$, also ca. eine Billion Anlagen installiert. Auf jeden momentan auf der Erde lebenden Menschen kämen damit über 100 Anlagen. Tatsächlich stimmt das Modell des exponentiellen Wachstums in diesem Fall kurzfristig, denn bis zum Jahr 2002 stimmen die ermittelten Werte mit den tatsächlichen Werten nahezu überein. Allerdings ist schon im Jahr 2008 der prognostizierte Wert von ca. 43 000 Anlagen mehr als doppelt so groß wie der reale Wert, sodass dieses Modell hier nicht mehr geeignet ist. Dies wird auch in der letzten Abbildung deutlich, die die geplotteten Daten der Jahre 1996 bis 2009 zusammen mit der Funktion f zeigt.

b) Durch die angegebene Grenze von 25 000 Anlagen kann man begrenztes Wachstum annehmen. Es ergibt sich der Ansatz $g(t) = 25\,000 - a \cdot e^{-kt}$, der über die Punktprobe mit $C(10\,|\,18\,685)$ und $B(13\,|\,20\,991)$ folgendes Gleichungssystem liefert:

$$\begin{matrix} 25\,000 - a \cdot e^{-10k} = 18\,685 \\ 25\,000 - a \cdot e^{-13k} = 20\,991 \end{matrix} \quad \Leftrightarrow \quad \begin{matrix} a \cdot e^{-10k} = 6315 \\ a \cdot e^{-13k} = 4009 \end{matrix}$$

Dividiert man die erste Zeile durch die zweite Zeile, dann erhält man

$$e^{3k} = \frac{6315}{4009} \quad \Leftrightarrow \quad k = \frac{1}{3}\ln\frac{6315}{4009} \approx 0,1515$$

und hieraus

$$a = 6315e^{10k} \approx 28\,719.$$

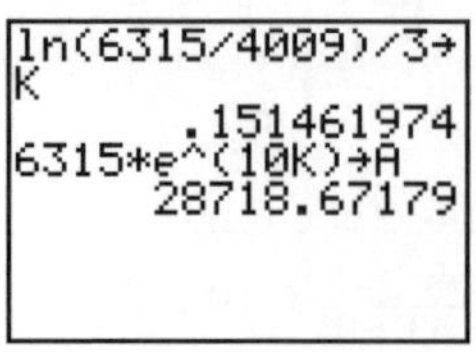

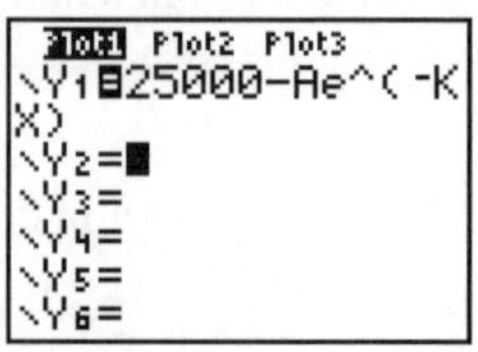

Nach diesem Ansatz wird im Jahr 2019 die Schwelle von 24 000 installierten Windenergieanlagen überschritten.

Aufgaben **80.** Die installierte Leistung der Windenergieanlagen in Deutschland nimmt beständig zu. In der Tabelle können Sie für jedes Jahr die jeweils neu installierte Leistung sowie die jeweilige Gesamtleistung ablesen (geringfügige Differenzen entstehen durch die Stilllegung einzelner Anlagen).

Windenergie-Leistung		
	insgesamt	**neu installiert**
	Megawatt	**Megawatt**
1996	1546	428
1997	2080	534
1998	2871	793
1999	4439	1568
2000	6104	1665
2001	8754	2659
2002	11 994	3240
2003	14 609	2645
2004	16 629	2037
2005	18 415	1808
2006	20 622	2233
2007	22 257	1667
2008	23 897	1667
2009	25 730	1919

a) Bilden Sie in einer Tabelle für jedes Jahr von 1996 bis 2002 den Quotienten aus der neu installierten Leistung und der installierten Gesamtleistung. Welche Wachstumsform können Sie hier mit hinreichender Genauigkeit unterstellen? Begründen Sie Ihre Aussage.
Bestimmen Sie eine geeignete Funktion, die die installierte Gesamtleistung im Zeitraum von 1996 bis 2002 näherungsweise beschreibt.
Geben Sie die größte prozentuale Abweichung der Näherungsfunktion von den realen Werten in diesem Zeitraum an.
Welche Gesamtleistung ist nach diesem Modell im Jahr 2004 zu erwarten? Wann werden nach diesem Modell erstmals 100 000 Megawatt (MW) Gesamtleistung installiert sein?
(Teilergebnis: $f(t) = 1546 \cdot e^{0,3415t}$)

b) Wenn über ein Jahr hinweg die Leistung 1546 MW erzeugt wird, dann entspricht das 1546 Megawattjahren (MWa) Energie (1 MWa ≈ 8,8 Mio. KWh).
Bestimmen Sie mithilfe der Modellierung aus Aufgabenteil a einen Näherungswert für die von 1996 bis 2009 insgesamt erzeugte Windenergie, wenn die Anlagen aufgrund der Windverhältnisse durchschnittlich mit 40 % der installierten Leistung betrieben werden können.

→ Lösungshilfe 80

81. Das Bild beschreibt die Kostenentwicklung bei der Herstellung von Windenergieanlagen. So kostete z. B. eine Windkraftanlage im Jahr 1996 nur noch 60 % des Betrags aus dem Jahr 1990.

Kostensenkung bei Windkraftanlagen

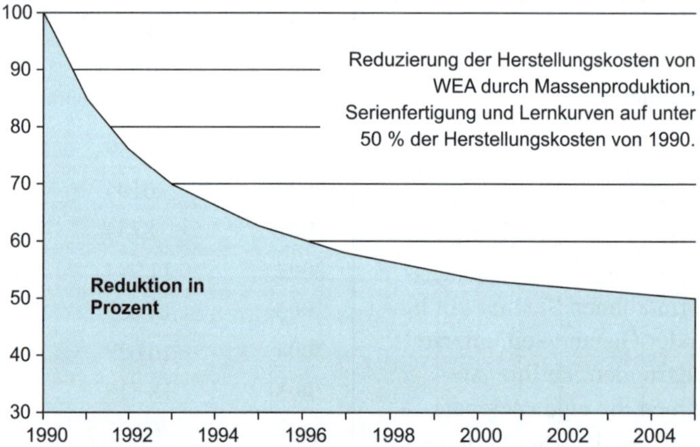

a) Bestimmen Sie anhand der Daten der Jahre 1990, 1996 und 2004 die Parameter a, b und c der Funktion f mit $f(t) = a \cdot e^{bt} + c$, die diese Entwicklung näherungsweise beschreibt.
Geben Sie damit die langfristig zu erwartende prozentuale Reduzierung der Kosten gegenüber dem Jahr 1990 sowie die zu f passende Differenzialgleichung an.

b) Für den Zeitraum zwischen 1990 und 2004 sollen die durchschnittlichen Kosten für die Erstellung einer Windanlage bestimmt werden.
Berechnen Sie unter der Annahme, dass in jedem Jahr gleich viele Anlagen produziert werden, die durchschnittlichen Kosten für eine im Zeitraum von 1990 bis 2004 errichtete Windanlage im Vergleich zu den Kosten einer im Jahr 1990 errichteten Anlage.
Bestimmen Sie die durchschnittlichen Kosten von 1990 bis 2004 (normiert durch die Kosten des Ausgangsjahres 1990) unter der Annahme, dass sich die Zahl der Anlageninstallationen in dieser Zeitspanne exponentiell verdreißigfacht.

→ Lösungshilfe 81 a, b

82. Das unten stehende Bild gibt die Entwicklung der Bevölkerungsdichte auf dem Gebiet der alten Bundesländer wieder.

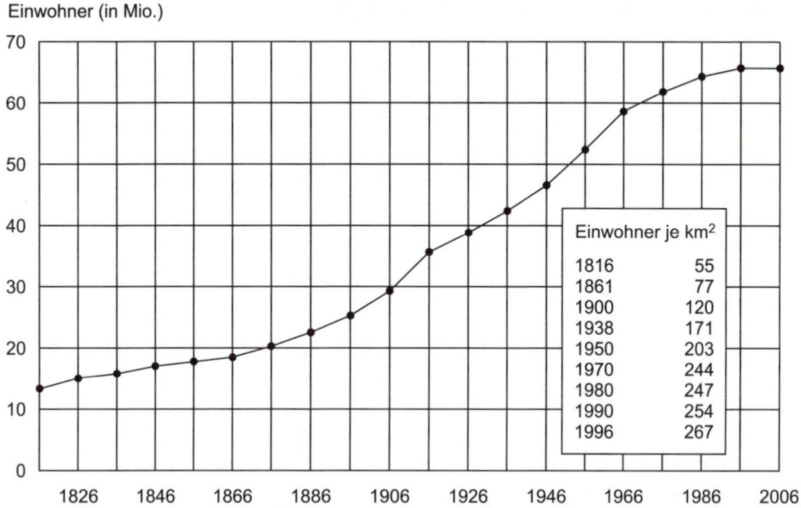

Einwohner je km²	
1816	55
1861	77
1900	120
1938	171
1950	203
1970	244
1980	247
1990	254
1996	267

a) Stellen Sie unter der Annahme exponentiellen Wachstums und mittels der in der Tabelle angegebenen Bevölkerungsdichte eine geeignete Funktion auf, die die Entwicklung in den Jahren 1861 bis 1910 näherungsweise beschreibt.
Bestimmen Sie damit eine Prognose für die Bevölkerungsdichte und die Bevölkerungszahl im Jahr 2014.
Beurteilen Sie dieses Modell hinsichtlich seiner Güte für den Modellierungszeitraum bis 1910 und in Bezug auf seine Aussagekraft für künftige Jahre.

b) Die Entwicklung der Bevölkerungsdichte ab 1950 deutet auf beschränktes Wachstum hin.
Geben Sie eine geeignete Differenzialgleichung für diese Wachstumsform an. Geben Sie eine Lösung dieser Differenzialgleichung an. (Schwierigere Alternative: Leiten Sie eine Lösung dieser Differenzialgleichung her.)
Bestimmen Sie mit den Daten der Jahre 1950, 1980 und 1996 die Funktion, die diese Entwicklung widerspiegelt.
Welche langfristige Bevölkerungsdichte ergibt sich nach diesem Modell?

→ Lösungshilfe 82

83. Das unten stehende Diagramm gibt den in der Bundesrepublik Deutschland im E-Commerce erwirtschafteten Umsatz an.

Umsatzentwicklung im E-Commerce in Deutschland

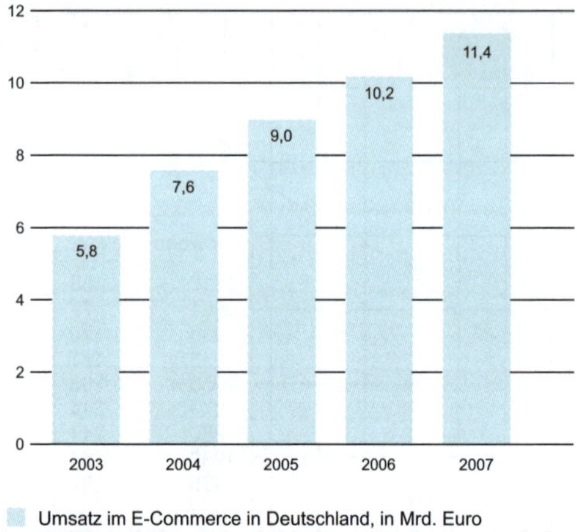

a) Beschreiben Sie, welche Art Wachstum beim Umsatz im E-Commerce dieses Diagramm auf den ersten Blick nahelegt.

b) Zeichnen Sie in ein korrekt skaliertes Koordinatensystem die Werte der Jahre 2003 bis 2007 ein.

c) Welche Wachstumsform erscheint unter Verwendung der von Ihnen in Aufgabenteil b eingezeichneten Daten vernünftig? Erstellen Sie nun eine geeignete Funktion, die dieses Wachstum im Zeitraum ab 2003 näherungsweise beschreibt.
Geben Sie eine zu der Funktion f passende Differenzialgleichung an.
Welcher Umsatz im E-Commerce ist nach diesem Modell im Jahr 2014 zu erwarten?
Bestimmen Sie mithilfe der Funktion f den durchschnittlichen Umsatz im E-Commerce in den Jahren von 2003 bis 2014.

→ Lösungshilfe 83

84. Die folgende Tabelle zeigt, wie viele Kilometer Autobahn in den entsprechenden Jahren in der Bundesrepublik Deutschland vorhanden waren. In den Werten der Jahre 1995, 2000 und 2009 sind 1895 km Autobahn in der ehemaligen DDR enthalten.

Jahr	1950	1955	1960	1965	1970	1975	1980	1985	1990	1995	2000	2009
Länge	2128	2186	2551	3204	4110	5741	7292	8198	8822	11 143	11 515	12 718

a) Stellen Sie die Daten für die alten Bundesländer (also ohne die Strecken in der ehemaligen DDR) in einem Diagramm dar.

b) Welche Wachstumsform erscheint für die Jahre bis 1975 geeignet? Bestimmen Sie mit den Daten der Jahre 1955 und 1975 eine Funktion, die diese Entwicklung näherungsweise beschreibt.

c) Welche Wachstumsform erscheint für die Jahre 1970 bis 2000 zutreffend zu sein?
Bestimmen Sie eine Funktion, die die Länge der Autobahnstrecken im Zeitraum von 1970 bis 2000 näherungsweise beschreibt. Welche Gesamtlänge kann man anhand dieser Funktion langfristig prognostizieren? Ist dieser Prognosewert geeignet?
Geben Sie mithilfe der von Ihnen bestimmten Funktion die durchschnittliche Länge der Autobahnen im Zeitraum von 1970 bis 2000 an.

→ Lösungshilfe 84

85. Das nebenstehende Diagramm gibt die Entwicklung des Marktvolumens des M-Commerce im Bereich Versandhandel in Japan wieder.
Erstellen Sie unter der Annahme begrenzten Wachstums anhand der Werte für die Jahre 2006 bis 2008 eine Prognose für das langfristig zu erwartende Marktvolumen des M-Commerce im Bereich Versandhandel in Japan. Führen Sie Ihre Rechnungen mit der Einheit Milliarden Euro durch.
Wie lautet die zu f passende Differenzialgleichung?
Welcher Prozentsatz des Sättigungsmankos wird diesem Modell zufolge innerhalb eines Jahres abgedeckt?

→ Lösungshilfe 85

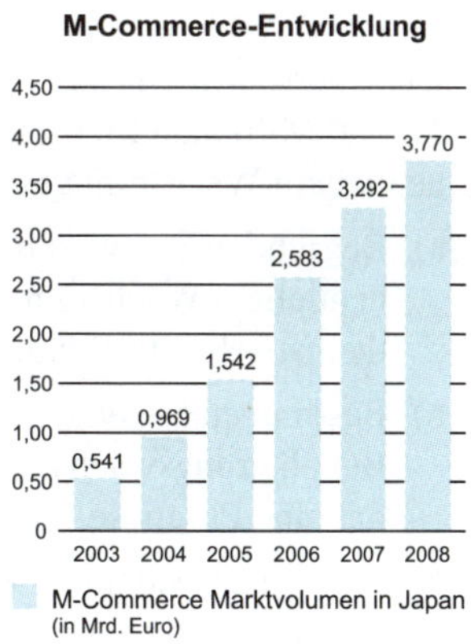

86. Glühlampen, bis zum Inkrafttreten der EG-Verordnung 244/2009 im April 2009 innerhalb der EU gängige Allgebrauchslampen, verlieren in Abhängigkeit von der Brenndauer an Leuchtkraft, weil sich z. B. abgedampfte Metallspuren am Glaskolben festsetzen. Hier wird angenommen, dass sich die Leuchtkraft nach jeweils 100 Stunden Brenndauer um 2 % der aktuellen Leuchtkraft reduziert.
Bestimmen Sie eine Funktion, die die relative Leuchtkraft im Vergleich zur Leuchtkraft einer fabrikneuen Glühlampe beschreibt.
Wann werden nur noch 90 % der ursprünglichen Leuchtkraft vorhanden sein?
Bestimmen Sie die durchschnittliche Leuchtkraft einer solchen Glühbirne bis zum Erreichen der 90 %-Marke.
Geben Sie eine Differenzialgleichung an, die die Abnahme der Leuchtkraft in Abhängigkeit von der aktuellen Leuchtkraft beschreibt.

87. Im Jahr 1984 lebten auf der Erde schätzungsweise 4,6 Milliarden Menschen. Die Überschrift eines Zeitungsartikels aus dem Jahr 1984 lautet: „Jahr für Jahr 80 Millionen Menschen mehr.“ Im Zeitungsartikel selbst wird von exponentiellem Wachstum gesprochen.

a) Begründen Sie, warum die Zeitungsüberschrift unter Annahme von exponentiellem Wachstum mathematisch nicht korrekt ist. Geben Sie eine mathematisch zutreffende Überschrift an.

b) Bestimmen Sie eine geeignete Differenzialgleichung für das exponentielle Bevölkerungswachstum gemäß den gegebenen Daten und erstellen Sie damit eine Prognose für die Weltbevölkerung im Jahr 2014.

c) Bestimmen Sie unter Verwendung der in Aufgabenteil b erarbeiteten Funktion und ausgehend vom Jahr 2014 die durchschnittliche Weltbevölkerung der letzten 10 000 Jahre.
Bestimmen Sie unter Annahme einer durchschnittlichen Lebenserwartung von 40 Jahren in den letzten 10 000 Jahren die ungefähre Zahl der Menschen, die in diesem Zeitraum auf der Erde insgesamt gelebt haben.
Ist die Verwendung der in Aufgabenteil b erhaltenen Funktion in diesem Zeitraum vernünftig? Belegen Sie Ihre Aussage.

Vermischte Aufgaben

Den Anfang dieses letzten Kapitels bilden zwei kürzere Aufgaben, die Fragestellungen aus mehreren Bereichen miteinander verbinden und somit keinem der vorhergehenden Kapitel zuzuordnen sind. Die sich anschließenden umfangreicheren Aufgaben entsprechen ungefähr dem Umfang der Analysis-Aufgabe in der schriftlichen Abiturprüfung. Für die Bearbeitung dieser umfangreicheren Aufgaben könnten Sie in der Abiturprüfung jeweils etwa 80–100 Minuten Bearbeitungszeit veranschlagen.

Aufgaben

88. Gegeben ist die Funktion f mit dem Schaubild K. Dieses Schaubild soll um den Ursprung nach rechts bzw. nach links gedreht werden. Untersuchen Sie, wie weit man das Schaubild jeweils drehen kann, wenn es sich im Verlauf dieser Drehung immer noch um das Schaubild einer Funktion handeln soll. Die Angabe des Funktionsterms der gedrehten Funktion ist hierbei nicht erforderlich.

a) $f(x) = x$ b) $f(x) = x^2$

c) $f(x) = \sqrt{x}$ d) $f(x) = \sin x$

e) $f(x) = e^x$ f) $f(x) = \frac{1}{x}$

→ Lösungshilfe 88

89. Eine 1,60 m hohe Metallplatte lehnt an einem 0,80 m hohen Geländer, das in einem Abstand von 0,40 m vor einer Schaufensterscheibe angebracht ist (siehe Skizze).
Prüfen Sie, ob die Metallplatte die Scheibe berührt, wenn sie horizontal nach rechts abrutscht.

→ Lösungshilfe 89

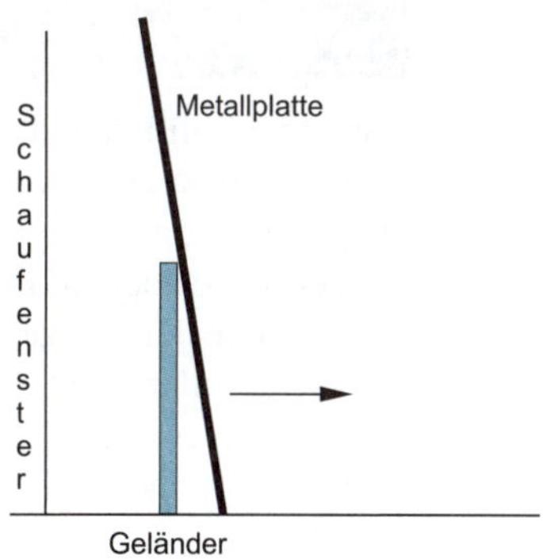

90. Gegeben ist eine Funktion f mit $f(x)=\frac{16(x-2)}{x^3}$. Ihr Schaubild wird mit K bezeichnet.

a) Führen Sie eine Kurvendiskussion für K durch und skizzieren Sie K.

b) Bestimmen Sie a so, dass die Hyperbel $y=\frac{a}{x}$ das Schaubild K berührt. Zeigen Sie: K verläuft für $x>0$ an keiner Stelle oberhalb der Hyperbel. Prüfen Sie, ob die von den beiden Kurven eingeschlossene, nach rechts offene Fläche einen endlichen Inhalt hat.

c) Viele Getränke werden heutzutage in quaderförmigen Verpackungen zum Kauf angeboten. Die Handelsmarke Tetra Pak stellt hierfür geeignete Behältnisse her. Die Einliterverpackung besitzt dabei folgende normierte äußere Abmessungen: Breite $B=63$ mm, Tiefe $T=94$ mm, Höhe $H=166$ mm. Die Dicke des hier verwendeten, mehrfach beschichteten Kartons beträgt ca. 0,5 mm.
Zeigen Sie, dass mit den Originalabmessungen eigentlich weniger als ein Liter Flüssigkeit in den Karton passt.

Durch die Befüllung mit einer Flüssigkeit beult sich der Karton seitlich etwas aus. Bei dem hier betrachteten Modell wird davon ausgegangen, dass sich die Ausbeulung nur auf den beiden größten Seitenflächen rechts und links (wie in der Skizze dargestellt) zeigt. Vorder- und Rückseite sollen nicht ausgebeult sein (Höhe und Tiefe bleiben also auch gleich). Die vier vormals senkrechten Kanten verformen sich dabei parabelförmig nach rechts bzw. links.
Bestimmen Sie die maximale Breite B_{max} des gefüllten Behälters, wenn im Karton neben genau einem Liter Flüssigkeit noch 30 cm^3 Luft zum besseren Öffnen und Ausgießen verbleiben sollen.

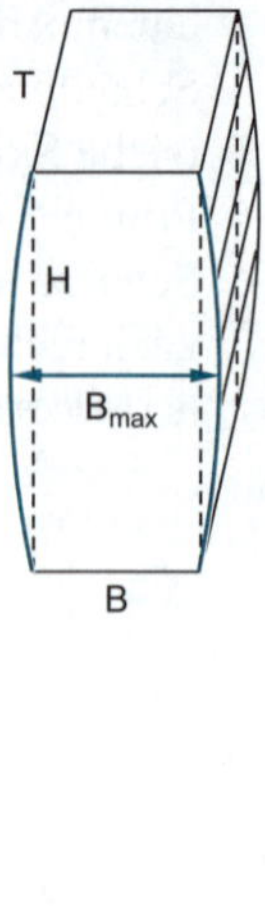

91. Ein Verlag bringt ein neues Buch auf den Markt und erzielt im ersten Monat (t = 0) einen Absatz von 5000 Exemplaren. Im 10. Monat wird der größte Absatz von 20 000 Exemplaren erreicht. Erfahrungsgemäß genügen die Absatzzahlen einer Funktion der Form

$f(t) = \frac{a}{b + (c - t)^2}$ (t in Monaten).

a) Bestimmen Sie die Parameter a, b und c für die gegebenen Absatzzahlen und ermitteln Sie, wie viele Bücher nach dieser Funktion innerhalb eines Jahres abgesetzt werden.
In welchem Monat unterschreitet nach diesem Modell die Zahl der abgesetzten Bücher erstmals die Rentabilitätsgrenze von 200 Exemplaren?
In welchem Monat ist nach diesem Modell die stärkste Abnahme des Absatzes zu erwarten?
(Teilergebnis: $f(x) = \frac{540\,000}{27 + (9 - x)^2}$)

b) Bestimmen Sie einen Näherungswert für die Anzahl von Büchern, die bis zum Erreichen der Rentabilitätsgrenze insgesamt abgesetzt werden kann.

92. An einer unfallträchtigen, rechtwinkligen Straßenkreuzung wird eine Abbiegespur geplant. Der Übergang zu den Straßenstücken muss dabei tangential verlaufen. Für den Bau dieses Straßenabschnitts ist ein entsprechendes Gelände erforderlich (in der Skizze farbig hervorgehoben).
In einem ersten Ansatz wird die obere Begrenzung dieses Geländes durch einen Viertelkreis erwogen. Eine günstigere Lösung besteht möglicherweise darin, eine Parabel zweiter Ordnung zu verwenden. Ein dritter Ansatz erwägt die Verwendung eines ganzen Kosinusbogens (Kosinuskurve im Bereich einer halben Periodenlänge).

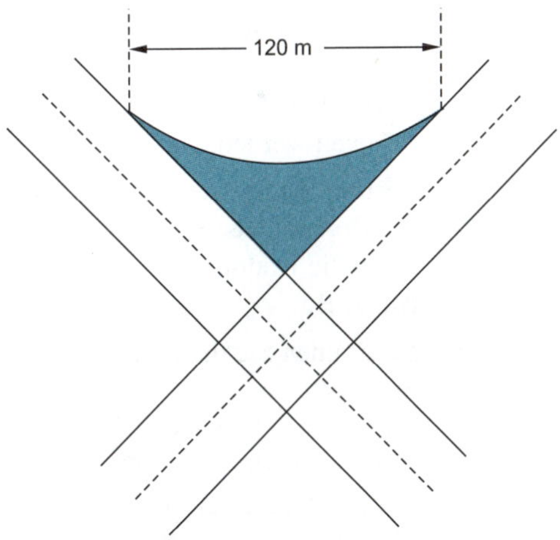

Vergleichen Sie die drei Ansätze hinsichtlich ihres Geländebedarfs. Um wie viel Prozent sind die beiden letzten Ansätze im Hinblick auf den Geländebedarf jeweils günstiger als der Kreisbogenansatz?

93. Über einen Berghang, der mit bis zu 60 m hohen Bäumen bewaldet ist, soll eine neue Stromleitung gezogen werden. Um sicherzustellen, dass der Baumbestand die Leitungen nicht erreicht, werden im (horizontal gemessenen) Abstand von je 200 Metern Strommasten geplant, an denen die Stromleitungen in einer Höhe von 80 m befestigt werden können (siehe Skizze).

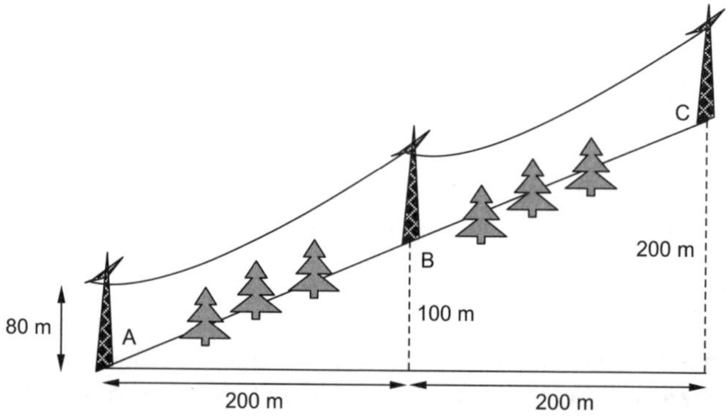

Die Stromleitungen hängen dabei etwas durch. Die Kontur der durchhängenden Leitung zwischen den Masten A und B kann durch eine Funktion f der Form

$f(x) = a \cdot e^{0,005x} + b \cdot e^{-0,005x}$

beschrieben werden.

a) Bestimmen Sie die Parameter a und b und berechnen Sie den Winkel, den der Knick in der Stromleitung an der Aufhängung vom Mast B bildet, wenn die Kontur der Leitung zwischen B und C dieselbe ist wie zwischen A und B.

b) Bestimmen Sie die geringste vertikale Entfernung der Leitung von der Erdoberfläche.
Prüfen Sie, ob eine Gefahr für die Leitungen bestehen kann, wenn ein 60 m hoher Baum umfällt.
Welche Mindestaufhängungshöhe ist erforderlich, um jegliche Gefährdung durch 60 m hohe, umstürzende Bäume auszuschließen?

c) Um die Modellierung zu vereinfachen, wird die Leitungsform durch eine Parabel zweiter Ordnung angenähert, die durch die Aufhängepunkte bei den Masten A und B verläuft. Außerdem soll die Parabel in der Mitte zwischen den beiden Masten den gleichen Wert annehmen wie die Funktion f.
Bestimmen Sie die Gleichung der Parabel und ermitteln Sie den größten absoluten Fehler, den man mit dieser Modellierung macht.

d) Die Kurve K, die die Leitung zwischen den Masten B und C beschreibt, entsteht durch Verschiebung des Schaubilds von f. Bestimmen Sie eine Gleichung für K.

94. Während eines Regenschauers soll die Niederschlagsmenge bestimmt werden. Hierzu wird im Abstand von jeweils 5 Minuten die Stärke des Wasserstroms gemessen, der in eine Regentonne einläuft. Die gemessenen Werte sind der Tabelle zu entnehmen.

Zeit (in Minuten nach Beginn der Messung)	0	1	2	3	4	5	6
Wasserstromstärke (in Liter/Minute)	5	10	25	50	25	10	5

a) Geben Sie eine plausible Abschätzung darüber, wie viel Wasser in den ersten sechs Minuten dieser Messung mindestens bzw. maximal in die Regentonne geflossen ist.

b) Bestimmen Sie die Parameter a, b und c so, dass die Funktion f mit

$$f(t) = \frac{a}{(t-b)^2 + c}$$

die Stärke des Wasserstroms angibt.
Erläutern Sie, wie Sie mithilfe der Funktion f die Wassermenge abschätzen können, die in den ersten sechs Minuten der Messung in die Regentonne geflossen ist.
Geben Sie mithilfe von f einen Näherungswert für die in die Regentonne geflossene Wassermenge an.

Lösungshilfen

5. Wenn Sie die Symmetrie des Schaubildes K ausnutzen, brauchen Sie je nur eine Tangente und Normale zu bestimmen; außerdem können Sie wegen der symmetrischen Lage des Vierecks auch dessen Eckpunkte leichter angeben.

8. Legen Sie an einen beliebigen Kurvenpunkt $Q(u\,|\,f(u))$ die Tangente. Diese Tangente schneidet die y-Achse im Punkt $V(0\,|\,v)$. Die y-Koordinate von V ist dabei abhängig von u.
Betrachten Sie nun das Schaubild der Hilfsfunktion h mit $h(u) = v$ und bestimmen Sie anhand der Extremwerte, wie oft die entsprechenden Funktionswerte $h(u) = v$ angenommen werden, wenn u die reellen Zahlen durchläuft.

15. c) Bestimmen Sie zunächst diejenige Kurve der Kurvenschar, die die erste Winkelhalbierende berührt. Betrachten Sie anschließend, welche Auswirkungen eine Erhöhung bzw. eine Erniedrigung des Parameters t für diese Berührsituation hat.

18. Die Summation bis 10 000 ist mit dem GTR sehr zeitaufwendig. Realisieren Sie die Summenbildung über die Integration und verwenden Sie dabei das auf den Seiten 36 und 37 beschriebene Korrekturverfahren.
Wenn Sie Wert auf besonders gute Näherungswerte legen, dann können Sie die Summe auch aufspalten in

$$S = \left(1 + \frac{1}{2} + \frac{1}{3} + \frac{1}{4}\right) + \left(\frac{1}{5} + \ldots + \frac{1}{n}\right),$$

den ersten Klammerterm exakt berechnen und den zweiten mittels Integration bestimmen. Überlegen Sie hierbei, warum diese Vorgehensweise einen besseren Näherungswert liefert.

21. a) Verwenden Sie für die Übergänge ganzzahlige Stundenwerte und für die Raten die Werte 270 bzw. 300 Pkw/h an den entsprechenden Übergangsstellen sowie 70 bzw. 210 bei $t = 13$.
Teilergebnisse für die abschnittsweise definierte Ein- bzw. Ausfahrtsrate:

$$E(t) = \begin{cases} 30t^2 & ;\ 0 \le t \le 3 \\ 270 & ;\ 3 < t \le 8 \\ -40t + 590 & ;\ 8 < t \le 13 \end{cases}$$

$$A(t) = \begin{cases} 0 & ;\ 0 \le t \le 3 \\ 75t - 225 & ;\ 3 < t \le 7 \\ -2{,}5(t-7)^2 + 300 & ;\ 7 < t \le 13 \end{cases}$$

26. Skizzieren Sie zunächst K_f und das Rechteck. Bestimmen Sie danach Radius und Höhe des Zylinders und berechnen Sie anhand dieser Werte dessen Volumen.

27. Legen Sie den Querschnitt des Sahnebehälters um 90° gedreht in ein Koordinatensystem und stellen Sie drei Randkurven auf, die bei Rotation um die x-Achse die gewünschte Form darstellen. Der parabelförmige Boden wird dann durch eine Wurzelfunktion beschrieben.
Das Volumen des Behälters ergibt sich als Summe bzw. Differenz von drei Rotationsvolumina.

29. Drehen Sie die Glasvase um 90°. Legen Sie die Randkurve so in ein Koordinatensystem, dass die x-Achse die Rotationsachse darstellt, und beschreiben Sie die Randkurve durch eine geeignete Wurzelfunktion.
Das Volumen des Glasmaterials können Sie aus der Masse und der angegebenen Dichte von Glas berechnen. Zur Bestimmung des Fassungsvermögens berechnen Sie das Gesamtvolumen der Glasvase und subtrahieren davon das Volumen des Glasmaterials.

30. Zeichnen Sie für einige Werte von a und b die entsprechenden Schaubilder, um ein Gefühl für die Kurven zu bekommen.

31. a) Skizzieren Sie für einige Werte von a und b die Schaubilder, um einen ersten Eindruck von der Form der Schaubilder zu erhalten. Welche Bedeutung haben die Werte a und b für die Form des Schaubilds und wie hängen diese Werte mit den Abmessungen des Zeppelins zusammen?

b) Der Begriff „ähnlich" bedeutet, dass die Längenverhältnisse erhalten bleiben; ein doppelt so langer Zeppelin hat also auch die doppelte Breite und Höhe. Überlegen Sie zunächst, wie sich das Volumen bei einem doppelt so langen, breiten und hohen Körper ändert, und nutzen Sie diese Beziehung, um aus dem Volumenverhältnis das zugehörige Längenverhältnis zu bestimmen.

32. Damit Sie einen Rotationskörper mit der x-Achse als Rotationsachse erhalten, müssen Sie die Diskusscheibe „hochkant" in das Koordinatensystem legen. Damit muss z. B. der Scheitel der Parabel bei $S(0\,|\,110)$ liegen.

41. Um die Parameter a und b zu bestimmen, müssen Sie zwei Punkte aus dem Schaubild ablesen. Verwenden Sie beispielsweise die Punkte $A(3\,|\,0{,}48)$ und $B(9\,|\,0{,}05)$.

42. Für die Falzungen müssen Sie das rechteckige Blech um 14 mm verbreitern und die Radien der beiden Kreisscheiben jeweils um 7 mm verlängern.

55. a) Wenn Sie für die angegebenen Tage jeweils die Sonnenscheindauer grafisch darstellen wollen, müssen Sie das Datum, das ja auf der x-Achse dargestellt werden soll, in eine reelle Zahl umrechnen. Eine hinreichend genaue Methode hierfür besteht darin, jeden Tag des Monats mit $\frac{1}{30}$ zu zählen. Dann würde der 12.03. z. B. dem x-Wert $2+\frac{12}{30}=2,4$ entsprechen.

Analog kann man die Sonnenscheindauer auch in dezimaler Schreibweise (in der Einheit Stunden) angeben.

b) **1. Möglichkeit** (falls diese im Unterricht auch besprochen worden ist): Sie verwenden die trigonometrische Regression und lassen die sieben Kurvenpunkte durch eine geeignete Sinuskurve approximieren.

2. Möglichkeit: Sie wissen, dass die Sonnenscheindauer im Laufe der Jahre periodisch schwankt. Außerdem ist die Sonnenscheindauer am 21. Juni am höchsten. Mit diesen Informationen können Sie als Ansatz eine Funktion der Form $f(x)=a\cdot\sin(bx+c)+d$ wählen, wobei Sie b und c aus den angeführten realen Sachverhalten angeben können.
Wenn Sie anschließend noch zwei der sieben Tabellenwerte auswählen, können Sie über die Lösung eines 2×2-Gleichungssystems die noch fehlenden Parameter a und d bestimmen.

c) Wenn es Ihnen nicht gelungen ist, eine eigene Funktion aufzustellen, verwenden Sie die Funktion f mit $f(x)=4\sin\left(\frac{\pi}{6}x-1,4\right)+12$ (x in Monaten ab 01.01.), die die Sonnenscheindauer einigermaßen vernünftig beschreibt.

56. Wenn Sie diese Aufgabe mit einem trigonometrischen Ansatz modellieren möchten, brauchen Sie einen geeigneten Winkel, der die variable Situation beschreibt. Besonders aufschlussreich ist die Tatsache, dass der rechte obere Punkt des Dreiecks auf dem Kreis verschiebbar ist – dadurch bewegt sich auch der linke obere Punkt. Drücken Sie diesen Sachverhalt durch einen Winkel am Mittelpunkt des Kreises aus.

57. a) Haben Sie bereits den Zusammenhang zwischen der verstrichenen Zeit und dem zurückgelegten Drehwinkel des Karussells gefunden? Wie weit dreht sich der Karussellarm in $\frac{1}{10}$ Minute, also in 6 Sekunden? Bestimmen Sie hieraus den Drehwinkel nach 1, 2 und 3 Sekunden (bzw. nach t Sekunden). Die gleiche Überlegung müssen Sie für den Drehwinkel des Korbarms durchführen.
Beachten Sie, dass wegen des Knicks zwischen beiden Armen ein anderer Anfangswinkel zum Zeitpunkt $t=0$ angenommen werden muss.

b) Was bedeutet „gestreckt" für die in Teilaufgabe a bestimmten beiden Winkel? Nutzen Sie die damit verbundene Gleichung.

c) Beschreiben Sie die aus den beiden Armwinkeln resultierende horizontale Gesamtauslenkung nach rechts (in Bezug auf den Karussellmittelpunkt) durch eine Funktion in Abhängigkeit von der Zeit t und bestimmen Sie hierfür das Maximum. Um die horizontale Gesamtauslenkung bestimmen zu können, ist es vorteilhaft, die Zeichnung (z. B. zum Zeitpunkt $t = 1$ s) um zwei geeignete rechtwinklige Dreiecke zu ergänzen.

58. Sie benötigen einen Winkel, um die Lage der Bretter zu beschreiben. Geeignet ist z. B. der Winkel, den das rechte Brett gegenüber der Horizontalen einnimmt. Damit können Sie die Querschnittsfläche der Wasserrinne, die ein Maß für das Fassungsvermögen ist, ausdrücken.

59. Den Blickwinkel können Sie als Differenz zweier anderer Winkel α und β ausdrücken. In der Skizze können Sie z. B. die Frontlinie bis zur Straße hin verlängern. Dadurch gewinnen Sie zwei rechtwinklige Dreiecke, anhand derer Sie zwei trigonometrische Gleichungen für die Winkel α und β aufstellen können. (Dass in diesem Fall die Umkehrfunktion der trigonometrischen Funktionen verwendet werden muss, braucht Sie nicht zu kümmern, da Sie ja mit dem GTR arbeiten können).

60. a) Die gleichförmige Drehbewegung des Rades lässt sich am besten durch den entsprechenden Mittelpunktswinkel beschreiben. Ergänzen Sie die Skizze durch das Lot vom Befestigungspunkt des Stabes am Kreis auf die horizontale Linie. Drücken Sie die Länge dieses Lotes durch den Mittelpunktswinkel aus. Bestimmen Sie mithilfe des Lotes und des zweiten rechtwinkligen Dreiecks die Entfernung zwischen Mittelpunkt und Kolbenbefestigung (als Summe der Katheten zweier rechtwinkliger Dreiecke).

c) In Teilaufgabe a haben Sie den horizontalen Ort des Kolbens in Abhängigkeit vom Mittelpunktswinkel ausgedrückt. Damit die horizontale Geschwindigkeit bestimmt werden kann, müssen Sie den horizontalen Ort des Kolbens als Funktion der Zeit t ausdrücken: Sie ersetzen den Mittelpunktswinkel durch die Zeit t (zwei Umdrehungen pro Sekunde entsprechen einem Mittelpunktswinkel von 4π in jeder Sekunde – diese Proportionalität können Sie durch eine lineare Gleichung ausdrücken). Dann setzen Sie diese Abhängigkeit in die Gleichung für den horizontalen Ort des Kolbens ein. Wenn Sie so den horizontalen Ort in Abhängigkeit von der Zeit ausgedrückt haben, ergibt sich aus der Ableitung dieser Funktion gerade die horizontale Geschwindigkeit des Kolbens zum Zeitpunkt t.

65. b) Das Stichwort „exakt“ deutet darauf hin, dass Sie eine Summierung konkreter Werte vornehmen müssen. Das Stichwort „Näherungswert“ erlaubt dagegen die Methode der Integration zur Bestimmung eines Mittelwerts. Die beiden Verfahren sind im Kapitel zur Integralrechnung ausführlich beschrieben.
1000 Werte zu summieren ist sehr zeitaufwendig; deshalb ist das Verfahren der Integration der Summation vorzuziehen.

66. Mit dem Begriff „maximale Sendeleistung“ sind die Werte 50 (im Jahr 1990), 10 (im Jahr 2000) und 2 (im Jahr 2010) gemeint. Die Funktion besitzt drei zu bestimmende Parameter; hierfür sind drei Funktionswerte gegeben.
Die Lösung des inhomogenen Gleichungssystems ist durch Subtraktion von je zwei Zeilen möglich (hierdurch wird G eliminiert). Anschließend müssen Sie die beiden Zeilen dividieren, um den Parameter a kürzen zu können.

67. Die Funktion besitzt drei zu bestimmende Parameter; hierfür sind drei Angaben erforderlich. Zwei konkrete Funktionswerte sind gegeben. Die dritte Information steckt in der maximalen Größe der Pflanze ($\lim\limits_{t \to \infty} f(t)$).
Wenn Sie die drei entstehenden Gleichungen nach a auflösen, können Sie diesen Parameter durch Subtraktion von je zwei Gleichungen eliminieren. Danach lässt sich b direkt bestimmen.

68. b) Begrenztes Wachstum genügt der Funktionsgleichung $f(t) = G - a \cdot e^{kt}$. Der Parameter G stellt den langfristig zu erwartenden Grenzwert dar. Die Stetigkeit und die Differenzierbarkeit liefern die beiden weiteren erforderlichen Informationen, um die Parameter a und k bestimmen zu können.

69. c) Zur Bestimmung der mittleren Zahl der Mobilfunknutzer gibt es mehrere Wege. Diese sind im Kapitel zur Integralrechnung ausführlich beschrieben. Realisieren Sie möglichst mehrere Wege.

74. Achten Sie genau auf die Formulierungen in den beiden Teilaufgaben a und b. In Teilaufgabe a sind diskrete **Differenzen** (20 % pro Meter) angegeben, hier müssen die Parameter a und k der Exponentialfunktion mit der Form $f(t) = a \cdot e^{-kt}$ über die Punktprobe mit zwei Punkten bestimmt werden.
In Teilaufgabe b beträgt die **Abnahmerate** 20 % pro Meter; hier ist also die Proportionalitätskonstante bei exponentiellem Zerfall gegeben.

80. Wenn Sie die Zahl der installierten Anlagen durch die Funktion f beschreiben, dann entspricht der Ableitung f' dieser Funktion die jährliche Zunahme. Wenn Sie nachweisen, dass der Quotient $\frac{f'(t)}{f(t)}$ nahezu konstant ist, dass also $\frac{f'(t)}{f(t)} \approx c$ ist, dann folgt daraus für die Funktion f ein möglicher Ansatz für die Differenzialgleichung: $f'(t) = c \cdot f(t)$. Welche allgemeine Lösung hat diese Differenzialgleichung? Verwenden Sie danach zwei Werte aus der gegebenen Tabelle, um die bei dieser allgemeinen Lösung vorhandenen Parameter zu bestimmen.

81. a) In dieser Aufgabe sind keine absoluten Werte, sondern nur relative Werte für die Kosten angegeben. Verwenden Sie in solch einem Fall der Einfachheit halber für die Kosten einer Windenergieanlage zu Beginn des Jahres 1990 z. B. den Wert 100 (betrachten Sie das als „100 % der Kosten im Jahr 1990"). Zu Beginn des Jahres 1996 kostete demnach eine Anlage nur noch 60 (% der Kosten im Jahr 1990) und Anfang 2004 können Sie entsprechend 50 (% der Kosten im Jahr 1990) ansetzen. (Alternative: Die Kosten zu Beginn des Jahres 1990 können beispielsweise auch mit „1" angesetzt werden.)

b) Zunächst muss das Diagramm genau betrachtet werden. Es wird nicht ganz klar, welche Bedeutung der Funktionswert z. B. bei der Beschriftung „1990" hat. Sie können diesen Wert auf zwei Arten interpretieren (die hier ausführlicher dargestellten Überlegungen sind auf alle anderen Anwendungsaufgaben übertragbar, bei denen für einen kontinuierlichen Zeitraum punktuelle oder durchschnittliche Werte gegeben sind):

- Die **Stelle 1990** ($t = 0$) bedeutet **„Anfang des Jahres 1990"** – die Kosten sinken also im Laufe des Jahres, wie es auch das Diagramm wegen der durchgezogenen Kurve unterstellt. Damit steht die Stelle 2005 ($t = 15$) aber auch gleichzeitig für „Ende des Jahres 2004"; dies spielt dann in Teilaufgabe b eine Rolle!
- Die **Stelle 1990** kann auch **„durchschnittliche Kosten des Jahres 1990"** bedeuten – dies ist z. B. aus der gegebenen Diagrammerläuterung („**von** 1990") entnehmbar; allerdings hätte das Diagramm dann nicht mit einer durchgezogenen Kurve gezeichnet werden dürfen.

Beide Interpretationen führen zwar zu (geringfügig) unterschiedlichen Ergebnissen, sind jedoch **gleichermaßen möglich und korrekt**, weil die Aufgabe hier keine eindeutige Entscheidung zulässt.
Wenn Sie nun erst mit der Rechnung beginnen, verwenden Sie den Ansatz 1, um der durchgezogenen Kurve Rechnung zu tragen. Für Ansatz 2 sind bei den Integrationen die Zeit $t_1 = 0$ durch $t_1 = -0{,}5$ und die Zeit $t_2 = 15$ durch $t_2 = 14{,}5$ zu ersetzen.

Wenn Sie zunächst annehmen, dass in jedem Jahr nur eine einzige Anlage hergestellt worden ist, dann bedeutet dies für Anfang 1990 einen Kostenaufwand von 100, für Anfang 1996 einen Kostenaufwand von 60 oder allgemein für den Anfang des Jahres t einen Kostenaufwand von f(t). Den mittleren Kostenaufwand können Sie in diesem Fall mittels Integration also folgendermaßen bestimmen:

Erste Überlegung

$t=0$ bedeutet gemäß dem gegebenen Diagramm **Anfang 1990**; $t=15$ stellt den Anfang von 2005 (und genau das **Ende** von **2004**) dar.

Zweite Überlegung

Die Mittelung über die Integration erfordert also folgenden Ansatz:

$$\overline{K}=\frac{1}{15}\int_{0}^{15} f(t)\,dt \quad \text{(bei der zweiten Interpretation } \overline{K}=\frac{1}{15}\int_{-0{,}5}^{14{,}5} f(t)\,dt\text{)}$$

Dritte Überlegung

Wenn jetzt jedes Jahr gleich viele Anlagen produziert werden, dann ändert dies an der mittleren Kostenreduktion überhaupt nichts! Die obige Formel liefert also bereits die korrekte Antwort auf diese Teilfrage.

Bemerkung: Die letzte Fragestellung dieser Teilaufgabe ist sehr schwierig! Versuchen Sie dennoch, den hier beschriebenen Weg nachzuvollziehen: Bei einer exponentiellen Verdreißigfachung muss zunächst die Zahl N(t) der produzierten Anlagen (Anfang) des Jahres t bestimmt werden. Dies ist über den Ansatz des exponentiellen Wachstums $N(t)=N_0\cdot e^{kt}$ möglich. Auch hier sind keine absoluten Anzahlen gegeben. Deshalb kann man $N_0=1$ setzen (dies bedeutet keine Einschränkung für die Mittelung, da N_0 durch die anschließende Division wieder herausfallen würde). Ende des Jahres 2004 gibt es dann $N(15)=30$ Anlagen. Damit lässt sich der Parameter k bestimmen.
Die Kosten (Anfang) des Jahres t betragen dementsprechend $N(t)\cdot f(t)$. Die (relativen) Gesamtkosten können somit für den gesamten Zeitraum von Anfang 1990 bis Ende 2004 über die Integration mittels GTR bestimmt werden:

$$K_{gesamt}=\int_{0}^{15} f(t)\cdot N(t)\,dt$$

Division dieser Gesamtkosten durch die Gesamtzahl der Anlagen:

$$N_{ges}=\int_{0}^{15} N(t)\,dt$$

Hieraus ergeben sich dann die gewünschten mittleren (relativen) Kosten.

82. In beiden Teilaufgaben müssen Sie zunächst die Parameter der allgemeinen Funktionsgleichung bestimmen. Ziehen Sie dafür die angegebenen Werte und die allgemeine Funktionsgleichung der passenden Wachstumsform heran, führen Sie die Punktprobe durch und lösen Sie das Gleichungssystem.
In beiden Teilaufgaben ist es Ihnen überlassen, welches Jahr Sie mit $t = 0$ ansetzen. Sinnvoll ist hier durchaus eine abweichende Wahl des Startzeitpunkts in beiden Teilaufgaben.
Wenn Sie Probleme mit der Bestimmung der Parameter beim beschränkten Wachstum haben, bearbeiten Sie zunächst die Musteraufgabe und beachten Sie die dort gegebenen Lösungshinweise!
In der in das Bild integrierten Tabelle sind nicht zu allen Jahreszahlen die Einwohnerzahlen je km^2 (= Bevölkerungsdichte) wiedergegeben. Fehlende Werte können Sie aus dem Diagramm bestimmen, da die Einwohnerzahl proportional zur Bevölkerungsdichte ist.

83. Lesen Sie die entsprechenden Punkte ab und zeichnen Sie diese in einem Koordinatensystem und/oder mit dem GTR. Können Sie entscheiden, in welchem Zeitraum die Funktion stärker oder schwächer anwächst? Wenn die Entscheidung schwerfällt, welche (sehr einfache) Wachstumsform ist dann eine vernünftige Alternative?

84. Wenn Sie bei der Fragestellung zum begrenzten Wachstum Probleme haben, dann bearbeiten Sie zunächst die Musteraufgabe und beachten Sie die dort gegebenen Lösungshinweise!
Bei exponentiellem Wachstum mit der Funktionsgleichung $f(t) = a \cdot e^{kt}$ benötigen Sie zwei Datenpunkte, um die Parameter a und k zu bestimmen. Bei begrenztem Wachstum der Art $f(t) = G - a \cdot e^{-kt}$ sind zur Bestimmung der Parameter G, a und k drei Datenpunkte erforderlich.

85. Begrenztes Wachstum genügt einer Gleichung der Form $f(t) = G - a \cdot e^{-kt}$. Zur eindeutigen Bestimmung dieser Funktionsgleichung benötigen Sie also drei Bedingungen, z. B. die Werte in den Jahren 2006, 2007 und 2008.
Das entstehende 3×3-Gleichungssystem können Sie durch geeignete Subtraktion von Zeilen auf ein 2×2-Gleichungssystem reduzieren. Aus dem 2×2-Gleichungssystem lässt sich durch Division der beiden Zeilen eine Variable eliminieren.

88. Beim Schaubild einer Funktion liegen niemals zwei Punkte direkt übereinander. Sie müssen anhand der Schaubilder denjenigen Winkel finden, bei dem dieser Sachverhalt zum ersten Mal auftritt.
Die Gerade $y = -x$ steht z. B. bei Drehung um 45° nach rechts oder bei Drehung um 135° nach links zum ersten Mal senkrecht und ist dann kein Funktionsschaubild mehr.

89. Die Schaufensterscheibe wird genau dann berührt, wenn der beim Abgleiten maximal erreichbare Überhang über das Geländer mindestens 0,40 m beträgt. Um das horizontale Abgleiten mathematisch zu beschreiben, benötigen Sie eine Größe (freie Variable), in Abhängigkeit von der Sie über geometrische Beziehungen den Überhang über das Geländer beschreiben können. Anschließend müssen Sie nur noch die dazugehörige Extremwertaufgabe lösen. Wenn Sie die geeignete freie Variable nicht finden, schauen Sie in der Lösung die ersten beiden Sätze an und versuchen Sie nochmals, einen Ansatz zu finden.

Tipp: Bearbeiten Sie zur Übung beide Ansätze weiter!

Lösungen

1. a) $\mathbb{D} = \mathbb{R} \setminus \{3; -3\}$

b) $\mathbb{D} = \mathbb{R} \setminus \{0\}$

c) $\mathbb{D} = \mathbb{R} \setminus \left\{ (2k+1)\frac{\pi}{2} \;\middle|\; k \in \mathbb{Z} \right\}$

d) $\mathbb{D} = \mathbb{R} \setminus \{0; 2\}$

2. a) Bei einem zum Ursprung symmetrischen Schaubild liegen die Kurvenpunkte paarweise symmetrisch zum Ursprung. Dies bedeutet, dass es zu einem Punkt $P(u \mid f(u))$ einen Spiegelpunkt $\overline{P}(-u \mid f(-u))$ gibt, dessen y-Koordinate der negative Funktionswert von f an der Stelle u ist.
Damit muss für zum Ursprung punktsymmetrische Funktionen gelten:
$f(-u) = -f(u)$ für alle $u \in \mathbb{D}$

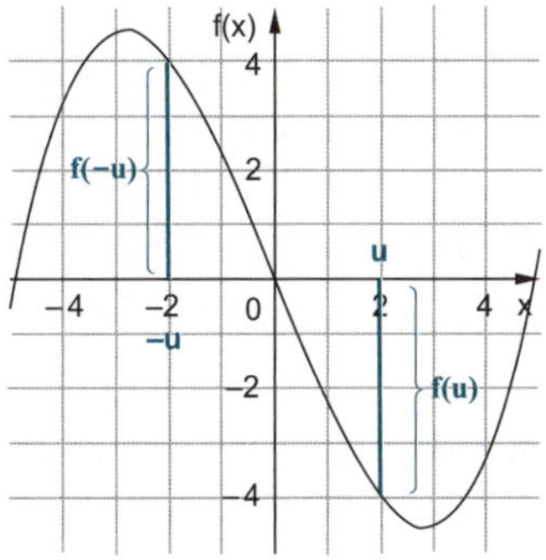

Bei einem zur y-Achse symmetrischen Schaubild liegen die Kurvenpunkte paarweise symmetrisch zur y-Achse. Zu jedem Punkt $P(u \mid f(u))$ auf der Kurve gibt es deshalb einen Spiegelpunkt $\overline{P}(-u \mid f(-u))$, dessen y-Koordinate genauso groß ist wie der Funktionswert von f an der Stelle u.
Damit muss für zur y-Achse symmetrische Funktionen gelten:
$f(-u) = f(u)$ für alle $u \in \mathbb{D}$

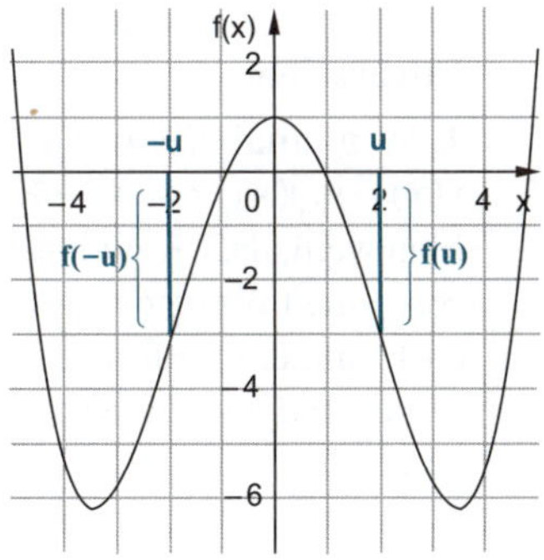

b) $f(-u) = ((-u)^2 + 1)^2((-u)^2 + 4) = (u^2 + 1)^2(u^2 + 4) = f(u)$
Das Schaubild der Funktion f ist symmetrisch zur y-Achse.
$g(-u) = ((-u)^2 - 4)\sin(-u) = (u^2 - 4)(-\sin u) = -(u^2 - 4)\sin u = -g(u)$
Das Schaubild der Funktion g ist symmetrisch zum Ursprung.

3. $f_t'(x) = -\frac{e^x}{(t+e^x)^2}$; $f_t''(x) = \frac{e^x(e^x - t)}{(t+e^x)^3}$

Notwendige Bedingung für einen Wendepunkt:

$f_t''(x) = 0 \;\Leftrightarrow\; e^x(e^x - t) = 0 \;\Leftrightarrow\; e^x - t = 0 \;\Leftrightarrow\; e^x = t \;\Leftrightarrow\; x = \ln t$

(da $t > 0$)

Hinreichende Bedingung: An der Stelle $x = \ln t$ hat f_t'' einen Vorzeichenwechsel, da der Zähler an dieser Stelle sein Vorzeichen von Minus nach Plus ändert und der Nenner sein Vorzeichen beibehält.

$f_t(\ln t) = \frac{1}{t + e^{\ln t}} = \frac{1}{t+t} = \frac{1}{2t}$

Der Wendepunkt hat die Koordinaten $W_t\left(\ln t \,\middle|\, \frac{1}{2t}\right)$.

Bestimmung der Kurve, auf der die Wendepunkte liegen (durch Elimination des Parameters)

Für einen Punkt $P(x\,|\,y)$ der Kurve gilt: $x = \ln t$; $y = \frac{1}{2t}$

Daraus folgt $t = e^x$; dies wird in die Gleichung für y eingesetzt: $y = \frac{1}{2e^x}$

Die Wendepunkte liegen auf der Kurve $y = \frac{1}{2e^x}$ $(x \in \mathbb{R})$.

4. Mit $f'(x) = 3x^2 - 24x + 36$ wird die **Gleichung der Tangente** im Kurvenpunkt $P(3\,|\,f(3)) = P(3\,|\,27)$ bestimmt:

$m_t = f'(3) = -9 \;\Rightarrow\; y = -9(x-3) + 27 = -9x + 54$

Die Schnittpunkte von Tangente und Schaubild liefern die **Grenzen für die Integration**.

1. Weg (analytisch)

$f(x) = m_t(x) \;\Leftrightarrow\; x^3 - 12x^2 + 36x = -9x + 54 \;\Leftrightarrow\; x^3 - 12x^2 + 45x - 54 = 0$

Man weiß, dass K und die Tangente den gemeinsamen Berührpunkt P besitzen. Eine Lösung dieser Gleichung muss also $x = 3$ sein, sodass man $x - 3$ ausklammern kann (in diesem Fall ist $x = 3$ sogar eine doppelte Lösung). Mittels Polynomdivision bestimmt man den Restterm und erhält die äquivalente Gleichung:

$(x-3)(x^2 - 9x + 18) = 0$

Durch Lösen der quadratischen Gleichung ergeben sich die x-Koordinaten der gemeinsamen Punkte $x_1 = 3$ und $x_2 = 6$.

Damit lässt sich die Fläche bestimmen:

$$A = \left|\int_3^6 (-9x + 54 - f(x))\,dx\right| = \left|\left(-\frac{x^4}{4} + 4x^3 - \frac{45}{2}x^2 + 54x\right)\Big|_3^6\right| = \frac{27}{4}$$

2. Weg (numerisch mit GTR)

K und die Tangente werden gezeichnet und der zweite Schnittpunkt wird mit [CALC] <intersect> bestimmt.

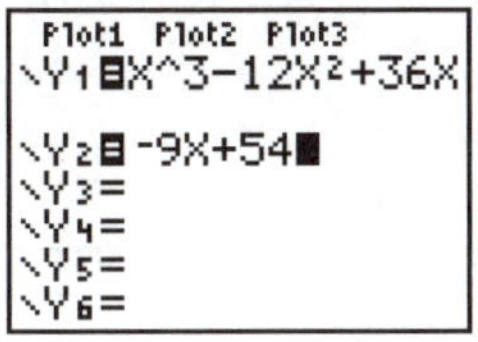

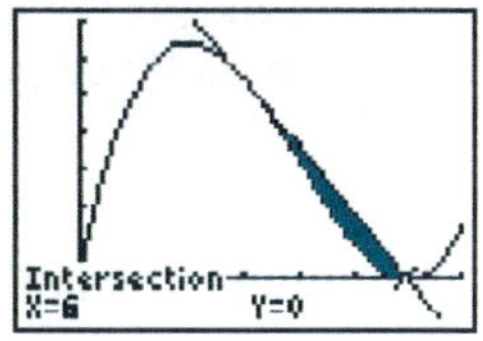

Mit dem GTR ergibt sich als zweiter Schnittpunkt Q(6 | 0). Die Integration der Differenzfunktion $-9x + 54 - f(x)$ in den Grenzen von 3 bis 6 liefert mithilfe des GTR (Menüpunkt [MATH] <fnInt(>) die Fläche $A = 6{,}75$.

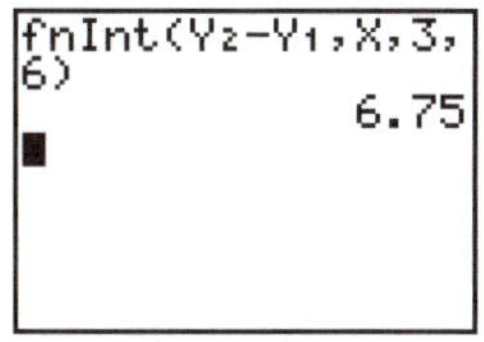

5. a) **Bestimmung der Nullstellen**

$$f(x) = 0$$

$$\frac{1}{4}x^4 - \frac{3}{2}x^2 + 2 = 0 \qquad \textbf{Substitution } z = x^2\text{; Multiplikation mit 4}$$

$$z^2 - 6z + 8 = 0 \qquad \text{Lösung mit p-q-Formel}$$

$$z_{1;\,2} = 3 \pm 1$$

$$z_1 = 4 \;\vee\; z_2 = 2 \qquad \textbf{Resubstitution}$$

$$\mathbf{x^2} = 4 \;\vee\; \mathbf{x^2} = 2$$

$$x_1 = -2;\; x_2 = 2 \;\vee\; x_3 = -\sqrt{2};\; x_4 = \sqrt{2}$$

Steigungen in den beiden äußeren Nullstellen

$f'(x) = x^3 - 3x;\; f'(-2) = -2;\; f'(2) = 2$

Gleichungen der Tangenten in den äußeren Nullstellen

t_1: $y = -2(x + 2) = -2x - 4$; t_2: $y = 2(x - 2) = 2x - 4$

Schaubildskizze mit dem GTR:

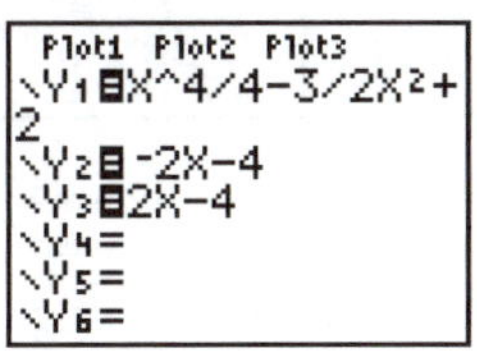

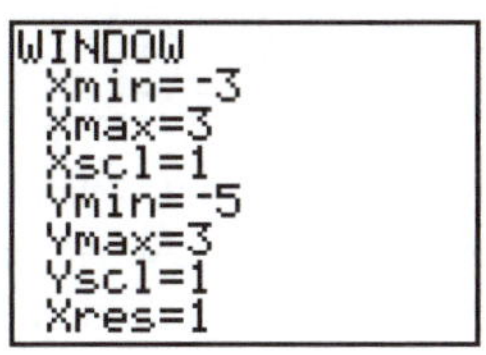

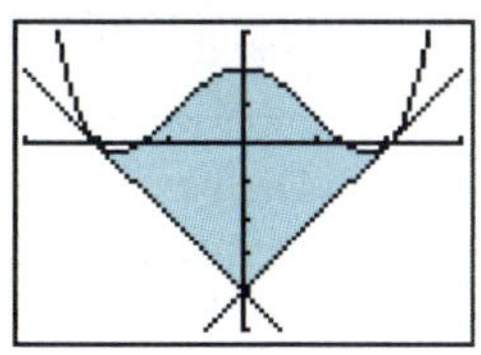

Aus Symmetriegründen (Schaubild ist symmetrisch zur y-Achse) schneiden sich die Tangenten auf der y-Achse und damit in S(0 | −4).

Berechnung der Fläche

1. Weg (mit dem GTR)

Integration über MATH <MATH – fnInt(> unter Verwendung der in Y1 gespeicherten Funktion und der in Y3 gespeicherten Tangente in $x_2 = 2$.

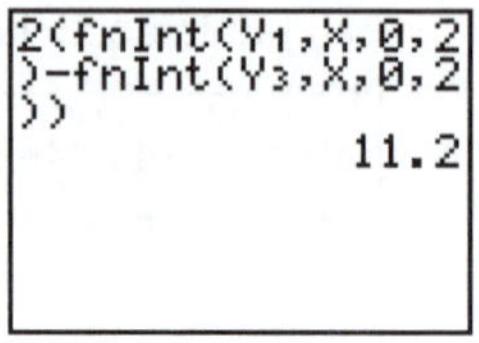

2. Weg (analytisch)

$$A = 2 \cdot \int_0^2 (f(x) - t_2(x))\,dx = 2 \cdot \int_0^2 \left(\tfrac{1}{4}x^4 - \tfrac{3}{2}x^2 + 2 - 2x + 4\right) dx$$

$$= 2\left(\tfrac{1}{20}x^5 - \tfrac{1}{2}x^3 - x^2 + 6x\right)\Big|_0^2 = \tfrac{56}{5}$$

b) **Bestimmung der Wendepunkte**

$f''(x) = 3x^2 - 3$

$f''(x) = 0 \quad \Leftrightarrow \quad x_1 = -1; \quad x_2 = 1$

Der Vorzeichenwechsel von f'' an diesen beiden Stellen sichert die Wendepunkteigenschaft.

$f(\pm 1) = \tfrac{1}{4} - \tfrac{3}{2} + 2 = \tfrac{3}{4}; \quad W_1\left(-1 \,\middle|\, \tfrac{3}{4}\right); \quad W_2\left(1 \,\middle|\, \tfrac{3}{4}\right)$

Gleichungen der Tangenten und Normalen in den Wendepunkten

$f'(1) = -2; \quad f'(-1) = 2$

$t_1\colon\ y = -2(x-1) + \tfrac{3}{4} = -2x + \tfrac{11}{4}; \qquad t_2\colon\ y = 2(x+1) + \tfrac{3}{4} = 2x + \tfrac{11}{4}$

$n_1\colon\ y = \dfrac{1}{2}(x-1) + \tfrac{3}{4} = \tfrac{1}{2}x + \tfrac{1}{4}; \qquad n_2\colon y = -\tfrac{1}{2}(x+1) + \tfrac{3}{4} = -\tfrac{1}{2}x + \tfrac{1}{4}$

Skizze mittels GTR

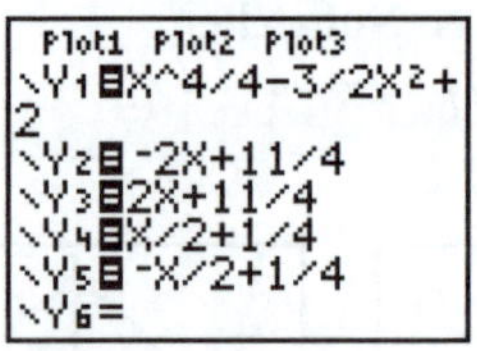

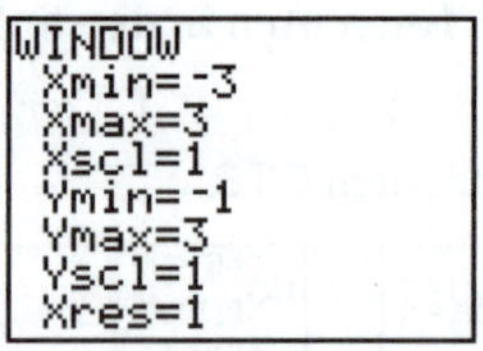

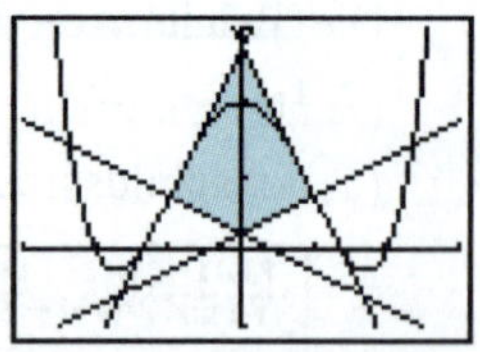

Die gesuchte Fläche setzt sich aus zwei Dreiecken zusammen, deren gemeinsame Grundseite auf der y-Achse liegt und die Länge $g = \tfrac{11}{4} - \tfrac{1}{4} = \tfrac{5}{2}$ hat. Die zugehörigen Höhen der beiden Dreiecke haben die Länge $h = 1$ (x-Koordinate des rechten Wendepunktes).

Fläche des Drachens: $A = 2 \cdot \tfrac{1}{2} g \cdot h = \tfrac{5}{2}$

6. Das Schaubild von f_t ist etwas knifflig; man muss ein wenig mit dem GTR spielen, bis man den geeigneten Zeichenbereich eingestellt hat – auf jeden Fall muss die Stelle $x=-2$ enthalten sein, weil dort Tangente und Normale errichtet werden sollen. Da $f_t(-2)=0$, weiß man, dass der entsprechende Punkt die Koordinaten $P(-2\,|\,0)$ hat.
Die Tangente an der Stelle $x=-2$ wird über den Menüpunkt [DRAW] <Tangent> gezeichnet. (Man kann den GTR sogar dazu benutzen, die Normale zu zeichnen. Dazu gibt man wie in dem ersten der folgenden Screenshots abgebildet in Y2 die Gleichung der Normalen ein – die genaue Vorgehensweise ist in den Vorbemerkungen zum GTR beschrieben.)

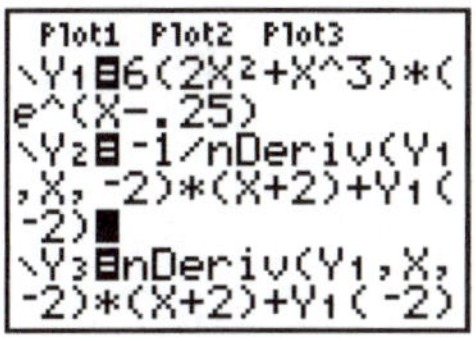

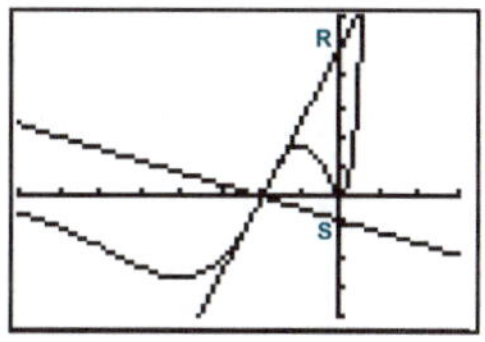

Für die allgemeine Gleichung der Tangente benötigt man f_t':

$$f_t'(x) = 6(4x+3x^2)e^{x-0,25t} + 6(2x^2+x^3)e^{x-0,25t}$$
$$= 6(x^3+5x^2+4x)e^{x-0,25t}$$

Hieraus erhält man:

$$f_t'(-2) = 24e^{-2-0,25t}$$

Mit $f_t(-2)=0$ ergibt sich für die Gleichung der Tangente:

$$y = 24e^{-2-0,25t}(x+2) = 24e^{-2-0,25t}\cdot x + 24e^{-2-0,25t}\cdot 2$$

Die Tangente schneidet die y-Achse bei $y_R = 48e^{-2-0,25\,t} = \frac{48}{e^{2+0,25t}}$.
Die Normale hat folgende Gleichung:

$$y = -\frac{1}{24e^{-2-0,25t}}(x+2) = -\frac{1}{24}e^{2+0,25t}\cdot x - \frac{1}{24}e^{2+0,25t}\cdot 2$$

Die Normale schneidet die y-Achse also bei $y_S = -\frac{1}{12}e^{2+0,25t}$.

Damit ergibt sich für die Länge L(t) der senkrechten Strecke [RS]:

$$L(t) = y_R - y_S = \frac{48}{e^{2+0,25t}} + \frac{e^{2+0,25t}}{12}$$

Aus der Bedingung $L(t)=5$ folgt:

$$\frac{48}{e^{2+0,25t}} + \frac{e^{2+0,25t}}{12} = 5 \qquad \text{Erweitern mit Hauptnenner}$$
$$576 + (e^{2+0,25t})^2 - 60e^{2+0,25t} = 0 \qquad \textbf{Substitution } z = e^{2+0,25t}$$
$$576 + z^2 - 60z = 0 \qquad \text{Lösung mit p-q-Formel}$$
$$z_{1;\,2} = 30 \pm 18$$
$$z_1 = 12 \quad \vee \quad z_2 = 48 \qquad \textbf{Resubstitution}$$

$$e^{2+0,25t} = 12 \iff 2+0,25t = \ln 12 \iff t_1 = 4(\ln 12 - 2) \approx 1,9396$$
$$e^{2+0,25t} = 48 \iff 2+0,25t = \ln 48 \iff t_2 = 4(\ln 48 - 2) \approx 7,4848$$

Zur Kontrolle können die beiden t-Werte auch grafisch mit dem GTR bestimmt werden:

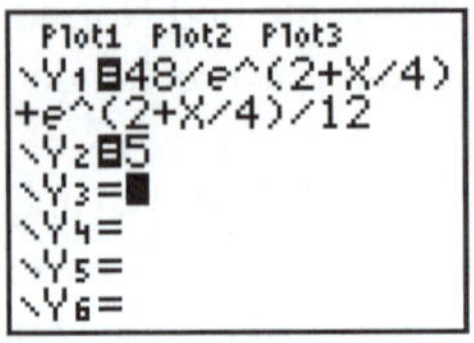

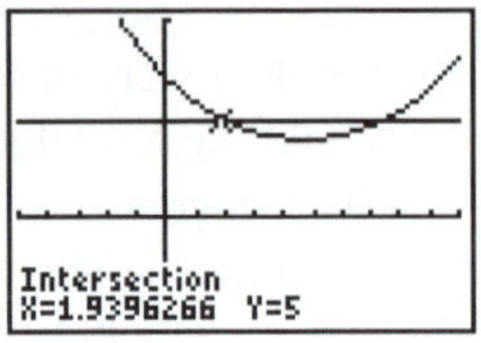

7. $f'(x)=\frac{1}{3}x^2-\frac{4}{3}x$

Hier wird der vorwiegend analytische Lösungsweg eingeschlagen.

Tangente in einem Kurvenpunkt Q(u | f(u))

t: $y=f'(u)\cdot(x-u)+f(u)=\left(\frac{1}{3}u^2-\frac{4}{3}u\right)(x-u)+\frac{1}{9}u^3-\frac{2}{3}u^2$

$y=\left(\frac{1}{3}u^2-\frac{4}{3}u\right)x-\frac{1}{3}u^3+\frac{4}{3}u^2+\frac{1}{9}u^3-\frac{2}{3}u^2$

$y=\left(\frac{1}{3}u^2-\frac{4}{3}u\right)x-\frac{2}{9}u^3+\frac{2}{3}u^2$

Punktprobe mit P

$\left(\frac{1}{3}u^2-\frac{4}{3}u\right)\left(-\frac{3}{2}\right)-\frac{2}{9}u^3+\frac{2}{3}u^2=\frac{3}{2} \quad\Leftrightarrow\quad -\frac{2}{9}u^3+\frac{1}{6}u^2+2u-\frac{3}{2}=0$

$\Leftrightarrow\quad 4u^3-3u^2-36u+27=0$

Raten einer Lösung (oder alternativ Zeichnen der kubischen Parabel mit dem GTR und Ablesen einer Nullstelle), z. B. $u_1=3$.

Polynomdivision

$(4u^3-3u^2-36u+27):(x-3)=4u^2+9u-9$

Bestimmung der weiteren Lösungen

$4u^2+9u-9=0 \quad\Leftrightarrow\quad u_2=-3;\quad u_3=\frac{3}{4}$

Die entsprechenden Berührpunkte und Tangenten sind:

$B_1(3\mid-3)$;	$f'(3)=-1$	t_1: $y=-x$
$B_2(-3\mid-9)$;	$f'(-3)=7$	t_2: $y=7x+12$
$B_3\left(\frac{3}{4}\mid-\frac{21}{64}\right)$;	$f'\left(\frac{3}{4}\right)=-\frac{13}{16}$	t_3: $y=-\frac{13}{16}x+\frac{9}{32}$

8. Mit dem Ansatz $f(x)=ax^3+bx^2+cx+d$ und damit $f'(x)=3ax^2+2bx+c$ und $f''(x)=6ax+2b$ ergibt sich aus den Bedingungen folgendes Gleichungssystem:

$$\begin{array}{lcl} f(0)=2 & & d=2 \\ f(2)=0 & \Leftrightarrow & 8a+4b+2c+d=0 \\ f''(2)=0 & & 12a+2b=0 \\ f'(2)=-3 & & 12a+4b+c=-3 \end{array}$$

Lösung mittels GTR (Eingabe der Matrix mittels [MATRIX] <EDIT> und Lösung des linearen Gleichungssystems über [MATRIX] <MATH – rref(>).

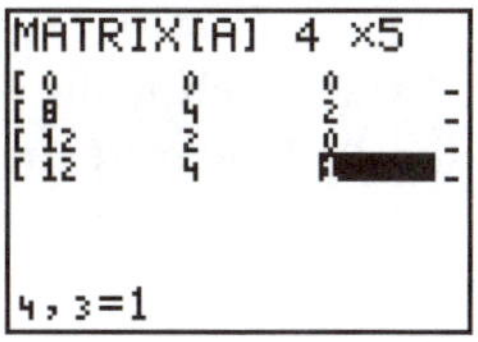

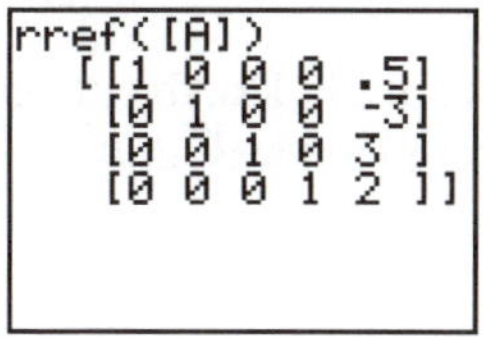

Die **Funktionsgleichung** lautet:

$f(x) = \frac{1}{2}x^3 - 3x^2 + 3x + 2$

Bestimmung der **Tangente von einem Kurvenpunkt Q(u | f(u))** aus:

$f'(x) = \frac{3}{2}x^2 - 6x + 3$

$t\colon\ y = f'(u) \cdot (x - u) + f(u) = \left(\frac{3}{2}u^2 - 6u + 3\right)(x - u) + \frac{1}{2}u^3 - 3u^2 + 3u + 2$

$\quad = \left(\frac{3}{2}u^2 - 6u + 3\right)x + (-u^3 + 3u^2 + 2)$

Diese Tangente schneidet die y-Achse (x = 0) im Punkt $P(0 \mid -u^3 + 3u^2 + 2)$.

Die Hilfsfunktion p mit $p(u) = -u^3 + 3u^2 + 2$ beschreibt den Wert des Achsenabschnitts der Tangente in Abhängigkeit von der x-Koordinate des entsprechenden Kurvenpunktes Q, wenn Q die Kurve „abläuft". Das Schaubild dieser Hilfsfunktion p hat ein Minimum bei u = 0 mit p(0) = 2 sowie ein Maximum bei u = 2 mit p(2) = 6.

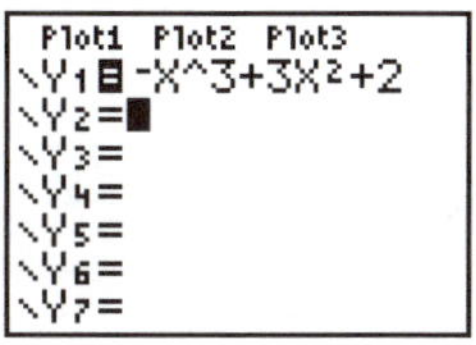

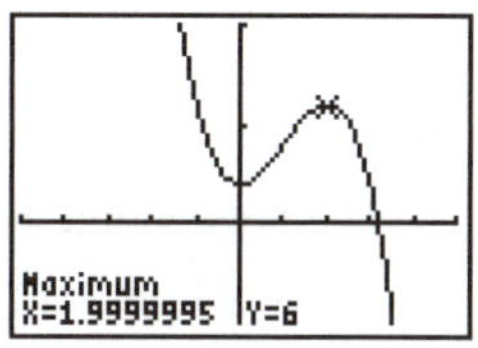

Damit ergeben sich folgende Fälle:

$p < 2$:	Nur eine Tangente an K ist möglich.
$p = 2$:	Genau zwei Tangenten sind möglich.
$2 < p < 6$:	Genau drei Tangenten sind möglich.
$p = 6$:	Genau zwei Tangenten sind möglich.
$p > 6$:	Nur eine Tangente an K ist möglich.

9. **Notwendige Bedingung für Extremwerte**

$f_t'(x) = \frac{4}{t}x^3 - 4x = \frac{4}{t}x(x^2 - t) = 0 \quad \Leftrightarrow \quad x_1 = 0; \quad x_2 = -\sqrt{t}; \quad x_3 = \sqrt{t}$

Hinreichende Bedingung: An der Stelle $x_1 = 0$ wechselt das Vorzeichen von f_t' von Plus nach Minus (der Faktor $\frac{4}{t}x$ wechselt von Minus nach Plus und der Klammerterm $x^2 - t$ ist in der Umgebung von 0 stets negativ). An dieser Stelle liegt also ein Hochpunkt vor.

An der Stelle $x_2 = -\sqrt{t}$ wechselt der Ableitungsterm $\frac{4}{t}x(x^2-t)$ von Minus nach Plus (der erste Faktor ist dort stets negativ, der Klammerterm wechselt von Plus nach Minus).

An der Stelle $x_3 = \sqrt{t}$ wechselt der Ableitungsterm $\frac{4}{t}x(x^2-t)$ ebenfalls von Minus nach Plus (der erste Faktor ist dort stets positiv, der Klammerterm wechselt von Minus nach Plus).

$f_t(x_2) = f_t(x_3) = t - 2t - 3t = -4t$

Die Kurve K_t hat die Tiefpunkte $T_1(-\sqrt{t}\,|-4t)$ und $T_2(\sqrt{t}\,|-4t)$.

Bestimmung der Ortslinie

Für T_1 ergeben sich:

(1) $x_T = -\sqrt{t}$ und

(2) $y_T = -4t$

Aus (1) folgt $t = x_T^2$. Eingesetzt in (2) erhält man: $y_W = -4x_T^2$.

Mit der aus (1) ersichtlichen und aus $t>0$ folgenden Bedingung $x_T<0$ ergibt sich für die Ortslinie von T_1: $y = -4x^2 \quad (x < 0)$

Genauso bestimmt man die Ortslinie für T_2.

(1) $x_T = \sqrt{t}$ liefert $t = x_T^2$. Eingesetzt in $y_T = -4t$ erhält man: $y_W = -4x_T^2$

Mit der aus (1) ersichtlichen und aus $t>0$ folgenden Bedingung $x_T>0$ ergibt sich für die Ortslinie von T_1: $y = -4x^2 \quad (x > 0)$

Die gesamte Ortslinie der Tiefpunkte lautet also: $y = -4x^2 \quad (x \neq 0)$

10. $f_t'(x) = -t^3x \cdot e^{-tx}$; $f_t''(x) = (-t^3 + t^4x)e^{-tx}$

Die notwendige Bedingung für Wendepunkte liefert:

$f_t''(x) = 0 \quad \Leftrightarrow \quad t^4x - t^3 = 0 \quad \Leftrightarrow \quad x_W = \frac{1}{t}$

An der Stelle x_W liegt ein Vorzeichenwechsel von f_t'' vor, man erhält den Wendepunkt $W_t\left(\frac{1}{t}\,\middle|\,\frac{2t}{e}\right)$.

Aus $x_W = \frac{1}{t}$ mit $t>0$ folgt $t = \frac{1}{x_W}$ mit $x_W>0$. Eingesetzt in y_W ergibt sich:

$$y_W = \frac{2t}{e} = \frac{2\frac{1}{x_W}}{e} = \frac{2}{e}\cdot\frac{1}{x_W} \quad (x_W>0)$$

Die Wendepunkte durchlaufen also die Kurve $y = \frac{2}{e}\cdot\frac{1}{x} \quad (x > 0)$.

11. $f_t'(x) = e^x(t-x) - e^x = e^x(t-x-1)$

Notwendige Bedingung für Extremwerte:

$f_t'(x) = 0 \quad \Leftrightarrow \quad t-x-1=0 \quad \Leftrightarrow \quad x = t-1$

Hinreichende Bedingung: An der Stelle $x = t-1$ hat f_t' einen Vorzeichenwechsel von Plus nach Minus (e^x ist positiv, der Klammerterm wechselt von Plus nach Minus); also befindet sich dort eine Maximalstelle.

(1) $x_H = t-1$

(2) $y_H = f_t(x_H) = e^{t-1}(t-(t-1)) = e^{t-1}$

Zeichnung der Ortslinie mit dem GTR (Einstellung auf Parameterkurve):

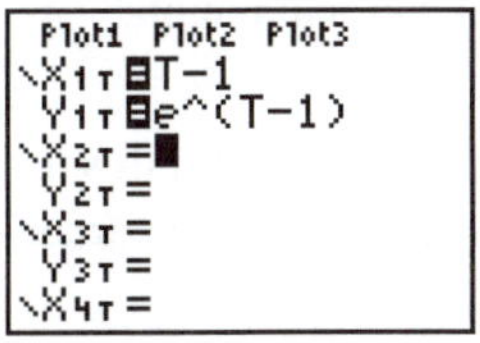

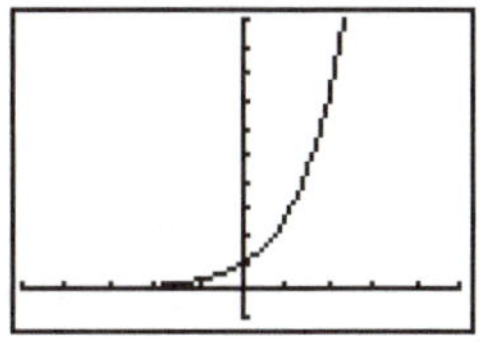

Aus (1) folgt $t = x_H + 1$. Eingesetzt in (2) ergibt sich:

$y_H = e^{x_H+1-1} = e^{x_H}$

Die Gleichung der **Ortslinie der Hochpunkte** lautet: $y = e^x$

12. $A(u\,|\,0)$; $B(u\,|\,(5-u)e^{u-1})$

Die Fläche des Dreiecks beträgt:

$A(u) = \frac{1}{2}u \cdot f(u) = \frac{1}{2}u(5-u)e^{u-1} = \frac{1}{2}(5u-u^2)e^{u-1}$

Bestimmung des Maximums

1. Weg (mit dem GTR)

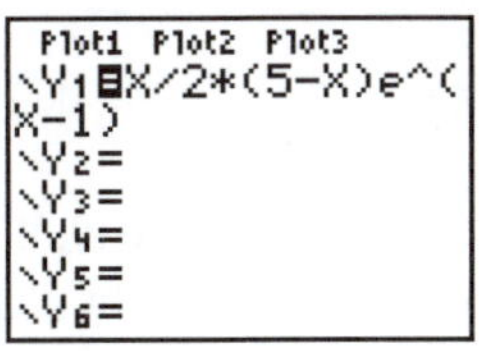

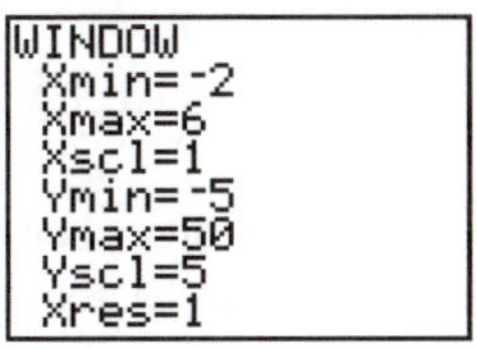

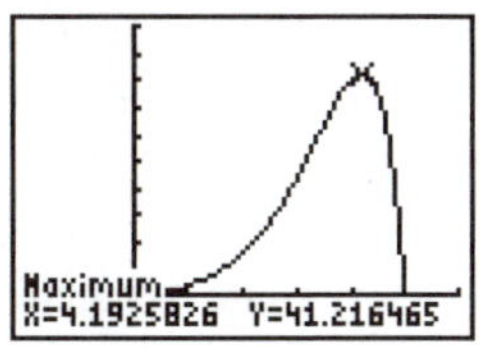

2. Weg (analytisch)

$A'(u) = \frac{1}{2}(5-2u)e^{u-1} + \frac{1}{2}(5u-u^2)e^{u-1} = \frac{1}{2}(5+3u-u^2)e^{u-1}$

$A'(u) = 0 \quad \Leftrightarrow \quad u^2-3u-5=0 \quad \Leftrightarrow \quad u_1 = \frac{3}{2} + \frac{1}{2}\sqrt{29} \approx 4{,}19$

$u_2 = \frac{3}{2} - \frac{1}{2}\sqrt{29} \approx -1{,}2 \quad (\notin \mathbb{D}_A)$

Für $u \approx 4{,}19$ nimmt das Dreieck seine größtmögliche Fläche an.

Bemerkung: Der Vorteil des zweiten Weges liegt darin, dass man einen exakten Wert für u angeben kann, und nicht wie mit dem ersten Weg nur einen Näherungswert. Deshalb ist der zweite Weg dem ersten vorzuziehen.

13. Die **notwendige Bedingung** für Extremwerte von F_a ist $F_a'(x)=0$.
Damit ergibt sich:
$F_a'(x)=f(x)=0 \Leftrightarrow x^2-4=0 \Leftrightarrow x_1=2;\quad x_2=-2$
F_a' hat an der Stelle x_1 einen Vorzeichenwechsel von Minus nach Plus, deshalb liegt dort eine Minimalstelle vor. An der Stelle x_2 liegt (auch begründbar durch die Symmetrie des Schaubilds von f zur y-Achse) ein Vorzeichenwechsel von Plus nach Minus vor; dort befindet sich also eine Maximalstelle. Mit Schulmitteln ist es nicht möglich, eine Stammfunktion von f explizit anzugeben, dennoch ist die Bestimmung der x-Koordinaten über die Ableitung von F_a möglich, da $F_a'=f$. Die y-Koordinaten dieser Extrempunkte können jedoch nicht angegeben werden, sie sind vom Parameter a abhängig.

14. a) Damit der Funktionsterm definiert ist, darf der Nenner nicht null sein.
Für den gegebenen Nenner x^2-t ist eine Fallunterscheidung erforderlich:
Für **$t<0$** ist der Nenner stets positiv $\Rightarrow$ **$D_t=\mathbb{R}$**
Für **$t>0$** liefert der Nenner die Bedingungen $x \neq \sqrt{t}$ und $x \neq -\sqrt{t}$.
$\Rightarrow$ **$D_t=\mathbb{R}\setminus\{-\sqrt{t};\sqrt{t}\}$**

Symmetrie

$$f_t(-u)=\frac{t(-u)^3}{(-u)^2-t}=\frac{-tu^3}{u^2-t}=-\frac{tu^3}{u^2-t}=-f_t(u)$$

Die Kurven sind **symmetrisch zum Ursprung**.

b) **Gemeinsame Punkte mit den Koordinatenachsen**
y-Achse: $f_t(0)=0 \Rightarrow$ **N(0|0)**
x-Achse: $t\cdot x^3=0$ liefert ebenfalls den Ursprung, welcher der einzige gemeinsame Punkt mit den Koordinatenachsen ist.

Extrempunkte
Notwendige Bedingung: $f_t'(x)=0$

$$f_t'(x)=\frac{t(x^4-3tx^2)}{(x^2-t)^2}=0 \Leftrightarrow x^4-3tx^2=0 \Leftrightarrow x^2(x^2-3t)=0 \Rightarrow x_1=0$$

Da $f_t'(x)$ an dieser Stelle sein Vorzeichen nicht ändert (doppelte Nullstelle des Zählers), liegt hier kein Extremwert vor.
Für den zweiten Faktor x^2-3t ist wieder eine Fallunterscheidung erforderlich:
Für **$t<0$** ist $x^2-3t>0$. Der zweite Faktor wird nicht null; das Schaubild hat **keine Extremstellen**.
Für **$t>0$** gilt: $x^2-3t=0 \Leftrightarrow x_2=-\sqrt{3t};\quad x_3=\sqrt{3t}$
An der Stelle $x_3=\sqrt{3t}$ wechselt der Zähler sein Vorzeichen von Minus nach Plus (x^2 ist in der Umgebung von $\sqrt{3t}$ positiv, x^2-3t ist links davon kleiner als null und rechts davon größer als null und der Nenner ist stets positiv). An dieser Stelle liegt also ein Tiefpunkt vor.

$$f_t(\sqrt{3t})=\frac{t\sqrt{3t}^3}{\sqrt{3t}^2-t}=\frac{3t^2\sqrt{3t}}{3t-t}=\frac{3t}{2}\sqrt{3t} \Rightarrow T_t\left(\sqrt{3t}\,\middle|\,\frac{3t}{2}\sqrt{3t}\right)$$

Da K_t symmetrisch zum Ursprung ist, kennt man damit den Hochpunkt:
$H_t\left(-\sqrt{3t} \,\middle|\, -\frac{3t}{2}\sqrt{3t}\right)$

Das Zeichnen der Schaubildskizze führt der GTR durch.

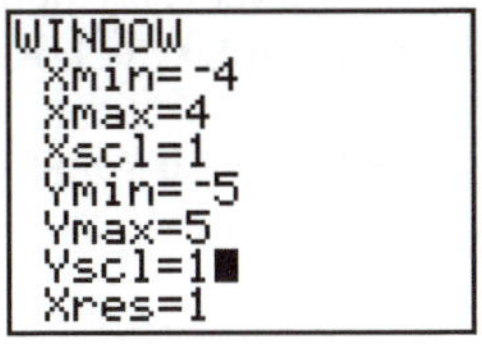

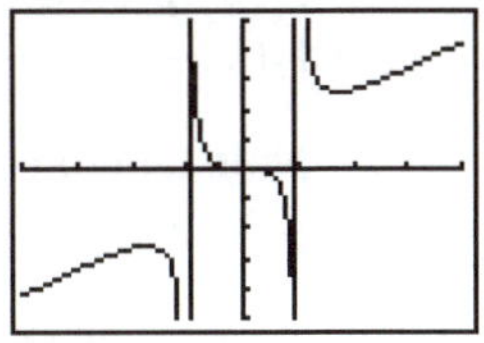

c) $P_t(u\,|\,f_t(u)) = P_t\left(u \,\middle|\, \frac{tu^3}{u^2-t}\right)$

Das Rechteck hat die Seitenlängen u und $f_t(u)$ und damit folgende Fläche:
$A_t(u) = u \cdot \frac{tu^3}{u^2-t} = \frac{tu^4}{u^2-t}$

Minimieren der Fläche

$A_t'(u) = \frac{4tu^3(u^2-t) - 2tu^5}{(u^2-t)^2} = \frac{2tu^5 - 4t^2u^3}{(u^2-t)^2}$

$A_t'(u) = 0$ für $u_1 = 0$ oder $u_2 = -\sqrt{2t}$ (jeweils keine Lösung, da $u > \sqrt{t}$ vorausgesetzt ist) oder $u_3 = \sqrt{2t}$.
A_t' hat an der Stelle u_3 einen Vorzeichenwechsel von Minus nach Plus, daher ist die Fläche für $u = \sqrt{2t}$ minimal.
Das Rechteck hat in diesem Fall die Breite $\sqrt{2t}$ und die Höhe

$f_t(\sqrt{2t}) = \frac{t \cdot \sqrt{2t}^3}{\sqrt{2t}^2 - t} = \frac{t \cdot 2t \cdot \sqrt{2t}}{t} = 2t \cdot \sqrt{2t}.$

Dieses Rechteck ist ein Quadrat, wenn $f_t(\sqrt{2t}) = \sqrt{2t}$ gilt. Somit erhält man für den gesuchten Wert t:
$\sqrt{2t} = 2t \cdot \sqrt{2t} \quad \Leftrightarrow \quad t = \frac{1}{2}$ ($t=0$ ist nach Voraussetzung keine Lösung.)

15. a) Zeichnen einiger Schaubilder mit dem GTR zwecks Überblick:

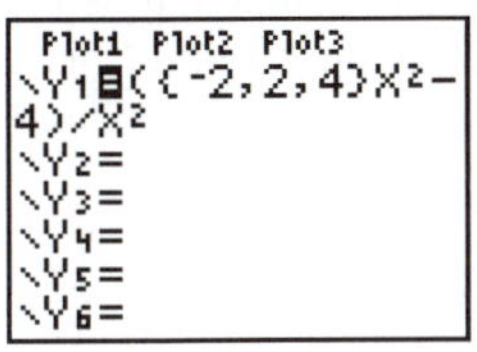

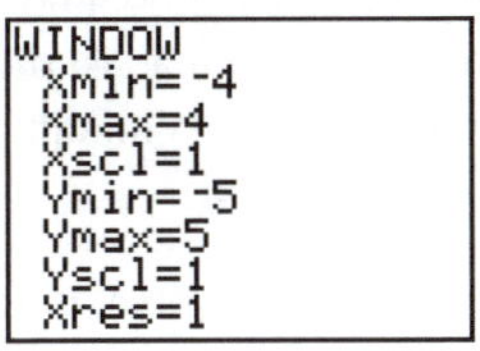

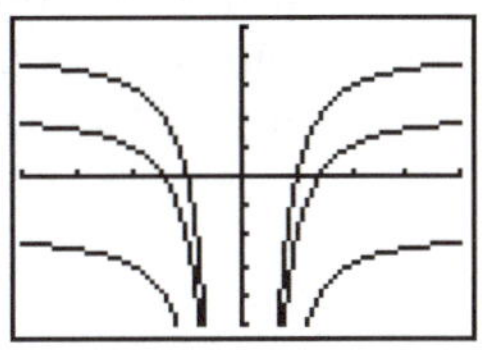

Die Symmetrie zur y-Achse ist offensichtlich, da nur gerade Exponenten bei der gebrochenrationalen Funktion enthalten sind. Alle Kurven haben die senkrechte Asymptote $x = 0$. Die Form der Kurven scheint immer die gleiche zu sein, lediglich die vertikale Position ändert sich in Abhängigkeit von t. Für $t = 2$ oder $t = 4$ gibt es Nullstellen, für $t = -2$ vermutlich nicht. Extrem- und Wendestellen liegen vermutlich nicht vor.

Nachweis

Definitionsbereich: $\mathbb{D} = \mathbb{R} \setminus \{0\}$

Symmetrie: $f(-x) = f(x)$; symmetrisch zur y-Achse

Asymptoten: $x = 0$ ist vertikale Asymptote ohne Vorzeichenwechsel; $f_t(x) \xrightarrow[|x| \to \infty]{} t$, daraus folgt die horizontale Asymptote $y = t$.

Nullstellen: $f_t(x) = 0$ hat für **$t \leq 0$** keine Lösung, für **$t > 0$** ergibt sich:

$tx^2 - 4 = 0 \quad \Leftrightarrow \quad x = \pm\frac{2}{\sqrt{t}}$

Schnittpunkte mit der x-Achse: $N_1\left(-\frac{2}{\sqrt{t}} \,\middle|\, 0\right)$; $N_2\left(\frac{2}{\sqrt{t}} \,\middle|\, 0\right)$ $(t>0)$

Extrema und Wendepunkte:

$f_t(x) = t - \frac{4}{x^2}$; $f_t'(x) = \frac{8}{x^3}$; $f_t''(x) = -\frac{24}{x^4}$

Weder $f_t'(x)$ noch $f_t''(x)$ können null werden; es gibt keine Extrema und keine Wendepunkte.

b) Tangente t_2 in N_2: $y = \frac{8}{\left(\frac{2}{\sqrt{t}}\right)^3}\left(x - \frac{2}{\sqrt{t}}\right) = \sqrt{t}^3\left(x - \frac{2}{\sqrt{t}}\right) = t \cdot \sqrt{t}x - 2t$

Der Schnittpunkt von t_2 mit der y-Achse liegt demzufolge bei $Y(0\,|\,-2t)$. Aus Symmetriegründen schneiden sich die Tangenten in den Nullstellen im Punkt Y.

Das Dreieck ist rechtwinklig, wenn die Tangente in N_2 die Steigung 1 oder –1 hat. Damit erhält man den gesuchten Wert t:

$f_t'\left(\frac{2}{\sqrt{t}}\right) = \sqrt{t}^3 = 1 \quad \Leftrightarrow \quad t = 1 \quad (\text{da } t > 0)$

Der Kegel hat als Radius die x-Koordinate von N_2 und als Höhe den Betrag der y-Koordinate von Y. Damit ergibt sich:

$V = \pi \cdot r^2 h = \pi \cdot \frac{4}{t} \cdot 2t = 8\pi$

Das Volumen ist also unabhängig von t.

c) Die erste Winkelhalbierende hat die Steigung 1. Zunächst wird derjenige Wert von t gesucht, für den sich K_t und die erste Winkelhalbierende berühren. Dazu bestimmt man zunächst die Stelle, an der alle Kurven K_t die gleiche Steigung wie die erste Winkelhalbierende besitzen:

$1 = f_t'(x) = \frac{8}{x^3} \quad \Leftrightarrow \quad x^3 = 8 \quad \Leftrightarrow \quad x = 2$

Damit für $x = 2$ der Funktionswert von f_t mit dem y-Wert der Winkelhalbierenden an dieser Stelle übereinstimmt, muss gelten:

$2 = f_t(2) = \frac{4t - 4}{4} = t - 1 \quad \Leftrightarrow \quad t = 3$

Die 1. Winkelhalbierende berührt also K_3.

Für $t > 3$ schneidet K_t die Winkelhalbierende rechts von der y-Achse zweimal, für $t < 3$ hat die Winkelhalbierende im Bereich $x > 0$ keine gemeinsamen Punkte mit K_t.

Für den Bereich links der y-Achse gilt:
f_t ist streng monoton fallend, die 1. Winkelhalbierende ist streng monoton wachsend; außerdem gilt:

$$f_t(x) \xrightarrow[x \to -\infty]{} t \text{ und } f_t(x) \xrightarrow[x \to 0^-]{} -\infty$$

Also gibt es in diesem Bereich stets genau einen Schnittpunkt zwischen der Kurve K_t und der 1. Winkelhalbierenden.
Insgesamt ergibt sich:

Das Schaubild K_t hat $\begin{Bmatrix} \text{für } t < 3 \text{ einen gemeinsamen Punkt} \\ \text{für } t = 3 \text{ zwei gemeinsame Punkte} \\ \text{für } t > 3 \text{ drei gemeinsame Punkte} \end{Bmatrix}$ mit der ersten Winkelhalbierenden.

16. $$\int_0^4 \sqrt{2x+1}\,dx = \frac{1}{2}\cdot\frac{2}{3}(2x+1)^{\frac{3}{2}}\Big|_0^4 = \frac{1}{3}\cdot 3^3 - \frac{1}{3}\cdot 1^3 = \frac{26}{3}$$

17. $$P = 2000 + \int_0^5 200e^{-\frac{1}{5}t}\,dt = 2000 + \left(-1000e^{-\frac{1}{5}t}\Big|_0^5\right)$$
$$= 2000 - \frac{1000}{e} + 1000 \approx 2632$$

Alternativ ist natürlich auch die Berechnung des Integrals mittels GTR möglich (Menüpunkt [MATH] <MATH – fnInt(>).

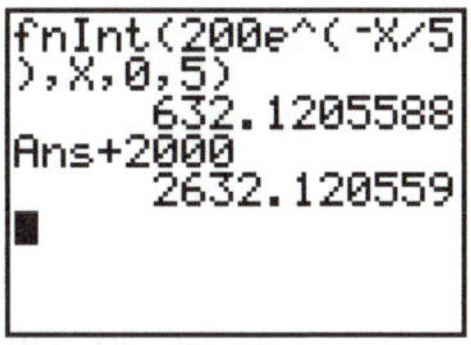

18. Rückübersetzung dieser Aufgabe auf Einzelzuwächse: Ausgehend von einem Anfangsbestand von 0 beträgt der Zuwachs im 1. Zeitschritt 1, im 2. Zeitschritt $\frac{1}{2}$, im n-ten Zeitschritt $\frac{1}{n}$ und im 10 000. Zeitschritt $\frac{1}{10\,000}$.
Die Wachstumsrate ist also durch $A(t) = \frac{1}{t}$ festgelegt. Die Summation wird durch die Integration ersetzt (dabei wird das oben beschriebene Korrekturverfahren verwendet):

$$S \approx \int_{0,5}^{10000,5} \frac{1}{t}\,dt = \ln t\Big|_{0,5}^{10000,5} = \ln 10\,000{,}5 - \ln 0{,}5 \approx 9{,}904$$

Bei diskreter Summation würde sich etwa 9,788 ergeben; die Näherung über die Integration ist also recht gut geeignet.

Verbesserung des Verfahrens

Da sich die ersten Zuwächse sehr stark unterscheiden, ist eine weitere Verbesserung des Näherungswertes durch folgende Vorgehensweise möglich:

$$S \approx 1 + \frac{1}{2} + \frac{1}{3} + \frac{1}{4} + \int_{4,5}^{10000,5} \frac{1}{t}\,dt = 1 + \frac{1}{2} + \frac{1}{3} + \frac{1}{4} + \ln 10\,000{,}5 - \ln 4{,}5 \approx 9{,}790$$

19. $\overline{P} = \frac{1}{20} \cdot \int_0^{20} f(t)\,dt = \frac{1}{20} \cdot \int_0^{20} \left(4000 + 1000e^{-\frac{1}{10}t}\right) dt$

$= \frac{1}{20}\left(4000t - 10000e^{-\frac{1}{10}t}\right)\Big|_0^{20} = \frac{1}{20}\left(80000 - \frac{10000}{e^2} + 10000\right) \approx 4432$

20. Die Funktion f stellt die Wachstumsrate der Höhe dar (dies ist aus der Einheit von f(t) ersichtlich).

$H(7) = 10 + \int_0^7 20e^{-\frac{1}{10}t}\,dt = 10 + \left(-200e^{-\frac{1}{10}t}\Big|_0^7\right) = 10 - 200e^{-\frac{7}{10}} + 200 \approx 111\text{ cm}$

$H_{max} = 10 + \lim_{z \to \infty} \int_0^z 20e^{-\frac{1}{10}t}\,dt = 10 + \lim_{z \to \infty}\left(-200e^{-\frac{1}{10}t}\Big|_0^z\right)$

$= 10 - \lim_{z \to \infty}\left(200e^{-\frac{z}{10}}\right) + 200 = 210\text{ cm}$

21. a) **Einfahrtsrate**

1\. Abschnitt ($0 \le t \le 3$):
Die Parabel mit dem Scheitel O(0 | 0) führt zu dem Ansatz $e_1(t) = at^2$.
Punktprobe mit $E_1(3\,|\,270)$:
$a \cdot 3^2 = 270 \;\Leftrightarrow\; a = 30$; $\mathbf{e_1(t) = 30t^2}$

2\. Abschnitt ($3 \le t \le 8$):
horizontale Gerade: $\mathbf{e_2(t) = 270}$

3\. Abschnitt ($8 \le t \le 13$):
Die Gerade durch $E_2(8\,|\,270)$ und $E_3(13\,|\,70)$ liefert die Steigung $m = -40$ und damit $\mathbf{e_3(t) = -40t + 590}$.

Ausfahrtsrate

1\. Abschnitt ($0 \le t \le 3$):
$\mathbf{a_1(t) = 0}$

2\. Abschnitt ($3 \le t \le 7$):
Die Gerade durch $A_1(3\,|\,0)$ und $A_2(7\,|\,300)$ liefert die Steigung $m = 75$.
Anschließend ergibt sich mittels Punktprobe $\mathbf{a_2(t) = 75t - 225}$.

3\. Abschnitt ($7 \le t \le 13$):
Die Parabel mit dem Scheitel $A_2(7\,|\,300)$ ermöglicht folgenden Ansatz:
$a_3(t) = a(t-7)^2 + 300$
Punktprobe mit $A_3(13\,|\,210)$:
$a \cdot (13-7)^2 + 300 = 210 \;\Leftrightarrow\; a = -\frac{90}{36}$; $\mathbf{a_3(t) = -\frac{5}{2}(t-7)^2 + 300}$

$E(t) = \begin{cases} 30t^2 & ;\; 0 \le t \le 3 \\ 270 & ;\; 3 < t \le 8 \\ -40t + 590 & ;\; 8 < t \le 13 \end{cases} \qquad A(t) = \begin{cases} 0 & ;\; 0 \le t \le 3 \\ 75t - 225 & ;\; 3 < t \le 7 \\ -2{,}5(t-7)^2 + 300 & ;\; 7 < t \le 13 \end{cases}$

b) Bestimmung der Anzahl der eingefahrenen Pkws mithilfe des Integrals:

$$N_1 = \int_0^3 e_1(t)\,dt = \int_0^3 30t^2\,dt = 10t^3\Big|_0^3 = 270 \text{ Pkw}$$

In den ersten drei Stunden sind 270 Pkws eingefahren.

Von 10.00 Uhr bis 15.00 Uhr sind $N_2 = 5 \cdot 270 = 1350$ Fahrzeuge eingefahren.

Für den Zeitraum zwischen 15.00 Uhr und 20.00 Uhr ergibt sich:

$$N_3 = \int_8^{13} e_3(t)\,dt = \int_8^{13} (-40t + 590)\,dt = (-20t^2 + 590t)\Big|_8^{13} = 850$$

Bis 20.00 Uhr sind somit $270 + 1350 + 850 = 2470$ Pkws eingefahren.

c) Bestimmung der Anzahl der ausfahrenden Fahrzeuge:

$$N = \int_3^7 a_2(t)\,dt + \int_7^{13} a_3(t)\,dt = \int_3^7 (75t - 225)\,dt + \int_7^{13} \left(-\tfrac{5}{2}(t-7)^2 + 300\right)dt$$

$$= \left(\tfrac{75}{2}t^2 - 225t\right)\Big|_3^7 + \left(-\tfrac{5}{6}(t-7)^3 + 300t\right)\Big|_7^{13} = 600 + 1620 = 2220$$

Nachdem 2470 Pkws eingefahren und 2220 Fahrzeuge ausgefahren sind, befinden sich um 20.00 Uhr noch 250 Fahrzeuge im Parkhaus.

d) Durch passende Differenzbildung zwischen Einfahrts- und Ausfahrtsrate ergibt sich die Änderungsrate B' der Belegung B:

$$B'(t) = \begin{cases} 30t^2 & ; \; 0 \le t \le 3 \\ 495 - 75t & ; \; 3 < t \le 7 \\ \tfrac{5}{2}(t-7)^2 - 30 & ; \; 7 < t \le 8 \\ \tfrac{5}{2}(t-7)^2 - 40t + 290 & ; \; 8 < t \le 13 \end{cases}$$

Bis zum Zeitpunkt $t = 3$ ist $B'(t) \ge 0$.
Im Intervall [3; 7] gibt es einen Zeitpunkt t_0, zu dem $B'(t_0) = 0$ ist:
$495 - 75t_0 = 0 \;\Leftrightarrow\; t_0 = 6{,}6$
In diesem Zeitintervall ist B' vor dem Zeitpunkt t_0 positiv und nach diesem Zeitpunkt negativ.
Im Intervall [7; 13] ist $B'(t) < 0$. Deshalb nimmt die Belegung bis zum Zeitpunkt t_0 zu und danach ab. Die Belegung ist zum Zeitpunkt t_0 am größten:

$$B_{max} = \int_0^{t_0} B'(t)\,dt = 270 + \int_3^{t_0} (495 - 75t)\,dt = 756$$

Die maximale Belegung liegt bei $\frac{756}{800} = 94{,}5\,\%$.

22. a) Mithilfe des GTR verschafft man sich einen Überblick über das Verhalten der Funktion.

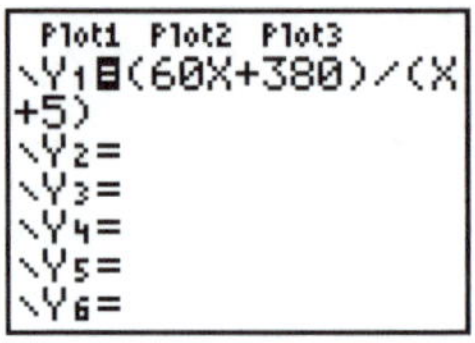

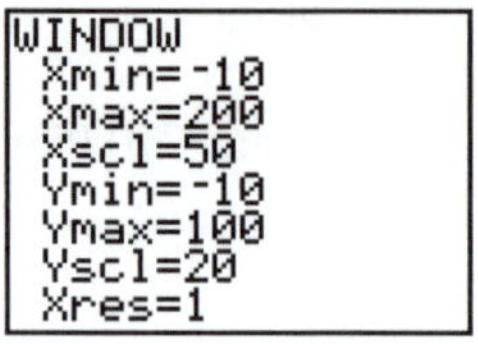

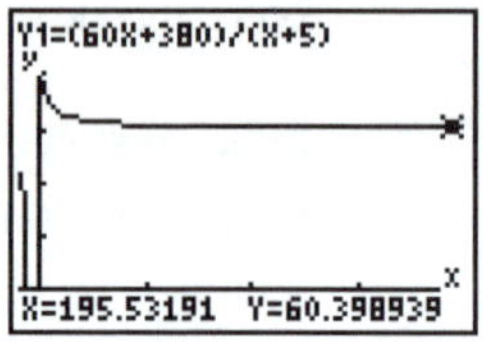

Die Funktionswerte nähern sich offensichtlich immer mehr dem Wert 60 an. Dies lässt sich rechnerisch nachprüfen, indem man die Differenz zwischen den Funktionswerten und dem Grenzwert 60 bestimmt und zeigt, dass diese Differenz für $x \to \infty$ gegen 0 strebt.

$$K(x)-60=\frac{60x+380}{x+5}-60=\frac{60x+380}{x+5}-\frac{60(x+5)}{x+5}=\frac{60x+380-60x-300}{x+5}$$

$$=\frac{80}{x+5}\xrightarrow[x\to\infty]{}0$$

Die Herstellungskosten werden langfristig gegen 60 € konvergieren, sie werden diesen Betrag jedoch nicht unterschreiten.

$$K(x)<63 \quad\Leftrightarrow\quad \frac{60x+380}{x+5}<63 \quad\Leftrightarrow\quad 60x+380<63x+315 \quad\Leftrightarrow\quad x>\frac{65}{3}$$

Ab dem 22. Artikel kann die Produktion als rentabel bezeichnet werden.

Alternative: Man zeichnet mit dem GTR das Schaubild von K sowie die Gerade $y=63$ und schneidet diese numerisch.

b) **1. Weg (über diskrete Summation)**

Eingabe der Funktion K im Funktionen-Editor mit [Y=] und Summation der diskreten Einzelkosten im Hauptbildschirm, wobei die rechte Grenze so lange geändert wird, bis der Gesamtwert von 10 000 überschritten wird:

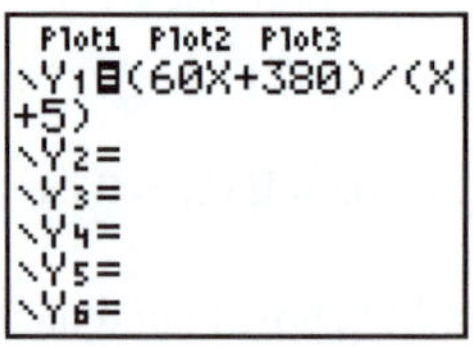

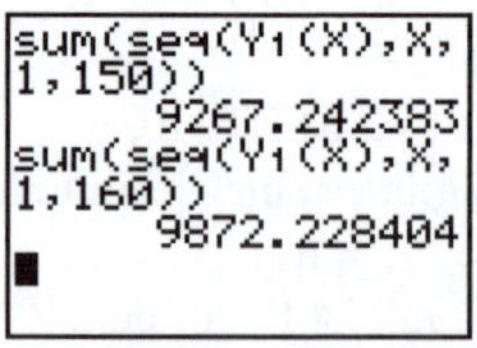

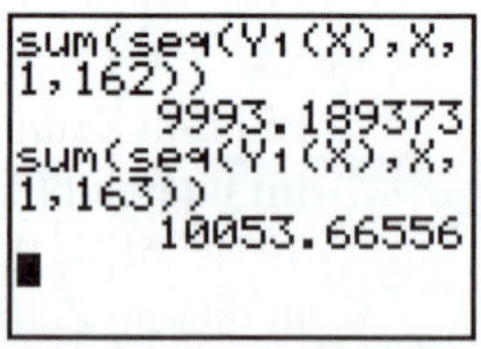

Nähere Erläuterungen zu den Befehlsfolgen der Befehle „sum“ und „seq“ finden sich in der Beispielaufgabe zur Aufsummierung diskreter Zuwächse. Bei der systematischen Suche nach der Artikelzahl wird mithilfe der [ENTRY]-Taste die letzte Befehlsfolge wieder in die Anzeige gebracht, sodass jeweils nur die letzte Zahl des Befehls angepasst werden muss.
Mit dem GTR ergibt sich das exakte Ergebnis: Mit 10 000 € können 162 Artikel hergestellt werden.

2. Weg (algebraisch mit Bestimmung einer Stammfunktion von K)

Die aufsummierten Kosten bis zur Stücknummer S können näherungsweise bestimmt werden durch

$$K_{Summe} = \int_0^S K(x)\,dx.$$

Anschließend ist die Ungleichung $K_{Summe} \leq 10\,000$ zu lösen.

$$\int_0^S K(x)\,dx = \int_0^S \frac{60x+380}{x+5}\,dx = \int_0^S \left(60+\frac{80}{x+5}\right)dx$$

$$= \left(60x+80\ln(x+5)\right)\Big|_0^S = 60S+80\ln(S+5)-80\ln 5$$

Lösen der Ungleichung $K_{Summe} \leq 10\,000$ durch Bestimmen des Schnittpunkts des Schaubilds von K mit der Geraden $y = 10\,000$ mittels GTR:

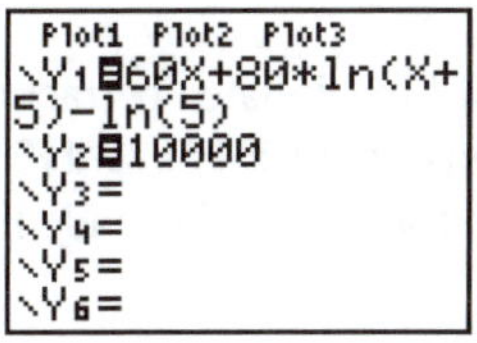

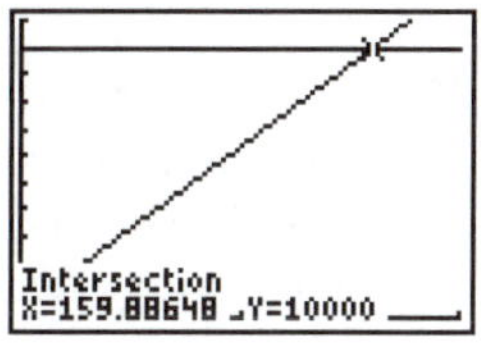

Für 10 000 € können 159 Artikel hergestellt werden.

3. Weg (Korrekturverfahren)

Wendet man wieder das am Anfang des Kapitels beschriebene Korrekturverfahren an, dann erhält man eine bessere Näherung:

$$K_{Summe} = \int_{0,5}^{S+0,5} K(x)\,dx$$

Anschließend ist die Ungleichung $K_{Summe} \leq 10\,000$ zu lösen.

$$\int_{0,5}^{S+0,5} K(x)\,dx = \int_{0,5}^{S+0,5} \frac{60x+380}{x+5}\,dx = \int_{0,5}^{S+0,5} \left(60+\frac{80}{x+5}\right)dx$$

$$= \left(60x+80\ln(x+5)\right)\Big|_{0,5}^{S+0,5}$$

$$= 60(S+0,5)+80\ln(S+5,5)-60\cdot 0,5-80\ln 5,5$$

$$= 60S+80\ln(S+5,5)-80\ln 5,5$$

Die Ungleichung $K_{Summe} \leq 10\,000$ wird analog mittels GTR gelöst.

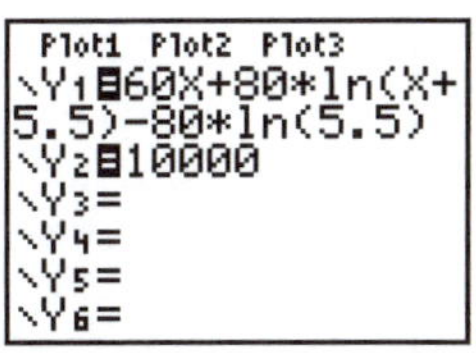

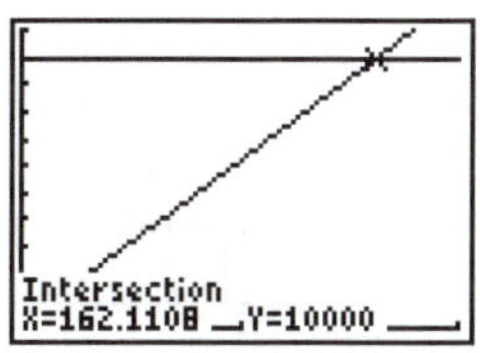

Nach diesem Ansatz kann man 162 Artikel herstellen.

c) Für die durchschnittlichen Kosten gilt näherungsweise folgende Formel:

$$\overline{K} = \frac{1}{200} \cdot \int_{0,5}^{200,5} K(x)\,dx$$

Dieser Wert wird mittels GTR bestimmt.

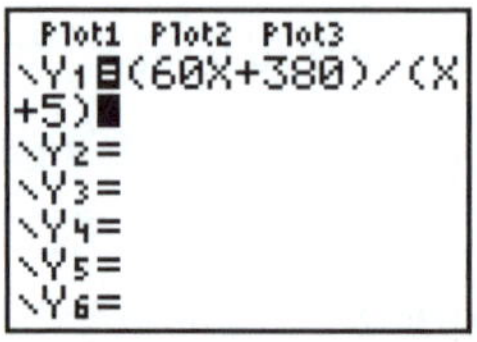

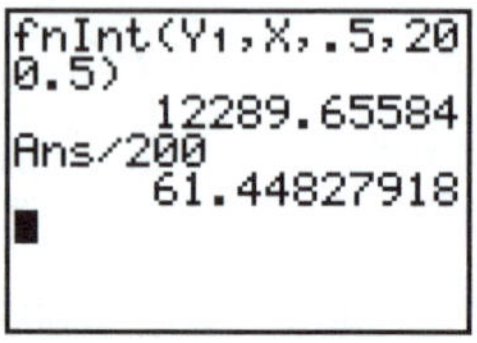

Die durchschnittlichen Kosten für die ersten 200 Artikel betragen ca. 61,45 €.

23. Für den 1. Januar wird x = 0 angesetzt und x wird in Monaten betrachtet. Mit dem Ansatz $f(x) = ax^3 + bx^2 + cx + d$ und den Punkten A(0 | 15), B(4 | 27,8), C(6 | 34,2) und D(10 | 35) ergibt sich durch Punktprobe das folgende lineare Gleichungssystem:

$$\begin{aligned} d &= 15 \\ 64a + 16b + 4c + d &= 27{,}8 \\ 216a + 36b + 6c + d &= 34{,}2 \\ 1000a + 100b + 10c + d &= 35 \end{aligned}$$

Dieses Gleichungssystem kann mit dem GTR gelöst werden (Befehle [MATRIX] <EDIT> zum Eingeben der Matrix und [MATRIX] <MATH – rref(> zum Lösen des Gleichungssystems; siehe auch Kapitel zum GTR):

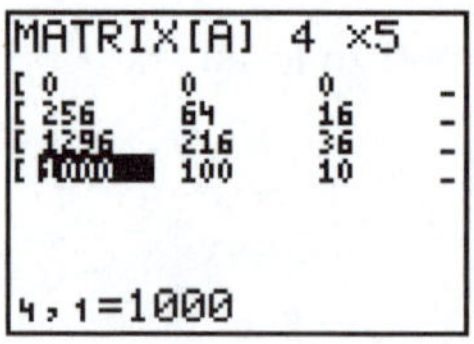

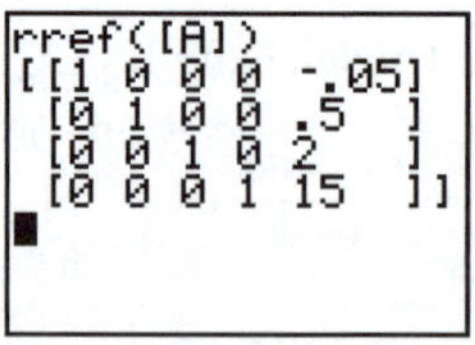

Alternative: Bestimmung der Funktionsgleichung über kubische Regression (sofern im Unterricht behandelt; Befehle [STAT] <EDIT – Edit> zum Eintragen der Messpunkte und [STAT] <CALC – CubicReg> zum Bestimmen der Regressionskurve):

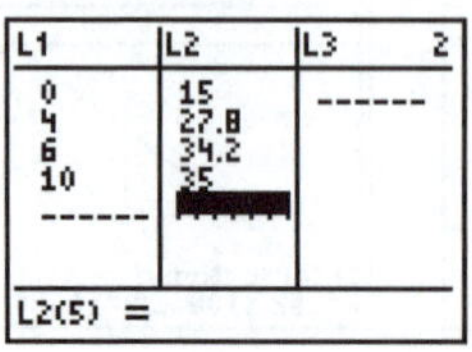

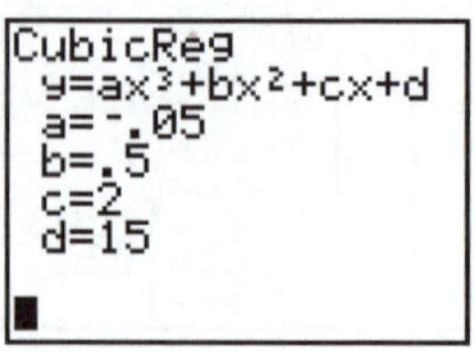

In beiden Fällen ergibt sich folgende Funktion:

$$f(x) = -\frac{1}{20}x^3 + \frac{1}{2}x^2 + 2x + 15 \quad (0 \le x \le 12)$$

Sie beschreibt die Preisentwicklung im Laufe des Jahres.
Der mittlere Preis für dieses Jahr beträgt

$$\frac{1}{12} \cdot \int_0^{12} f(x)\, dx.$$

Er kann mit dem GTR (oder algebraisch) bestimmt werden (im Hauptbildschirm über das MATH <MATH – fnInt(>-Menü).

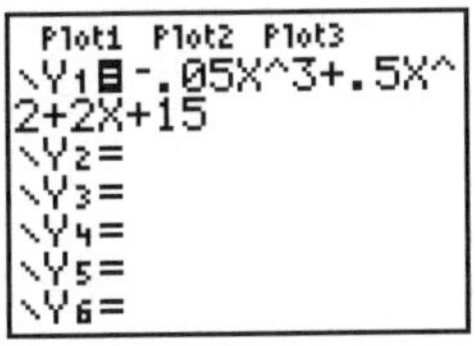

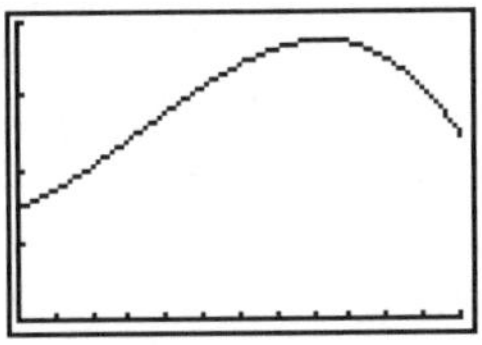

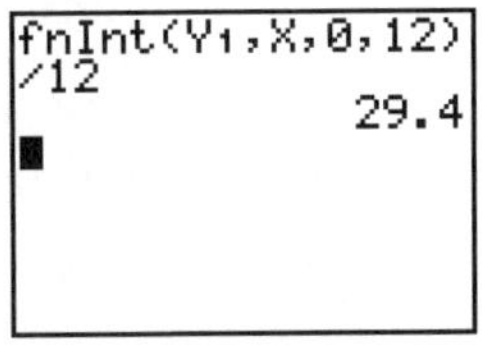

Nach diesem Modell betrug der Durchschnittspreis in diesem Jahr 29,40 Dollar.

24. Eine Kugel mit dem Radius r entsteht etwa durch Rotation des in den ersten beiden Feldern liegenden Halbkreises mit Radius r und Mittelpunkt O um die x-Achse. Die Funktionsgleichung dieses Halbkreises lautet:

$$f(x) = \sqrt{r^2 - x^2}$$

Damit erhält man:

$$V_r = \pi \cdot \int_{-r}^{r} (r^2 - x^2)\, dx = \pi\left(r^2x - \frac{x^3}{3}\right)\Bigg|_{-r}^{r} = \frac{4}{3}\pi \cdot r^3$$

$$V_{KK} = \pi \cdot \int_{5}^{8} (8^2 - x^2)\, dx = \pi\left(64x - \frac{x^3}{3}\right)\Bigg|_{5}^{8} = 63\pi$$

25. Die beiden Schnittpunkte mit der x-Achse sind $N_1(-4\,|\,0)$ und $N_2(4\,|\,0)$.
Damit ergibt sich:

$$V = \pi \cdot \int_{-4}^{4} \left(8 - \frac{1}{2}x^2\right)^2 dx = \pi \cdot \int_{-4}^{4} \left(64 - 8x^2 + \frac{1}{4}x^4\right) dx$$

$$= \pi\left(64x - \frac{8}{3}x^3 + \frac{1}{20}x^5\right)\Bigg|_{-4}^{4} = \frac{4096}{15}\pi \approx 857{,}9$$

26. $A\left(a \,\middle|\, \frac{1}{2}\sqrt{9-a^2}\right)$; $B(a\,|\,0)$

Damit hat der Zylinder den Grundkreisradius $r = \frac{1}{2}\sqrt{9-a^2}$ und die Höhe $h = 2a$. Sein Volumen beträgt:

$V_Z(a) = \pi \cdot r^2 h = \pi \cdot \frac{1}{4}(9-a^2)2a = \frac{\pi}{2}(9a - a^3)$

Das Maximum wird entweder grafisch mit dem GTR oder über

$V'(a) = \frac{\pi}{2}(9-3a^2) = 0$

bestimmt.

Da $a > 0$ vorausgesetzt werden kann, erhält man $a = \sqrt{3}$ und damit $h = 2\sqrt{3} \approx 3{,}464$ und $r = f(\sqrt{3}) = \frac{1}{2}\sqrt{6} \approx 1{,}225$.

Das maximale Zylindervolumen beträgt demnach $V_Z(\sqrt{3}) = 3\pi\sqrt{3} \approx 16{,}32$.
Der Rotationskörper besitzt das Volumen

$$V_R = 2\pi \cdot \int_0^3 \frac{1}{4}(9-x^2)\,dx = \frac{\pi}{2} \cdot \int_0^3 (9-x^2)\,dx = \frac{\pi}{2}\left(9x - \frac{x^3}{3}\right)\Big|_0^3 = 9\pi \approx 28{,}27.$$

Der prozentuale Anteil beträgt $\frac{V_Z}{V_R} = \frac{3\pi \cdot \sqrt{3}}{9\pi} \approx 58\ \%$.

27. Das Volumen des Sahnebehälters wird bestimmt durch:

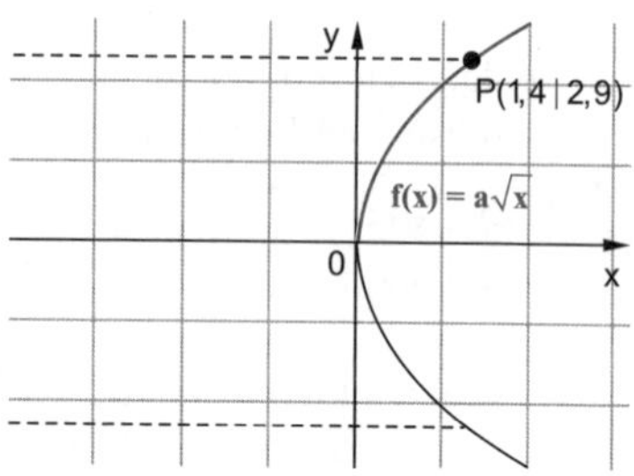

$V = V_{Halbkugel} + V_{Zylinder} - V_{Paraboloid}$

$V_{Halbkugel} = \frac{2}{3}\pi \cdot r^3 \approx 51{,}08\ cm^3$

$V_{Zylinder} = \pi \cdot r^2 h \approx 422{,}73\ cm^3$

Für das fehlende Paraboloidvolumen muss man die Dose um 90° drehen und die Gleichung einer passenden Parabel aufstellen (Wurzelfunktion):

$f(x) = a\sqrt{x} \quad (x \geq 0)$

Mithilfe von $P(1{,}4\,|\,2{,}9)$ lässt sich der Parameter a bestimmen:

$f(1{,}4) = a\sqrt{1{,}4} = 2{,}9 \quad \Rightarrow \quad a = \frac{2{,}9}{\sqrt{1{,}4}} \approx 2{,}45$

Für das Volumen des zugehörigen Rotationskörpers gilt demnach:

$$V_P = \pi \cdot \int_0^{1{,}4} a^2 x\,dx \approx 18{,}49\ cm^3$$

Für das Volumen des Sahnebehälters ergibt sich folgender auf den gerundeten Zwischenergebnissen beruhender und damit ungefährer Wert:
$51{,}08 + 422{,}73 - 18{,}49 = 455{,}3\ cm^3$.
Abzüglich des Blechvolumens ergibt sich ein Innenvolumen von etwa $447{,}3\ cm^3$; die Sahne nimmt also etwa 56 % des Innenvolumens ein.

28. a) **1. Möglichkeit:** Bestimmen des Volumens als **Rotationsvolumen**

2. Möglichkeit (elementargeometrisch): Das Volumen ergibt sich als Differenz von Kugel- und Doppelkegelvolumen.

Das zweite Verfahren ist einfacher, weil man auf das Erstellen von Randfunktionen und die Integration verzichten kann.

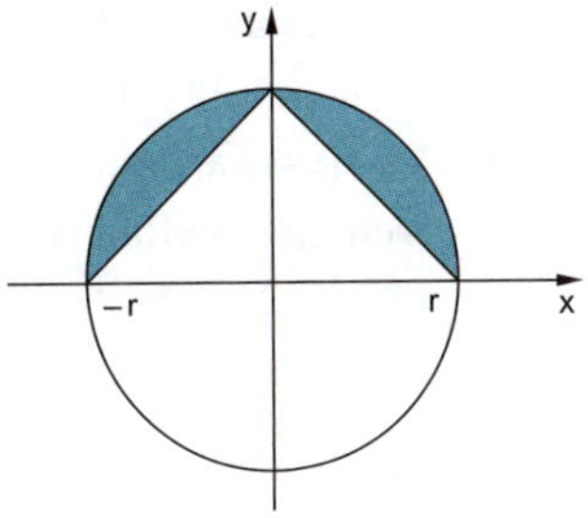

b) **1. Möglichkeit**

Die obere Begrenzung der markierten Fläche wird durch einen Halbkreis beschrieben:

$f(x) = \sqrt{r^2 - x^2}$

Die untere Begrenzung im ersten Feld wird durch eine Gerade durch $P(0|r)$ mit der Steigung -1 beschrieben: $g(x) = r - x$

Durch Integration und Ausnutzung der Symmetrie zur y-Achse erhält man:

$$V = 2\pi \cdot \int_0^r (f^2(x) - g^2(x))\,dx = 2\pi \cdot \int_0^r (r^2 - x^2 - (r - x)^2)\,dx$$

$$= 2\pi \cdot \int_0^r (r^2 - x^2 - (r^2 - 2rx + x^2))\,dx = 2\pi \cdot \int_0^r (2rx - 2x^2)\,dx$$

$$= 2\pi\left(rx^2 - \tfrac{2}{3}x^3\right)\Big|_0^r = \tfrac{2}{3}\pi \cdot r^3$$

2. Möglichkeit

Das Volumen ergibt sich aus der Differenz von Kugel- und Doppelkegelvolumen. Das Kugelvolumen beträgt $V_k = \frac{4}{3}\pi \cdot r^3$, das Volumen des Doppelkegels $V_D = 2 \cdot \frac{\pi}{3} r^2 \cdot r = \frac{2}{3}\pi \cdot r^3$.

Der Restkörper hat also das Volumen $V = \frac{2}{3}\pi \cdot r^3$.

c) Das Volumen der Kugel bleibt gleich, das Volumen des Doppelkegels setzt sich aus zwei Kegeln zusammen. Jeder Kegel hat den Grundkreisradius $r^* < r$. Mit $h_1 + h_2 = 2r$ ergibt sich für das Volumen des Doppelkegels:

$$V_D = \tfrac{\pi}{3}(r^*)^2 h_1 + \tfrac{\pi}{3}(r^*)^2 h_2$$
$$= \tfrac{\pi}{3}(r^*)^2 \cdot 2r < \tfrac{2}{3}\pi \cdot r^3$$

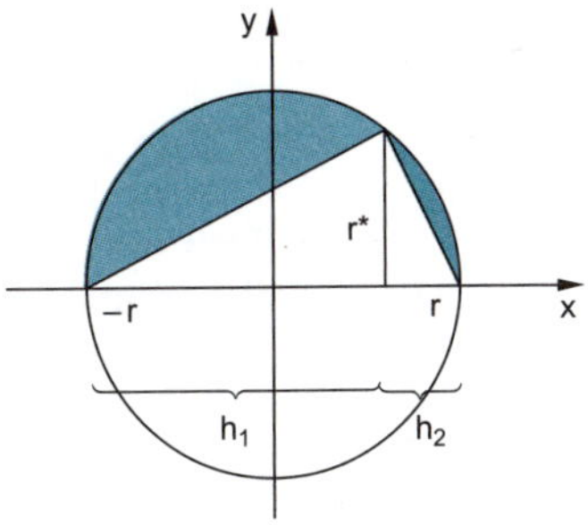

Da das Volumen des neuen Doppelkegels kleiner als das Volumen des symmetrischen Doppelkegels ist, ist das Volumen des Restkörpers größer als das Volumen des ursprünglichen Drehkörpers.

29. a) Die Parabel geht durch den Punkt P(3 | 7). Die Punktprobe liefert $7 = a \cdot 3^4 \iff a = \frac{7}{3^4}$ und somit die Funktionsgleichung $f(x) = \frac{7}{81}x^4$.

b) Zur Bestimmung des Rotationsvolumens muss die Vase um 90° gedreht werden. Die Randkurve genügt dann der Funktionsgleichung $f(x) = b \cdot \sqrt[4]{x}$ mit der Stützstelle $\overline{P}(7 \mid 3)$. Damit ergibt sich:

$3 = f(7) = b \cdot \sqrt[4]{7} \iff b = \frac{3}{\sqrt[4]{7}} \approx 1{,}844$

Das Rotationsvolumen beträgt $V = \pi \cdot \int\limits_0^7 b^2 \sqrt{x}\,dx \approx 132\ \text{cm}^3$.

Das Glasvolumen beträgt $\frac{150}{4{,}8}\ \text{cm}^3 = 31{,}25\ \text{cm}^3$.

Somit hat die Vase ein Fassungsvermögen von etwa $101\ \text{cm}^3$.

30. Das Schaubild muss an den Stellen $x_1 = 0$ und $x_2 = 28$ Nullstellen haben, damit die Höhe von 28 m korrekt wiedergegeben wird. Aus dem Ansatz $f(0) = 0$ und $f(28) = 0$ ergibt sich zunächst $f(x) = ax\sqrt{28 - x}$.

Nun bestimmt man das Rotationsvolumen in Abhängigkeit von a:

$$V = \pi \cdot \int\limits_0^{28} f^2(x)\,dx = \pi \cdot \int\limits_0^{28} a^2x^2(28 - x)\,dx = \pi \cdot a^2 \int\limits_0^{28} (28x^2 - x^3)\,dx$$

$$= \pi \cdot a^2 \left(\frac{28}{3}x^3 - \frac{1}{4}x^4\right)\Big|_0^{28} = 28^4\pi \cdot a^2\left(\frac{1}{3} - \frac{1}{4}\right) = \frac{28^4\pi}{12}a^2$$

Da das Volumen $2600\ \text{m}^3$ betragen soll, erhält man:

$$V = 2600 \iff \frac{28^4\pi}{12}a^2 = 2600 \iff a^2 = \frac{2600 \cdot 12}{28^4\pi} \iff a = \sqrt{\frac{2600 \cdot 12}{28^4\pi}} \approx 0{,}1271$$

Mit dem GTR bestimmt man jetzt das Maximum der Funktion f. Dazu gibt man die allgemeine Funktion f in Y1 ein und speichert die errechneten Werte a und b in den Variablen A und B. Zur Probe wird das Volumen des Rotationskörpers mit dem GTR berechnet:

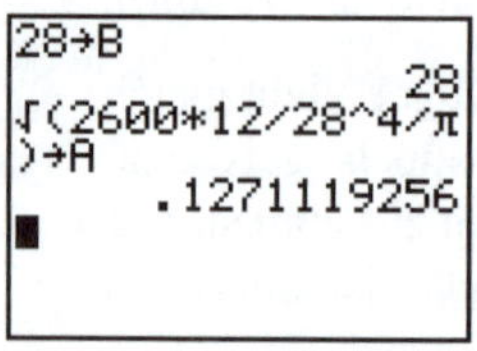

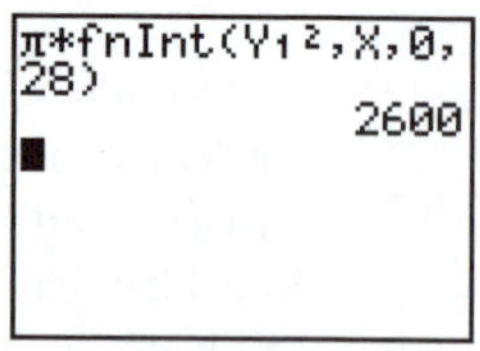

Zeichnung des Schaubilds von f und numerische Bestimmung des Maximums:

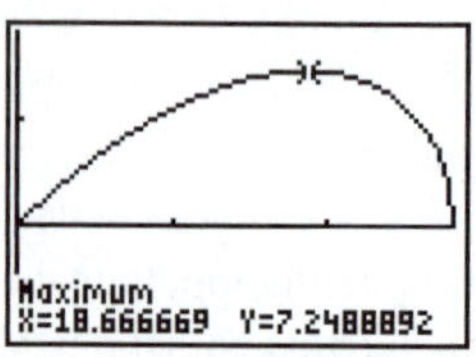

Die maximale Breite des Ballons beträgt also ca. $2 \cdot 7{,}25\ \text{m} = 14{,}50\ \text{m}$.

31. Zunächst ist festzustellen, dass das Schaubild der Funktion f symmetrisch zur y-Achse ist, da x nur gerade Exponenten hat.

a) Aus Gründen der Einfachheit betrachtet man hier nur positive a, da negative a nur eine Spiegelung des Schaubildes an der y-Achse zur Folge haben, diese aber nichts am entstehenden Rotationskörper ändert. Der Parameter b steht im Quadrat, sodass das Vorzeichen von b keinen Einfluss auf die Funktion und deren Schaubild hat, weshalb man auch hier nur positive b betrachtet. Unter diesen Voraussetzungen ergibt sich:

$f\left(\frac{75}{2}\right) = f(37{,}5) = a\sqrt{b^2 - 37{,}5^2} = 0 \quad \Leftrightarrow \quad b = 37{,}5$

$8{,}7 = \frac{17{,}4}{2} = f(0) = a\sqrt{b^2} = ab \quad \Leftrightarrow \quad a = \frac{8{,}7}{37{,}5} = 0{,}232$

Damit erhält man die Funktion f mit $f(x) = 0{,}232\sqrt{37{,}5^2 - x^2}$.

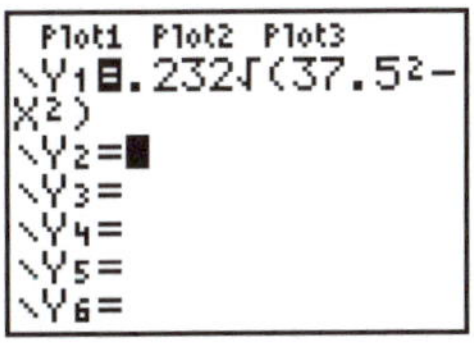

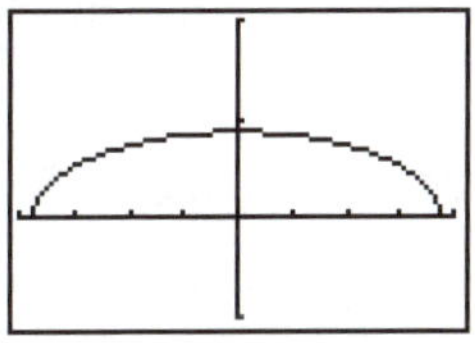

Das Volumen lässt sich mit dem GTR und der Rotationsvolumenformel einfach bestimmen. Das Volumen beträgt ca. 11 890 m^3.

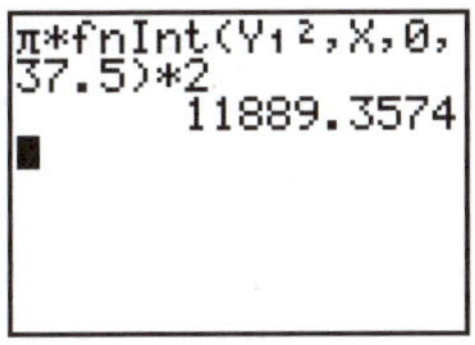

b) Das Signalwort „ähnlich" bedeutet, dass die Längenverhältnisse bei den beiden Zeppelinen dieselben sind. Wenn ein Körper (z. B. ein Würfel) seine Abmessungen um den Faktor k vergrößert, dann vergrößert sich sein Volumen um den Faktor k^3. Also gilt hier:

$k^3 = \frac{550000}{11890} \quad \Leftrightarrow \quad k = \sqrt[3]{\frac{550000}{11890}} \approx 3{,}59$

Damit sollte der Cargolifter etwa $75 \cdot 3{,}59 \approx 269$ Meter lang und entsprechend ca. 62,50 Meter hoch werden.

32. Damit sich bei Rotation um die x-Achse der gewünschte Rotationskörper ergibt, muss die Scheibe senkrecht gestellt werden. Die Randkurvenparabel hat dann ihren Scheitel bei $S(0\,|\,110)$ und schneidet die x-Achse bei $N_1(22{,}5\,|\,0)$ sowie $N_2(-22{,}5\,|\,0)$ (Angaben in mm).
Mit dem Ansatz $f(x) = ax^2 + c$ erhält man durch Punktprobe mit S und N_1:

$f(0) = 110 \quad \Leftrightarrow \quad c = 110$

$f(22{,}5) = 0 \quad \Leftrightarrow \quad 22{,}5^2 a + 110 = 0 \quad \Leftrightarrow \quad a = -\frac{110}{22{,}5^2} \approx -0{,}2173$

Somit ergibt sich für die Funktion f: $f(x) = -\frac{110}{22{,}5^2}x^2 + 110$
Damit ergibt sich für das Volumen:

$$V = 2\pi \cdot \int_0^{22{,}5} f^2(x)\,dx \approx 912\,300\ \text{mm}^3 = 912{,}3\ \text{cm}^3$$

Hieraus folgt eine Dichte von etwa $\frac{2000\ \text{g}}{912{,}3\ \text{cm}^3} \approx 2{,}2\ \frac{\text{g}}{\text{cm}^3}$.

33. Die Funktionen f und h sind beide gebrochenrationale Funktionen, denn sie sind beide nicht auf ganz $\mathbb{R}$ definiert ($\mathbb{D}_f = \mathbb{R} \setminus \{2\}$, $\mathbb{D}_h = \mathbb{R} \setminus \{0\}$).
Die Funktion g ist eine ganzrationale Funktion, denn sie ist auf ganz $\mathbb{R}$ definiert und es gilt:

$$g(x) = \frac{(x^2+4)^3}{4(x^2+4)} - 5 = \frac{1}{4}(x^2+4)^2 - 5$$

34. a) Für alle $x \in \mathbb{D}_f = \mathbb{R} \setminus \{0\}$ gilt:

$$f(x) = \frac{x^2-9}{x} = x - \frac{9}{x} \quad \Rightarrow \quad f'(x) = 1 + \frac{9}{x^2}$$

b) Mit $z = 3x^2 + \pi$ erhält man nach der Kettenregel:
$f'(x) = 6x \cdot \cos(3x^2 + \pi)$

35. a) Zählergrad < Nennergrad; die x-Achse ist horizontale Asymptote: $y = 0$

b) Zählergrad = Nennergrad; die horizontale Asymptote ist $y = \frac{4}{2} = 2$

36. $f(x) = \frac{x^2-9}{(x+3)(x-1)} = \frac{(x-3)(x+3)}{(x+3)(x-1)} = \frac{x-3}{x-1}$ (für $x \in \mathbb{R} \setminus \{-3; 1\}$)

Definitionslücke $x_1 = -3$: Das Schaubild hat eine Lücke, da das Nennerpolynom dort nach dem Kürzen ungleich null ist.

$$f(x) \xrightarrow[x \to -3]{} \frac{-6}{-4} = \frac{3}{2}$$

Definitionslücke $x_2 = 1$: Das Nennerpolynom ist auch nach dem Kürzen an dieser Stelle noch null, deshalb liegt eine Polstelle mit Vorzeichenwechsel vor und es ergibt sich die senkrechte Asymptote $x = 1$.

37. f schneidet die x-Achse in den Punkten $N_1\left(\frac{47}{8} \middle| 0\right)$ und $N_2\left(\frac{49}{8} \middle| 0\right)$.

Bei $x_0 = 6$ liegt eine Polstelle ohne Vorzeichenwechsel vor. Das Schaubild hat wegen gleichem Zähler- und Nennergrad die horizontale Asymptote $y = 1$. Mit dem GTR werden geeignete Schaubildausschnitte erstellt.

Zunächst wird ein großer Ausschnitt gewählt, um einen Eindruck von dem Schaubild zu bekommen:

Nun wird das Verhalten zwischen den beiden Nullstellen dargestellt:

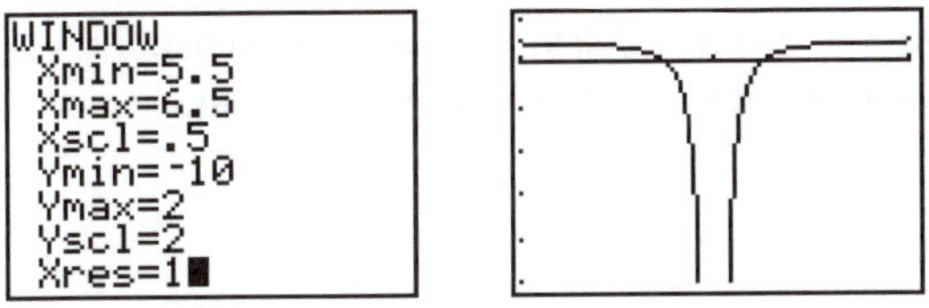

Das Schaubild verläuft für betragsmäßig große x asymptotisch zu $y = 1$. Von $-\infty$ her fällt das Schaubild monoton, besitzt bei $x_1 = \frac{47}{8} = 5{,}875$ eine Nullstelle und verschwindet für $x \to 6$ gegen $-\infty$. Rechts von der Polstelle kommt das Schaubild von $-\infty$, besitzt bei $x_2 = \frac{49}{8} = 6{,}125$ eine Nullstelle und nähert sich für $x \to \infty$ (monoton steigend) der Asymptote $y = 1$ an.

Zum **Schaubild von $\frac{1}{f}$** mit $\frac{1}{f(x)} = \frac{(x-6)^2}{\left(x-\frac{47}{8}\right)\left(x-\frac{49}{8}\right)}$

Am Funktionsterm erkennt man, dass das asymptotische Verhalten dasselbe ist: $\frac{1}{f(x)} \xrightarrow[|x| \to \infty]{} 1$

Bei $x_1 = \frac{47}{8} = 5{,}875$ und bei $x_2 = \frac{49}{8} = 6{,}125$ liegen jeweils Polstellen mit Vorzeichenwechsel vor und bei $x_0 = 6$ besitzt das Schaubild eine doppelte Nullstelle. Der GTR bestätigt diese Aussagen.
Das asymptotische Verhalten wird anhand dieses Bildausschnitts deutlich:

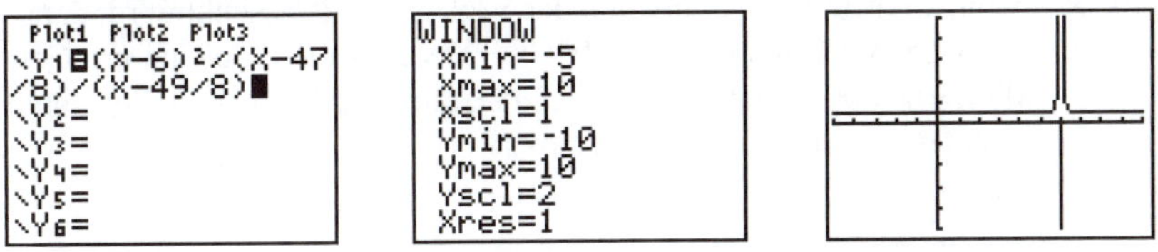

Das Verhalten in der Umgebung der Nullstelle lässt sich folgendermaßen darstellen:

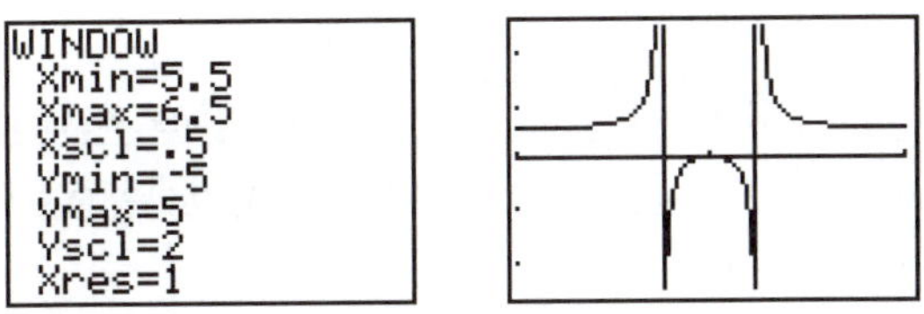

Interessant ist das Schaubild also im Wesentlichen im Bereich zwischen $x = 5$ und $x = 7$. Dort verhält sich das Schaubild von $\frac{1}{f}$ wie folgt: Es verlässt – aus negativer x-Richtung kommend – monoton wachsend die Asymptote $y = 1$ und strebt für

$$x \to \left(\frac{47}{8}\right)^-$$

gegen ∞. Rechts dieser Polstelle kommt das Schaubild wieder von $-\infty$, berührt die x-Achse bei $x = 6$ und strebt für

$$x \to \left(\frac{49}{8}\right)^-$$

wieder gegen $-\infty$. Rechts der zweiten Polstelle kommt das Schaubild von ∞ und nähert sich streng monoton fallend der Asymptote $y = 1$ an.

38. $f(x) = \frac{x-5}{x(x-3)}$

39. a) Die beiden Polstellen mit Vorzeichenwechsel bei $x = -2$ und $x = 2$ ergeben den Nenner $(x+2)(x-2)$. Da eine horizontale Asymptote $y = 4$ vorliegt, muss der Zählergrad ebenfalls 2 sein. Die einzige (doppelte) Nullstelle bei $x = 0$ führt somit zu dem Zähler $4x^2$:

$$f(x) = \frac{4x^2}{(x+2)(x-2)} = \frac{4x^2}{x^2-4}$$

b) Die beiden Polstellen bei $x = -3$ und $x = 3$ führen zu dem Nenner $(x-3)(x+3)$. Die Nullstellen bei $x = -4$ und $x = 4$ ergeben den Zähler $(x+4)(x-4)$; wegen der horizontalen Asymptote $y = -1$ muss der Bruch noch mit -1 multipliziert werden:

$$f(x) = -\frac{(x+4)(x-4)}{(x-3)(x+3)} = \frac{16-x^2}{x^2-9}$$

40. a) Wenn x der Betrag ist, um den der Verkaufspreis gesenkt wird, dann ist $45 - x$ der Verkaufspreis und $45 - x - 22 = 23 - x$ der Gewinn pro Gerät. Mit $n = 60\,000 + 8000x$ absetzbaren Geräten ergibt sich der Gesamtgewinn $G(x) = (60\,000 + 8000x)(23 - x)$.

Das Maximum von G wird mit dem GTR bestimmt.

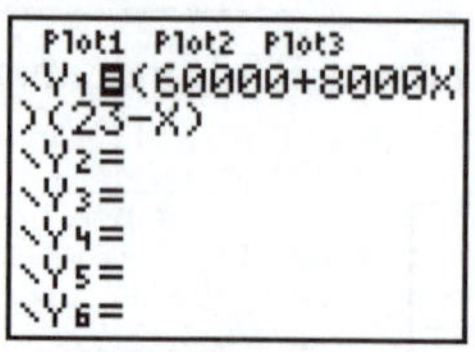

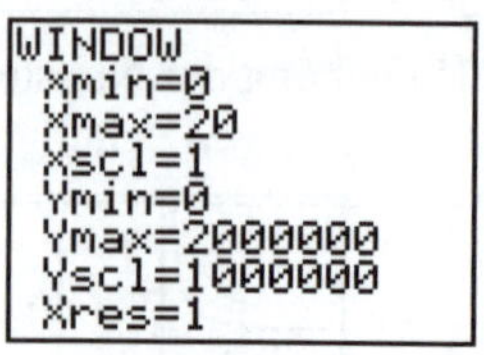

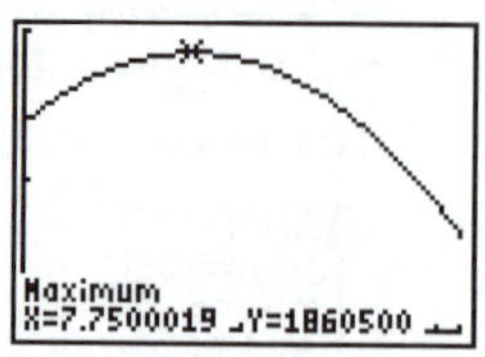

Der optimale Verkaufspreis beträgt ca. 45 € – 7,75 € = 37,25 €. Der Gesamtgewinn beträgt dann ca. 1,86 Mio. €.

b) Ohne Werbung werden 108 000 Geräte abgesetzt. Der Gewinn liegt bei 17 € pro Gerät. Bei einer Absatzsteigerung um x % werden

$108\,000\left(1+\frac{x}{100}\right)$

Geräte abgesetzt. Dafür sind aber Werbeausgaben in Höhe von $800\,x^2$ € erforderlich. Als Gesamtgewinn ergibt sich hier:

$G(x)=108\,000\left(1+\frac{x}{100}\right)\cdot 17-800x^2$

Bestimmen des Maximums mit dem GTR:

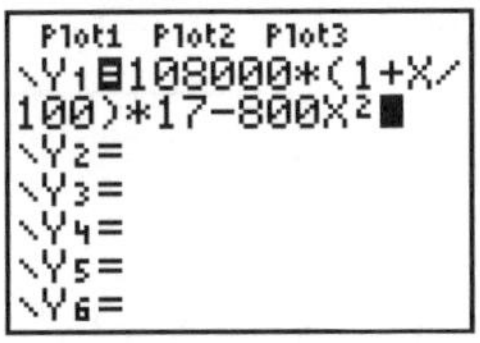

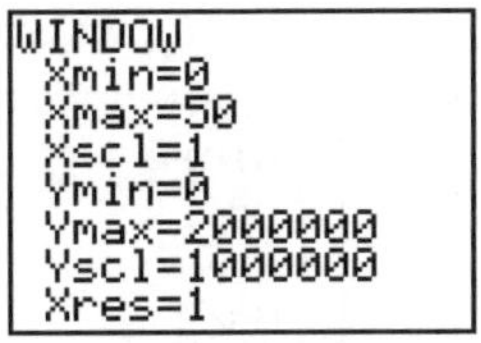

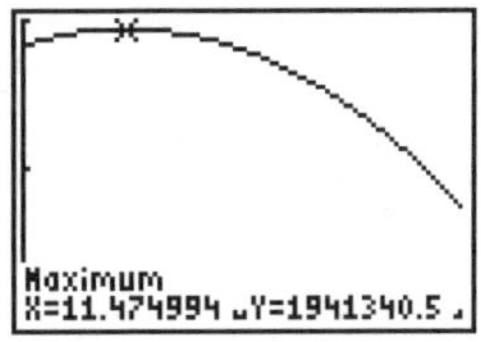

Der maximale Gewinn von ca. 1,94 Mio. € wird bei einer Absatzsteigerung um ca. 11,5 % erzielt.

Im Hauptbildschirm ruft man über die [ANS]-Taste die numerisch bestimmte Extremstelle $x_0 \approx 11{,}47$ auf und verwendet sie, um den Werbeetat für die maximale Absatzsteigerung zu bestimmen:
Es muss ein Werbeetat von ca. 105 000 € angesetzt werden.

41. Zur Bestimmung der Parameter a und b benötigt man zwei Punkte aus dem Schaubild. Hier werden die Punkte A(3 | 0,48) und B(9 | 0,05) gewählt. (Wählt man andere Punktepaare, ergeben sich geringfügig abweichende Werte für a und b.) Damit erhält man folgendes Gleichungssystem:

$$\begin{array}{l} f(3)=0{,}48 \\ f(9)=0{,}05 \end{array} \;\Leftrightarrow\; \begin{array}{l} \frac{a}{(3-b)^2}=0{,}48 \\ \frac{a}{(9-b)^2}=0{,}05 \end{array} \;\Leftrightarrow\; \begin{array}{l} a=0{,}48(3-b)^2 \\ a=0{,}05(9-b)^2 \end{array}$$

Gleichsetzen der beiden Zeilen ergibt:

$$0{,}48(3-b)^2=0{,}05(9-b)^2$$
$$\Leftrightarrow\quad 0{,}48(9-6b+b^2)=0{,}05(81-18b+b^2)$$
$$\Leftrightarrow\quad 4{,}32-2{,}88b+0{,}48b^2=4{,}05-0{,}9b+0{,}05b^2$$
$$\Leftrightarrow\quad 0{,}43b^2-1{,}98b+0{,}27=0$$

Die Lösungen der quadratischen Gleichung werden mit dem GTR bestimmt.

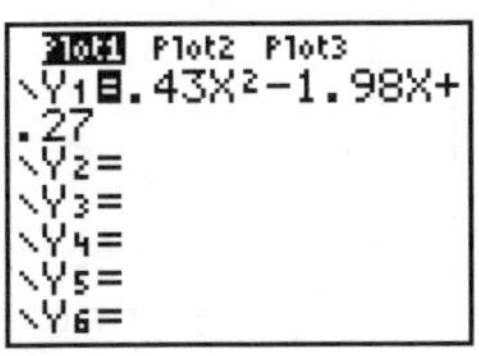

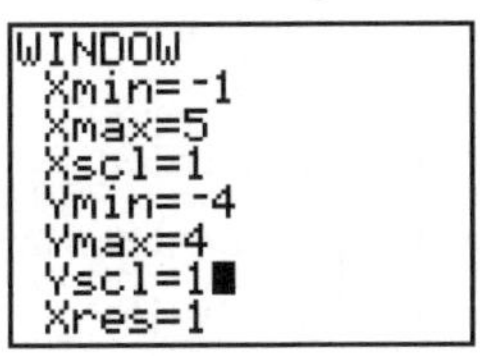

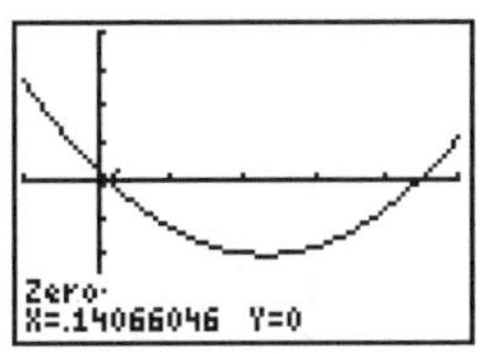

Es ergeben sich $b_1 \approx 0{,}1407$ und $b_2 \approx 4{,}464$.
Da eine senkrechte Asymptote bei $x = b_2$ nicht zum Diagramm passt, ist b_1 der korrekte Wert für b. Durch Einsetzen in f(3) ergibt sich $a \approx 3{,}924$.
Die gesuchte Funktion heißt also:

$$f(x) = \frac{3{,}924}{(x - 0{,}1407)^2}$$

Zur Kontrolle werden die verwendeten Messpunkte und die erhaltene Funktion in einem Schaubild dargestellt (Eingabe der Messpunkte durch Aufrufen von [STAT] <EDIT – Edit> und [STAT PLOT] wie in Kapitel 1 detailliert beschrieben).

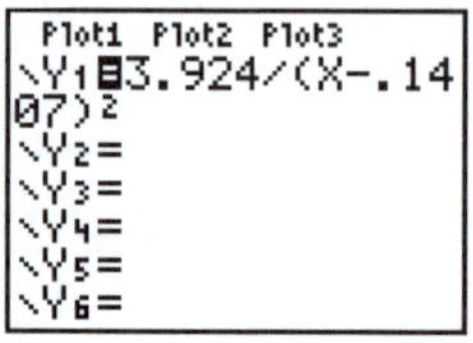

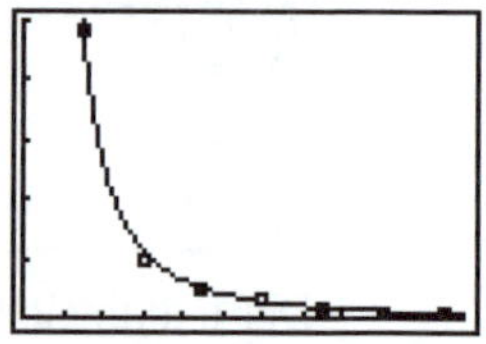

Als mittlere Leistungsflussdichte ergibt sich mithilfe des GTR:

$$\bar{L} = \frac{1}{20-3} \cdot \int_3^{20} f(x)\,dx \approx 0{,}069\ \frac{\text{mW}}{\text{cm}^2}$$

(Eingabe des Funktionsterms im Funktionen-Editor, Integration im Hauptbildschirm über [MATH] <MATH – fnInt(>.)

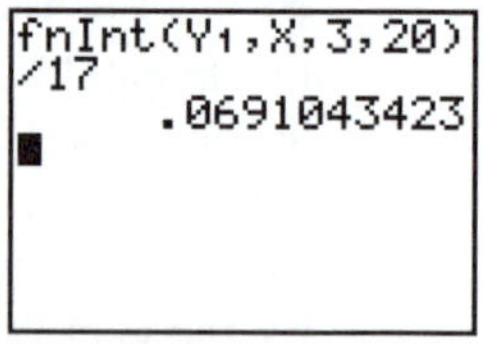

42. a) Die Dose mit dem Volumen $V = 700\,000\ \text{mm}^3$ hat den Radius r und die Höhe h (in mm). Das Rechteck muss dementsprechend (wegen der Falzkanten oben und unten) die Breite $b = h + 2 \cdot 7$ und die Länge $a = 2\pi \cdot r$ haben. Die beiden kreisförmigen Blechteile haben den Radius $R = r + 7$.

Nebenbedingung
Für das Volumen V der Dose gilt: $V = \pi \cdot r^2 h$. Deshalb ist $h = \frac{V}{\pi \cdot r^2}$.
Für den **Materialverbrauch** ergibt sich somit:

$$A = ab + 2\pi R^2 = 2\pi \cdot r(h + 14) + 2\pi(r + 7)^2$$

$$A(r) = 2\pi \cdot r\left(\frac{V}{\pi \cdot r^2} + 14\right) + 2\pi(r + 7)^2 = 2\pi\left(\frac{700\,000}{\pi \cdot r} + 14r + (r + 7)^2\right)$$

Zeichnen des zugehörigen Schaubilds und Bestimmung des Minimums mit dem GTR:

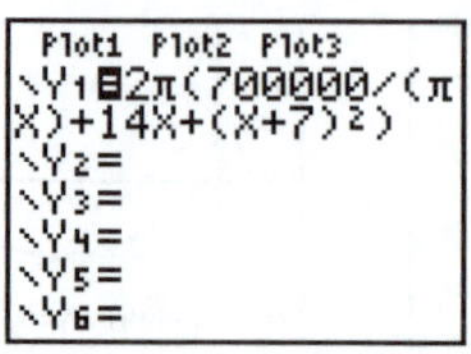

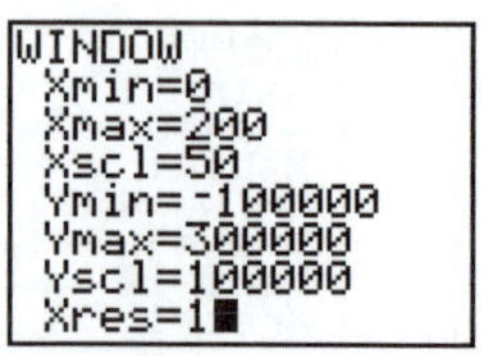

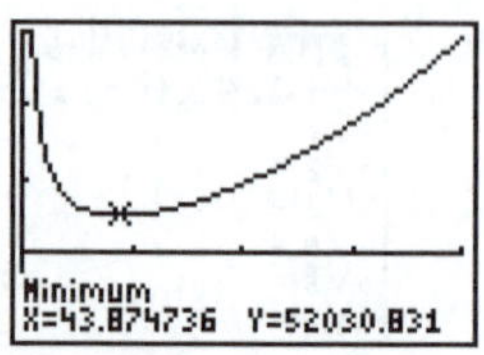

Der minimale Materialverbrauch von ca. 520 cm^2 entsteht bei einem Dosenradius von ca. 44 mm und einer Dosenhöhe von ca. 116 mm.

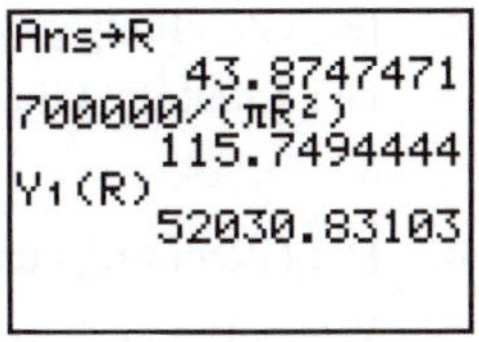

b) Da keine konkreten Preise gegeben sind, wird für 1 mm^2 verwendeten Blechs der Preis 1 und für 1 mm^2 Abfall der Preis $\frac{1}{2}$ angenommen.

Jedes der kreisförmigen Blechteile mit dem Radius R wird aus einem quadratischen Blech mit der Seitenlänge 2R ausgestanzt. Der Abfall pro kreisförmigem Blechteil beträgt somit $4R^2 - \pi R^2$.
Damit können die Kosten pro Dose bestimmt werden:

$$K = 1 \cdot (ab + 2\pi R^2) + \frac{1}{2} \cdot 2(4R^2 - \pi R^2)$$
$$= 2\pi \cdot r(h+14) + 2\pi(r+7)^2 + (4-\pi)(r+7)^2$$
$$K(r) = 2\pi \cdot r\left(\frac{V}{\pi \cdot r^2} + 14\right) + (\pi + 4)(r+7)^2$$
$$= \frac{2 \cdot 700\,000}{r} + 28\pi \cdot r + (\pi + 4)(r+7)^2$$

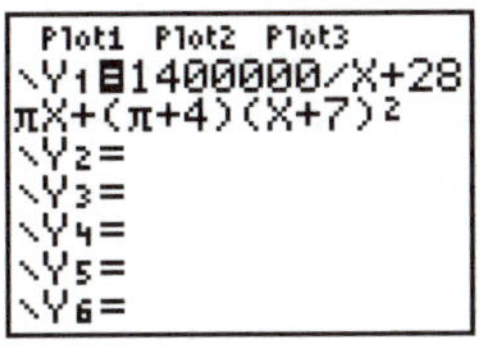

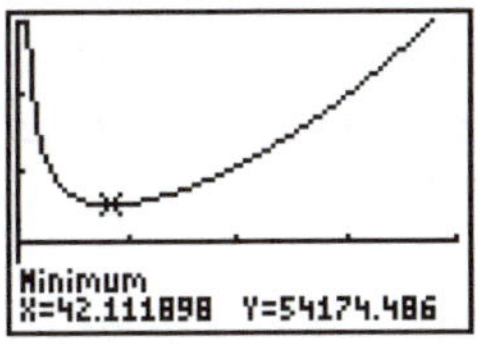

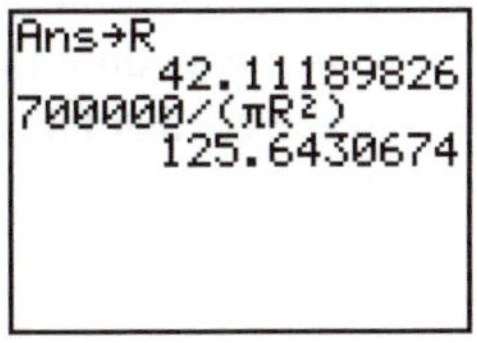

Wie nicht anders zu erwarten war, ist der optimale Dosenradius etwas kleiner als der zuvor berechnete. Die optimale Dose hat nun einen Radius von ca. 42 mm und eine Höhe von ca. 126 mm.

43. a) Die Winkel im Bogenmaß lauten: $\frac{5\pi}{12}$; $\frac{3\pi}{2}$; $\frac{\pi}{180°} \cdot 66° = \frac{11\pi}{30}$

b) Die Winkel im Gradmaß lauten: 180°; 120°; 210° und $0{,}6 \cdot \frac{180°}{\pi} \approx 34{,}4°$

44. a) Die Periodenlänge beträgt $\frac{\pi}{2} \mathrel{\hat{=}} \frac{180°}{2} = 90°$. (Der Tangens hat die Periode π.)

b) Die Periodenlänge beträgt 2π. Die Summanden $\sin(2x)$ mit der Periode π und $\cos(3x)$ mit der Periode $\frac{2\pi}{3}$ haben erst bei 2π einen gemeinsamen Wiederbeginn der Periode; 2π ist das kleinste gemeinsame Vielfache der Perioden der beiden Teilfunktionen.

45. $f(x) = \cos\left(3x - \frac{\pi}{2}\right)$

$g(x) = 3\sin\left(2x + \frac{\pi}{2}\right)$

46. Die Gleichung $\cos z = 0$ besitzt die Lösungen $z_k = \frac{\pi}{2} + k \cdot \pi \quad (k \in \mathbb{Z})$.
Daher hat die Gleichung $\cos(4x) = 0$ die Lösungen $x_R = \frac{\pi}{8} + k \cdot \frac{\pi}{4} \quad (k \in \mathbb{Z})$.

47. Die Gleichung $\cos z = 0$ besitzt die Lösungen $z_k = \frac{\pi}{2} + k \cdot \pi \quad (k \in \mathbb{Z})$.
Wendet man diesen Sachverhalt auf die Funktion f mit $f(x) = 2\cos\left(3x + \frac{\pi}{4}\right)$ an, so gilt entsprechend: $3x_k + \frac{\pi}{4} = z_k = \frac{\pi}{2} + k \cdot \pi$
Auflösen nach x_k:

$$x_k = \frac{\frac{\pi}{2} + k \cdot \pi - \frac{\pi}{4}}{3} = \frac{k \cdot \pi}{3} + \frac{\pi}{12} \quad (k \in \mathbb{Z})$$

48. Die Gleichung $\sin(2x) = \frac{1}{2}$ hat im angegebenen Intervall folgende Lösungen:
$x_1 = \frac{\pi}{12};\ x_2 = \frac{5\pi}{12};\ x_3 = \frac{13\pi}{12};\ x_4 = \frac{17\pi}{12}$
Diese Lösungen bestimmt man ohne Zuhilfenahme des GTR, indem man eine Substitution $z = 2x$ durchführt und die Gleichung
$\sin z = \frac{1}{2}$
löst. Aus der ersten Lösung
$z_1 = \frac{\pi}{6}$
erhält man durch Rücksubstitution x_1. Die anderen 3 Lösungen werden anschließend anhand von Symmetrieüberlegungen errechnet ($z_2 = \pi - \frac{\pi}{6}$ liefert x_2, $z_3 = z_1 + 2\pi = \frac{13}{6}\pi$ liefert x_3 und $z_4 = z_2 + 2\pi = \frac{17}{6}\pi$ liefert x_4).

49. $g'(x) = 8x + \cos\left(\frac{\pi}{3} + x\right);\ G(x) = \frac{4}{3}x^3 - \cos\left(\frac{\pi}{3} + x\right)$

50. Die Gleichung $2\cos^2 x + 3\sin x = 3$ kann natürlich mit dem GTR über die Nullstellen der zugehörigen Funktion gelöst werden.
Eine exakte algebraische Lösung ist unter Verwendung der Pythagoras-Beziehung $\sin^2 x + \cos^2 x = 1$ möglich. Dadurch wird der quadratische Kosinusterm in der Aufgabe durch einen quadratischen Sinusterm ersetzt.

$$2(1 - \sin^2 x) + 3\sin x = 3$$
$$\Leftrightarrow \quad -2\sin^2 x + 3\sin x - 1 = 0$$
$$\Leftrightarrow \quad 2\sin^2 x - 3\sin x + 1 = 0$$

Anschließend substituiert man $\sin x$ mit z und löst die entstehende quadratische Gleichung:
$2z^2 - 3z + 1 = 0 \ \Rightarrow\ z_1 = \frac{3}{4} - \frac{1}{4} = \frac{1}{2};\ \ z_2 = \frac{3}{4} + \frac{1}{4} = 1$
Durch Rücksubstitution ergeben sich schließlich – wie auch bei der grafisch abgelesenen Lösung – aus den Gleichungen $\sin x = \frac{1}{2}$ bzw. $\sin x = 1$ die Lösungen $x_1 = \frac{\pi}{6};\ x_2 = \frac{\pi}{2};\ x_3 = \frac{5\pi}{6}$.

51. Der GTR wird auf Bogenmaß eingestellt, im Funktionen-Editor [Y=] wird der Funktionsterm eingegeben und im [WINDOW]-Fenster werden die angegebenen Intervallgrenzen eingetragen:

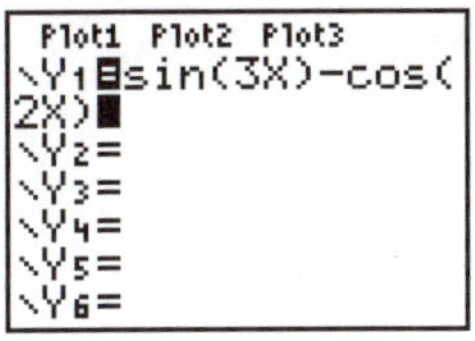

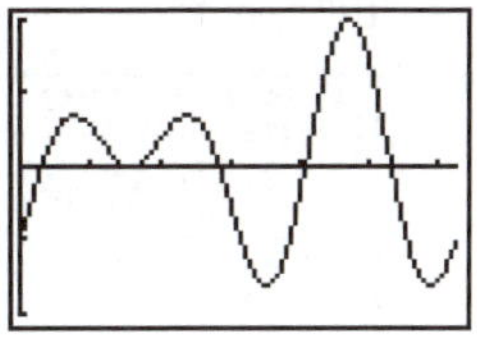

52. Bei der Gleichung $\sin\alpha + 2\cos\alpha = 0$ muss im Gradmaß gearbeitet werden. **Algebraisch** ist man mit der Division durch $\cos\alpha$ (mit $\cos\alpha \neq 0$; an den Stellen, an denen $\cos\alpha = 0$ ist, ist $\sin\alpha \neq 0$ und damit auch die Ausgangsgleichung ungleich null – man verliert also durch diese Einschränkung keine Lösung) auf dem richtigen Weg. Man erhält so:

$\frac{\sin\alpha}{\cos\alpha} + 2 = 0$ bzw. $\tan\alpha = -2 \;\Rightarrow\; \alpha_1 = \arctan(-2) \approx -63{,}4°$

Nach Verschiebung um eine Periodenlänge der Tangensfunktion von 180° ergibt sich der korrekte Wert für die erste Nullstelle mit etwa 116,6°. Eine weitere Addition von 180° ergibt die zweite Nullstelle mit etwa 296,6°.

Bestimmung der Extremstellen

Ableitung (im Bogenmaß) der Funktion $h(x) = \sin x + 2\cos x$ ergibt:

$h'(x) = \cos x - 2\sin x$

Aus $h'(x) = 0$ folgt nach Division durch $\cos x$ $(\neq 0)$:

$1 - 2\tan x = 0$ bzw. $\tan x = \frac{1}{2}$

Lösung im Gradmaß: $\tan\alpha = \frac{1}{2}$ bei $\alpha_3 \approx 26{,}6°$ und $\alpha_4 \approx 206{,}6°$

Entscheidung über die Art des Extremums über Vorzeichenwechsel von h' oder die zweite Ableitung h'' von h.

Grafische Lösung

Zeichnen des Schaubildes der Ausgangsfunktion und anschließend numerisches Bestimmen der entsprechenden Winkel (in den Bildern wird exemplarisch das Maximum bestimmt):

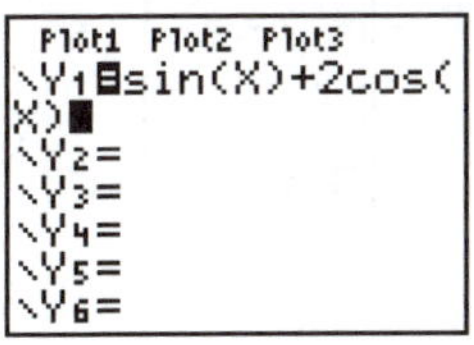

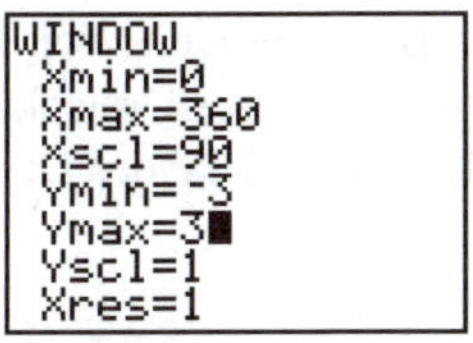

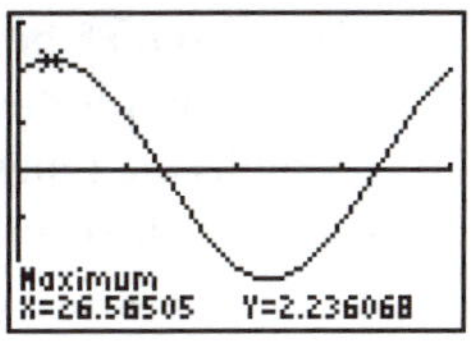

Zusammengefasste Ergebnisse für die zweite Funktion:

Nullstellen bei $\alpha_1 \approx 116{,}6°$; $\alpha_2 \approx 296{,}6°$

Maximalstelle bei $\alpha_3 \approx 26{,}6°$

Minimalstelle bei $\alpha_4 \approx 206{,}6°$

53. **1. Möglichkeit:** Teilung der Fläche durch 3 Sinuskurven $f_1(x)=0{,}25\sin x$; $f_2(x)=0{,}5\sin x$; $f_3(x)=0{,}75\sin x$
(Nachweis ist mithilfe der Linearitätseigenschaft des Integrals leicht durchführbar.)

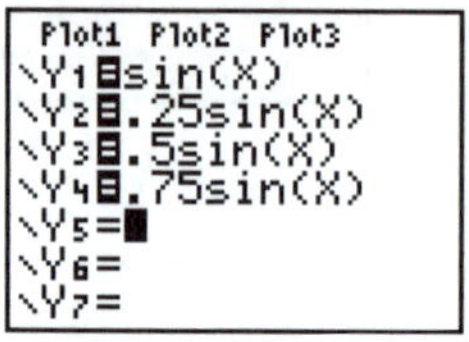

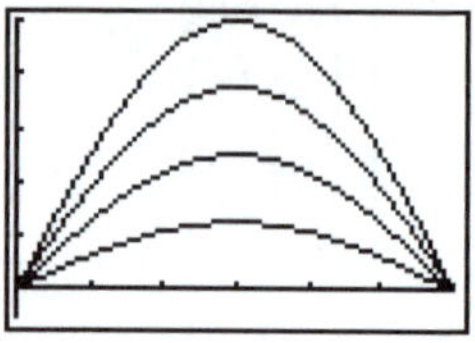

2. Möglichkeit: Teilung durch die Gerade $x=0{,}5\pi$ (Symmetrie des Flächenstücks wird ausgenutzt) und durch das Schaubild von g mit $g(x)=0{,}5\sin x$

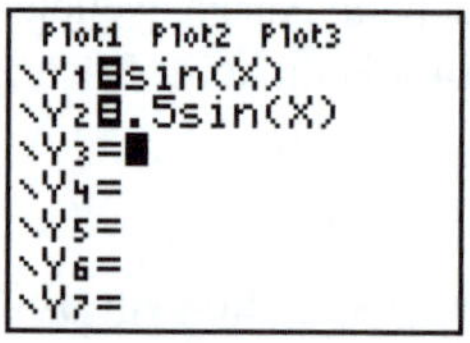

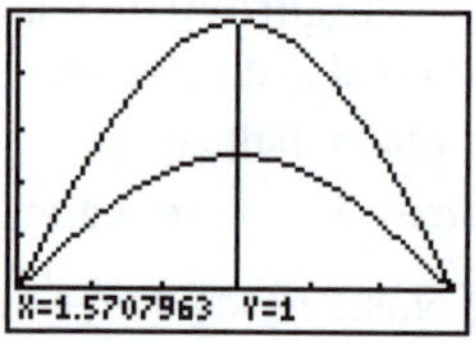

3. Möglichkeit: Teilung durch 3 vertikale Geraden $x_1=c$; $x_2=\frac{\pi}{2}$; $x_3=\pi-c$ (wegen der Symmetrie; $0<c<\frac{\pi}{2}$)
Den exakten Wert für c erhält man durch folgenden Ansatz:

$$\int_0^c \sin x\,dx=\frac{1}{4}\cdot\int_0^\pi \sin x\,dx=\frac{1}{4}(-\cos x)\Big|_0^\pi=\frac{1}{4}(1+1)=\frac{1}{2}$$

Andererseits gilt:

$$\int_0^c \sin x\,dx=-\cos x\,\big|_0^c=-\cos c+1$$

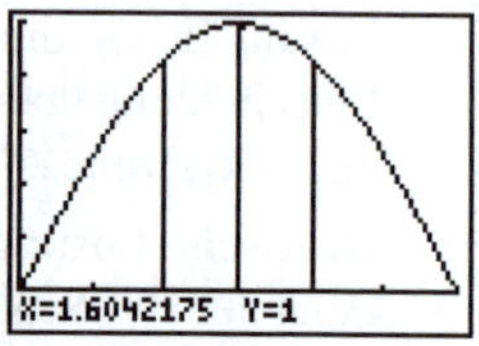

Hieraus lässt sich c mit $0<c<\frac{\pi}{2}$ bestimmen:

$$-\cos c+1=\frac{1}{2}\quad\Leftrightarrow\quad\cos c=\frac{1}{2}\quad\Leftrightarrow\quad c=\frac{\pi}{3}$$

4. Möglichkeit: Jedes der beiden an der Geraden $x=\frac{\pi}{2}$ zusammenstoßenden Dreiecke muss eine Fläche von 0,5 besitzen. Bei einer Höhe von 1 folgt damit für die Grundseite dieses Dreiecks ebenfalls die Länge 1. Die linke Ecke des Dreiecks liegt also bei $\frac{\pi}{2}-1\approx 0{,}57$.

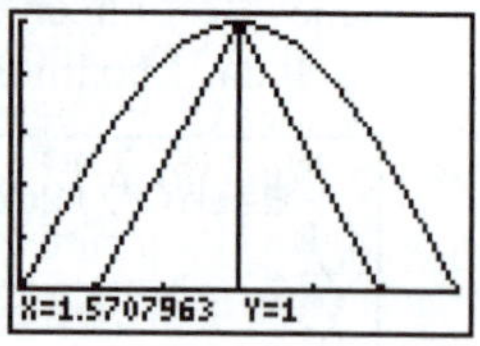

54. $$\int_{\frac{\pi}{4}}^{\frac{\pi}{2}} \frac{1}{\sin^2 x}\,dx=-\frac{\cos x}{\sin x}\Big|_{\frac{\pi}{4}}^{\frac{\pi}{2}}=-\frac{\cos\frac{\pi}{2}}{\sin\frac{\pi}{2}}+\frac{\cos\frac{\pi}{4}}{\sin\frac{\pi}{4}}=-\frac{0}{1}+\frac{\frac{1}{2}\sqrt{2}}{\frac{1}{2}\sqrt{2}}=1$$

55. Für die gesamte Aufgabe ist der GTR auf Bogenmaß eingestellt.

a) Zunächst werden die **Datumsangaben** so **konvertiert**, dass die weitere Auswertung der Daten möglich wird. Außerdem wird die Sonnenscheindauer jeweils in Stunden berechnet.

Datum	15. 01.	12. 03.	23. 04.	04. 06.	14. 08.	25. 09.	27. 11.
Zeit (in Monaten)	0,50	2,40	3,77	5,13	7,47	8,83	10,9
Sonnenscheindauer (in Stunden)	8,38	11,63	14,37	16,38	14,63	12,00	8,35

Hierbei wurde z. B. der 04. 06. folgendermaßen berechnet: Inklusive Mai sind 5 Monate des Jahres vergangen. Jeder Tag zählt ein Dreißigstel eines Monats, der 4. Tag eines Monats wird also mit 4 Dreißigsteln verbucht. Somit ergibt sich für den 04. 06. eine Zeit von $5+\frac{4}{30} \approx 5{,}13$ Monaten.

Bei der Bestimmung der jeweiligen Sonnenscheindauer werden die Minutenanteile in Dezimalen angegeben: $1 \text{ min} = \frac{1}{60} \text{ h} \approx 0{,}0167 \text{ h}$

Die errechneten Werte werden im Listen-Editor ([STAT] <EDIT – Edit>) eingegeben und mit [WINDOW] und [GRAPH] gezeichnet.

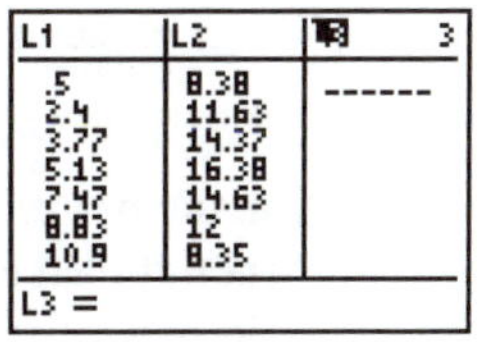

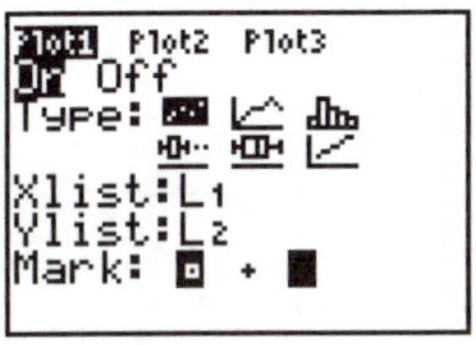

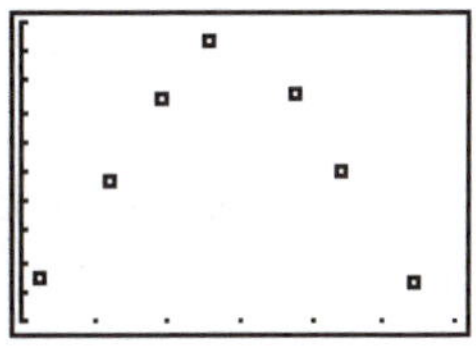

b) **1. Weg (sofern Regressionskurven behandelt worden sind)**

Anhand des vorliegenden Datenmaterials lässt sich vermuten, dass die alljährliche periodische Schwankung der Sonnenscheindauer gut durch eine Sinuskurve approximiert werden kann.

Der GTR übernimmt hier die Bestimmung einer geeigneten Kurve. Mit folgenden Tastenkombinationen lässt sich eine geeignete **Regressionskurve** ermitteln und gleich in Y1 abspeichern:

[STAT] <CALC – SinReg> [L1] [,] [L2] [,] [VARS] <Y-VARS – Function> <Y1>

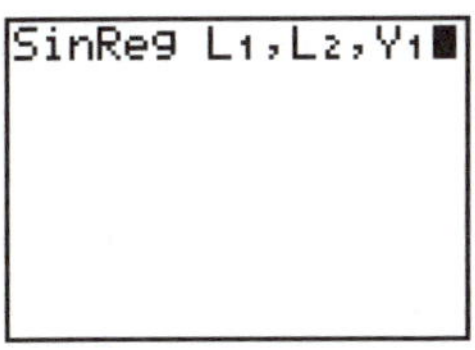

Danach wird mit der Taste GRAPH diese Regressionskurve über die Messpunkte gezeichnet. Am Schaubild sowie aus der Periodenlänge

$\frac{2\pi}{b} \approx \frac{2\pi}{0{,}528} \approx 11{,}9$

ist ersichtlich, dass die Modellierung relativ gut gelungen ist.

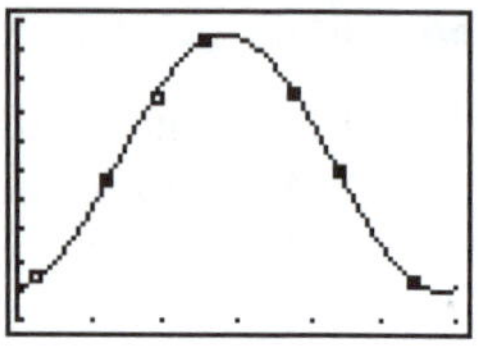

2. Weg (ohne Regressionskurven)

Zu Recht kann vermutet werden, dass sich die Sonnenscheindauer alle 12 Monate wiederholt, dass also sicherlich eine Periodenlänge von 12 vorliegt. Weiterhin liegt die größte Sonnenscheindauer um den 21. Juni herum vor. Der 21. Juni entspricht dem Zeitwert $x = 5{,}70$.
Die Kosinusfunktion hat bei $x = 0$ ein Maximum. Nach Verschiebung dieses Maximums an die Stelle $x = 5{,}70$ erhält man zunächst $\cos(x - 5{,}70)$. Um anstelle von 2π die Periodenlänge von 12 zu erhalten, wird das Argument $(x - 5{,}70)$ mit dem Faktor $\frac{2\pi}{12}$ multipliziert.

Ein geeigneter **Ansatz** ist also folgender Funktionsterm:

$f(x) = a \cdot \cos\left(\frac{2\pi}{12}(x - 5{,}7)\right) + b$

Um die beiden jetzt noch unbekannten Parameter a und b zu bestimmen, benötigt man nur noch zwei – möglichst gegensätzliche – Messpunkte, z. B. den 12. 03. und den 27. 11. Die **Punktprobe** mit den beiden Punkten $M(2{,}40 \,|\, 11{,}63)$ und $N(10{,}90 \,|\, 8{,}35)$ ergibt ein lineares Gleichungssystem:

$$\begin{aligned} f(2{,}40) &= 11{,}63 \\ f(10{,}90) &= 8{,}35 \end{aligned} \quad \Leftrightarrow \quad \begin{aligned} a \cdot \cos\left(\tfrac{2\pi}{12}(2{,}4 - 5{,}7)\right) + b &= 11{,}63 \\ a \cdot \cos\left(\tfrac{2\pi}{12}(10{,}9 - 5{,}7)\right) + b &= 8{,}35 \end{aligned}$$

$$\Leftrightarrow \quad \begin{aligned} -0{,}1564a + b &= 11{,}63 \\ -0{,}9135a + b &= 8{,}35 \end{aligned}$$

Dieses **Gleichungssystem** besitzt die Lösungen $a \approx 4{,}332$ und $b \approx 12{,}308$.
Daraus ergibt sich die Funktion f: $f(x) = 4{,}332\cos\left(\frac{\pi}{6}(x - 5{,}7)\right) + 12{,}308$

Wenn man zwei andere Punkte als Ausgangswerte verwendet, dann variiert das Ergebnis natürlich ein wenig, aber die deutliche Nähe zu den Messpunkten sollte erhalten bleiben.

Nachfolgend sind die wesentlichen Rechenschritte zur Bestimmung der Funktionsgleichung aufgeführt:

- Das **Bestimmen der Faktoren** (also der Kosinusterme) vor der Variablen a erfolgt wie im Bild rechts gezeigt. Das Ergebnis wird dabei für die Eingabe in der Matrix [A] in der Variablen R bzw. in der Variablen S zwischengespeichert.

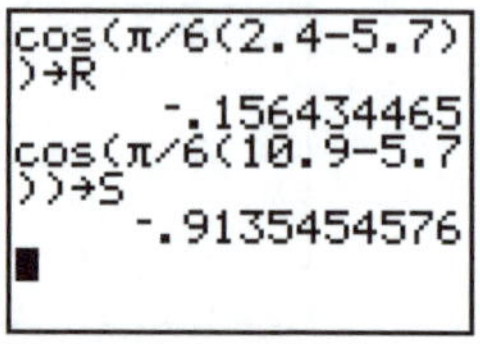

- **Eingabe des linearen Gleichungssystems**
  [MATRIX] <EDIT – [A]> [2] [ENTER] [3] [ENTER]
  Die Eingabe der Koeffizienten erfolgt immer durch [ENTER] getrennt; die Werte in der ersten Spalte der Matrix können der Genauigkeit wegen durch die Speichervariablen R bzw. S eingetragen werden.

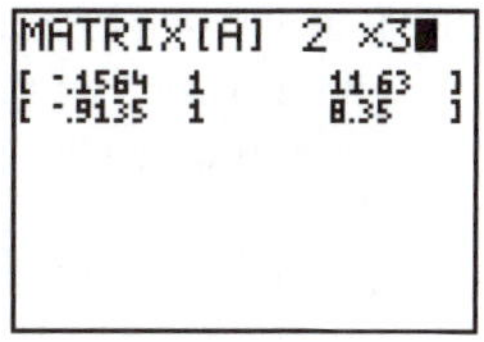

- **Lösen des linearen Gleichungssystems**
  [QUIT] um in den Hauptbildschirm zurückzukehren
  [MATRIX] <MATH – rref(> [MATRIX] <NAMES – [A]> [)]
  [ENTER]

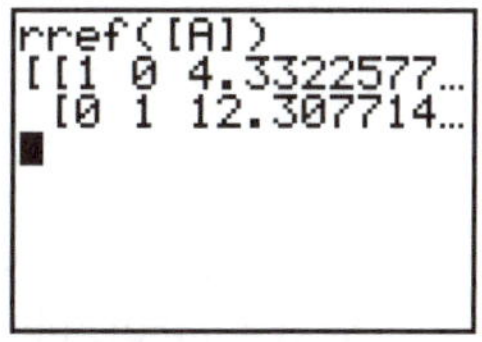

- **Erstellen des Schaubilds**
  Eingabe der Funktionsgleichung im Funktionen-Editor über die Taste [Y=]; Zeichnen des Schaubilds über die [GRAPH]-Taste.

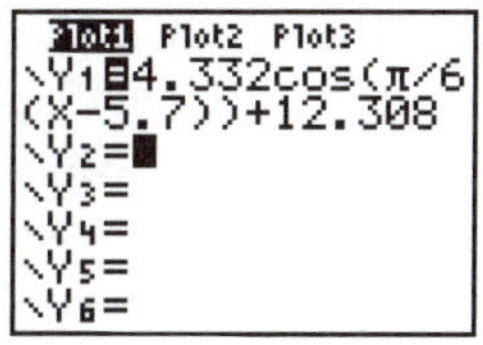

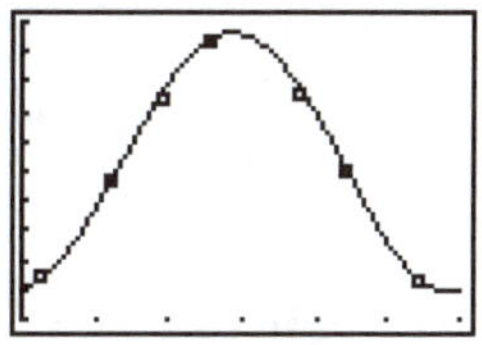

c) Es wird die in Aufgabenteil b bestimmte Funktion f verwendet.

Anfang Juni entspricht dem x-Wert 5 und Ende August dem x-Wert 8. Also wird berechnet:

$$D = \frac{1}{3} \cdot \int_5^8 f(x)\,dx$$

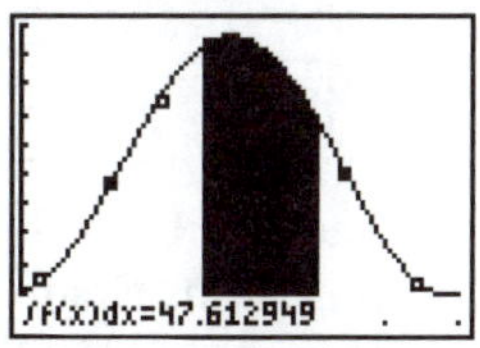

Dies geht am einfachsten grafisch und numerisch (im Grafikbildschirm über [CALC] <∫f(x)dx>).

Man erhält also eine mittlere Sonnenscheindauer von ca. 15 Stunden und 52 Minuten.

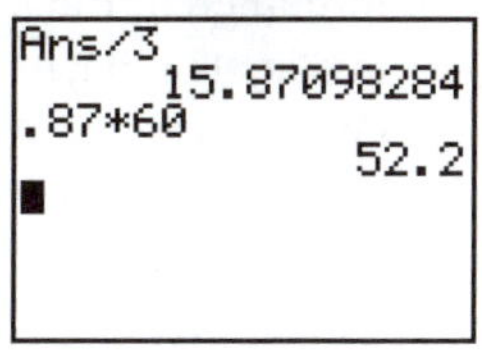

56. Entscheidend für diese Aufgabe ist, einen guten Ansatz zu finden, der die Form des zu optimierenden Dreiecks beschreibt.
Ziel ist es, die Fläche des Dreiecks zu maximieren; hierfür benötigt man die Grundseite und die Höhe des Dreiecks. Aus der Skizze wird abgelesen:
Grundseite $g = 2x$; Höhe $h = r + y$
Nun benötigt man eine Größe, mit der man sowohl die Grundseite als auch die Höhe ausdrücken kann, damit die Flächenformel nur noch von einer Variablen abhängt.
Dann kann die entstehende Extremwertaufgabe gelöst werden.

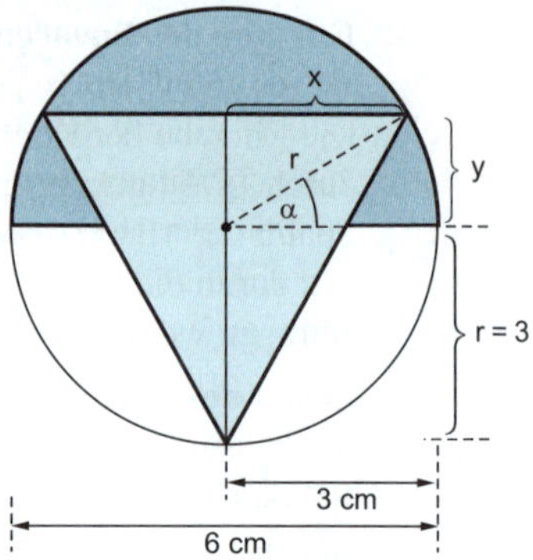

Hier wird der eingezeichnete Winkel α gewählt und damit werden die Höhe und die Grundseite ausgedrückt:

$g = 2x = 2r \cdot \cos\alpha$

$h = r + y = r + r\sin\alpha$

Daraus ergibt sich für die Fläche des Dreiecks:

$A(\alpha) = \frac{1}{2} g \cdot h = \frac{1}{2} \cdot 2r \cdot \cos\alpha \cdot (r + r \cdot \sin\alpha) = r^2 \cdot \cos\alpha \cdot (1 + \sin\alpha)$

Das Schaubild dieser Funktion kann mit dem GTR gezeichnet werden; anschließend werden der optimale Winkel sowie die maximale Fläche über [CALC] <maximum> bestimmt.

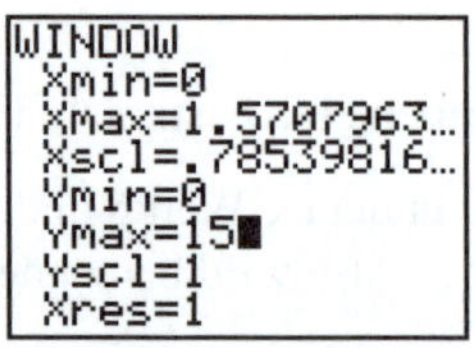

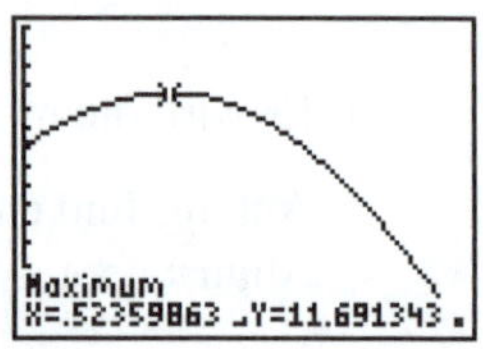

Nach der Umrechnung des optimalen Winkels vom Bogen- ins Gradmaß kann man folgendes Ergebnis formulieren: Ein Winkel von genau 30° ergibt den maximalen Flächeninhalt von etwa 11,69 cm².
(Wenn man von Anfang an im Gradmaß gearbeitet hätte, dann hätte man sich die Umrechnung ins Gradmaß sparen können.)

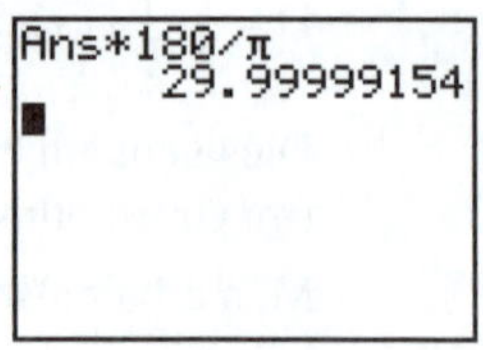

Alternativ zu dieser reinen GTR-Lösung ist es auch möglich, die Flächenfunktion nach dem Winkel abzuleiten (dann aber nur im Bogenmaß, damit die Ableitung korrekt gebildet werden kann) und gleich null zu setzen. Hier kann man sich dann sogar auf rein algebraische Umformungen beschränken und damit den exakten Wert von $\frac{\pi}{6} \triangleq 30°$ nachweisen.

57. Da man den Zusammenhang zwischen verstrichener Zeit und den eingestellten Winkeln in allen Teilaufgaben benötigt, wird dieser zuerst bestimmt (beide Winkel werden gegenüber der Horizontalen gemessen): Der große Karussellarm dreht sich 10-mal pro Minute, er legt also in jeder Minute den Winkel 20π zurück, also pro Sekunde $\frac{1}{3}\pi$.

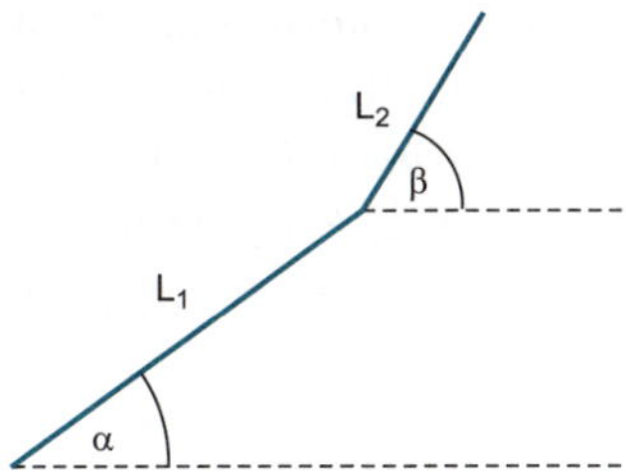

In t Sekunden wird also der Winkel $\alpha(t) = \frac{1}{3}\pi\, t$ überstrichen.

Ähnlich kann man den Winkel β ausdrücken. Der Korbarm dreht sich doppelt so schnell, hat jedoch in der Ausgangsstellung bei $-\frac{\pi}{2}$ begonnen. Daher kann man diesen Winkel durch $\beta(t) = \frac{2}{3}\pi\, t - \frac{\pi}{2}$ ausdrücken.

a) Für die drei angegebenen Zeiten ergeben sich folgende **Winkelpositionen** (jeweils gemessen gegenüber der Horizontalen):

Zeit t in Sekunden	1	2	3
Winkel α	$\frac{\pi}{3} \triangleq 60°$	$\frac{2\pi}{3} \triangleq 120°$	$\pi \triangleq 180°$
Winkel β	$\frac{2\pi}{3} - \frac{\pi}{2} \triangleq 30°$	$\frac{4\pi}{3} - \frac{\pi}{2} \triangleq 150°$	$2\pi - \frac{\pi}{2} \triangleq 270°$

Damit lassen sich die drei Positionen leicht skizzieren.

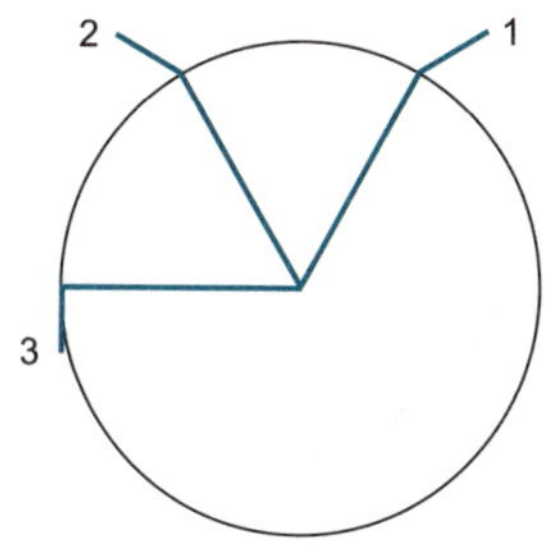

b) Wenn die beiden **Arme ausgestreckt** sind, dann unterscheiden sich α und β um ganzzahlige Vielfache von 2π. In der ersten ausgestreckten Position ist nach der Ausgangslage $\alpha(t) = \beta(t)$.
Deshalb muss gelten:
$\frac{\pi}{3} t = \alpha(t) = \beta(t) = \frac{2\pi}{3} t - \frac{\pi}{2}$

Nach Division durch π und Auflösen nach t erhält man:
$\left(\frac{2}{3} - \frac{1}{3}\right) t = \frac{1}{2} \iff t = \frac{3}{2}$

Nach 1,5 Sekunden ist zum ersten Mal die gestreckte Lage erreicht.

c) Die **horizontale Auslenkung** des Korbs gegenüber der Karussellmitte lässt sich mithilfe rechtwinkliger Dreiecke bestimmen:

$$W(t) = L_1 \cdot \cos\alpha + L_2 \cdot \cos\beta$$
$$= L_1 \cdot \cos\left(\tfrac{\pi}{3}t\right) + L_2 \cdot \cos\left(\tfrac{2\pi}{3}t - \tfrac{\pi}{2}\right)$$

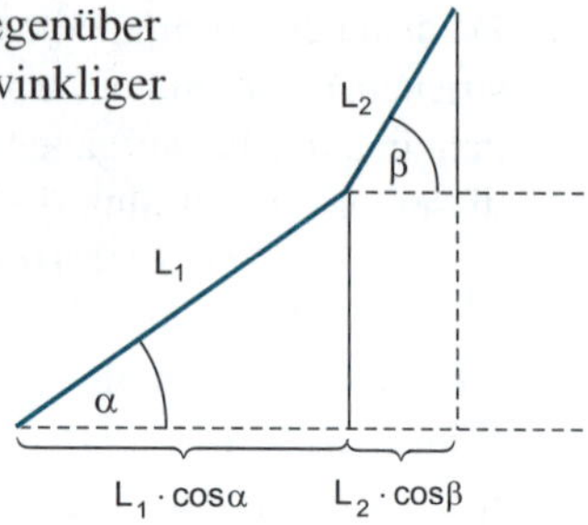

Mit dem GTR erstellt man ein entsprechendes Schaubild und bestimmt über das [CALC]-Menü das Maximum.

Nach 0,36 Sekunden wird mit ca. 6,20 m – 5,28 m = 92 cm zum ersten Mal der kleinste Abstand zur Mauer erreicht.

58. In dieser Aufgabe geht man von einer **symmetrischen Anordnung** aus, da alle drei Bretter die gleiche Breite besitzen. Hier wird die Lösung im Bogenmaß realisiert; mindestens genauso gut ist die Bearbeitung im Gradmaß.

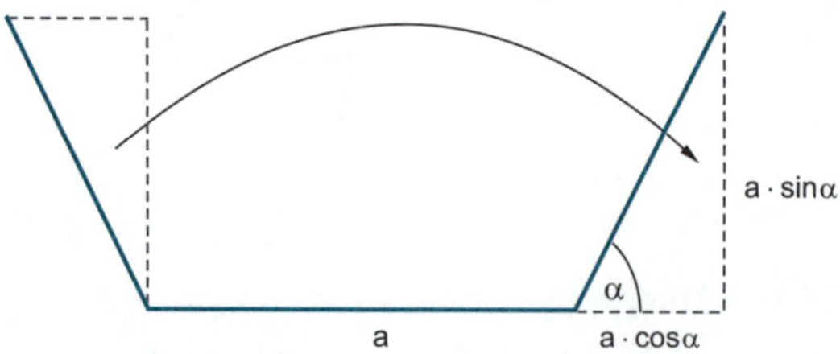

Für die Wasserrinne bietet es sich an, den Winkel α der beiden Seitenwände gegenüber der Horizontalen als freie Variable zu verwenden und damit die optimale Wanne zu beschreiben.
Die optimale Wanne hat eine **möglichst große Querschnittsfläche**. Diese kann man – ausgedrückt durch den Winkel α sowie die Brettbreite a – bestimmen:
Setzt man das linke Dreieck in der Wasserrinne an die rechte Seite, dann entsteht ein zur Wanne flächengleiches Rechteck mit den Seitenlängen $a \cdot \sin\alpha$ und $a + a \cdot \cos\alpha$. Man erhält somit als Querschnittsfläche der Wasserrinne:

$$A(\alpha) = (a + a \cdot \cos\alpha)a \cdot \sin\alpha = (1 + \cos\alpha)a^2 \cdot \sin\alpha$$

Das Schaubild dieser Funktion wird mit dem GTR gezeichnet und hinsichtlich des Maximums mittels [CALC] ausgewertet:

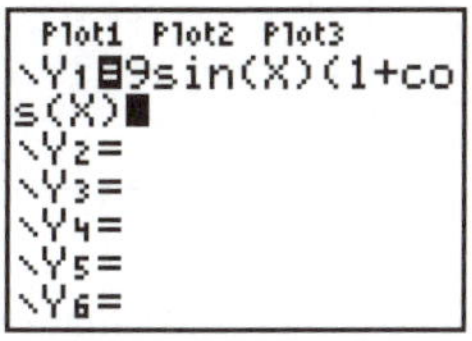

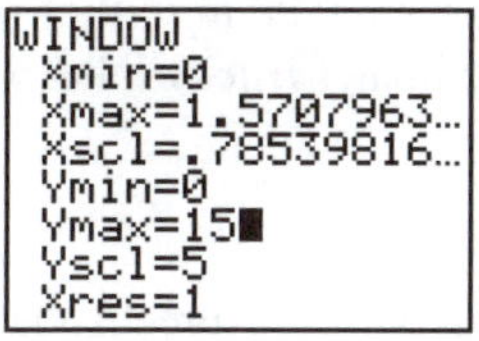

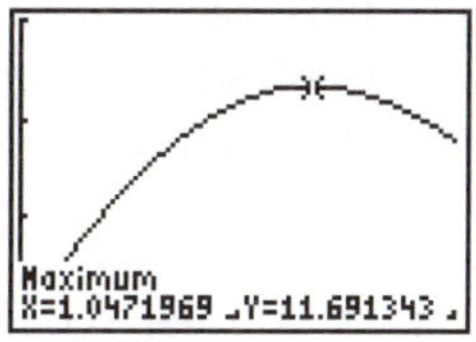

Wandelt man den am GTR abgelesenen optimalen Winkel 1,0471969 im Hauptbildschirm noch ins Gradmaß um, dann ergibt sich:
Die optimale Wasserrinne hat bei einem Stellwinkel von 60° die größtmögliche Querschnittsfläche von ca. 11,7 dm^2.

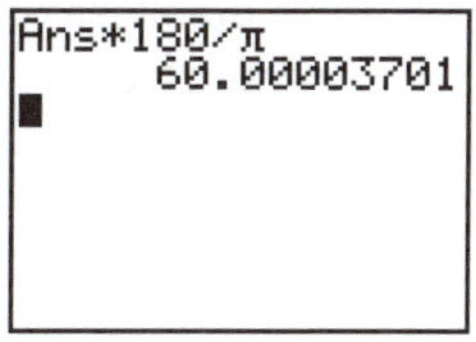

Ein schönes Nebenergebnis ist übrigens hieraus noch ersichtlich: Spiegelt man die Rinne an der Geraden durch die beiden Endpunkte der Rinne, dann entsteht ein Sechseck. Da die optimalen Rinnenwände um 60° gegenüber der Horizontalen geneigt sind, erhält man so die Eigenschaft, dass das regelmäßige Sechseck unter den umfanggleichen (symmetrischen) Sechsecken das flächengrößte ist.

59. Der eingezeichnete **Winkel ω ist zu optimieren**, wobei die horizontale Entfernung x zur Hausfront variabel ist. Diese Aufgabe wird mit Winkeln im Bogenmaß gelöst.

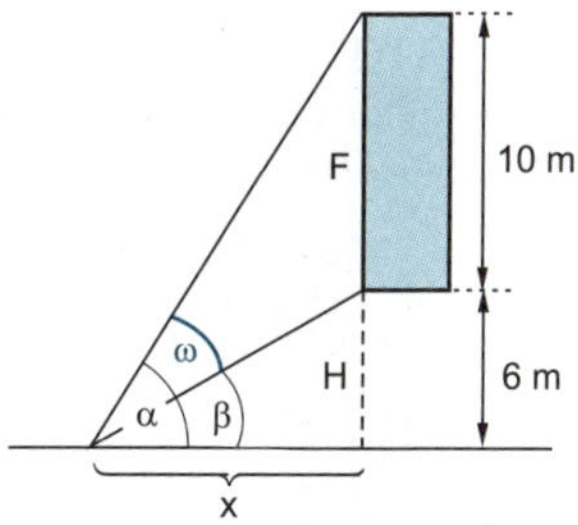

Angabe des Winkels ω in Abhängigkeit von der horizontalen Entfernung x: $\omega(x) = \alpha(x) - \beta(x)$
Dabei gilt:

$$\tan(\alpha(x)) = \frac{F+H}{x} = \frac{16}{x}; \quad \tan(\beta(x)) = \frac{H}{x} = \frac{6}{x}$$

Nun ergibt sich durch Einsetzen für die **Funktion ω:**

$$\omega(x) = \arctan\frac{16}{x} - \arctan\frac{6}{x}$$

Die Funktion arctan stellt die Umkehrfunktion der Tangensfunktion dar.
Das entsprechende Funktionsschaubild wird mit dem GTR gezeichnet und im Grafikfenster wird mit [CALC] das Maximum bestimmt:

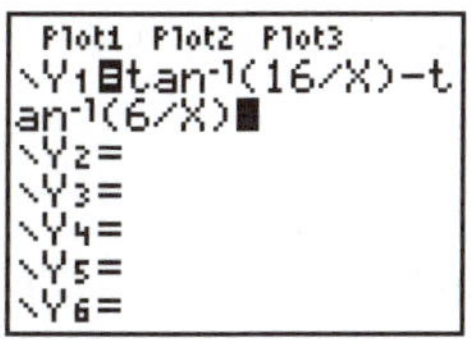

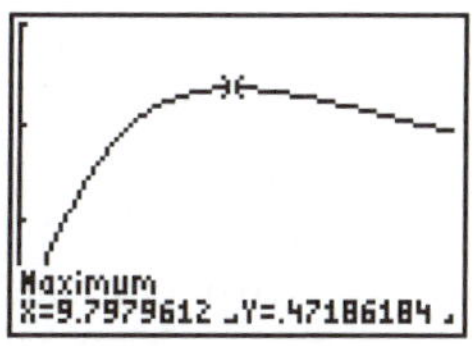

Im Hauptbildschirm wird der optimale Winkel ins Gradmaß umgewandelt.
Bei einer Entfernung von ca. 9,80 m seitlich vom Gebäude aus ist ein maximaler Blickwinkel von ca. 27° möglich.

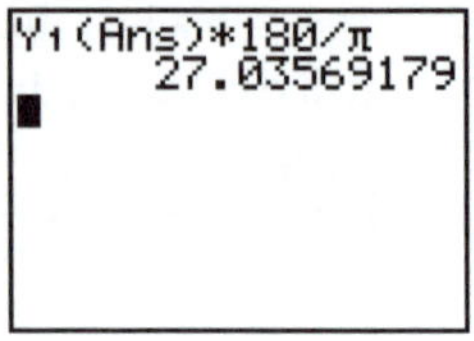

60. a) Aus der Skizze werden die entsprechenden geometrischen Informationen entnommen (die Winkel in dieser Aufgabe werden wieder im Bogenmaß betrachtet).

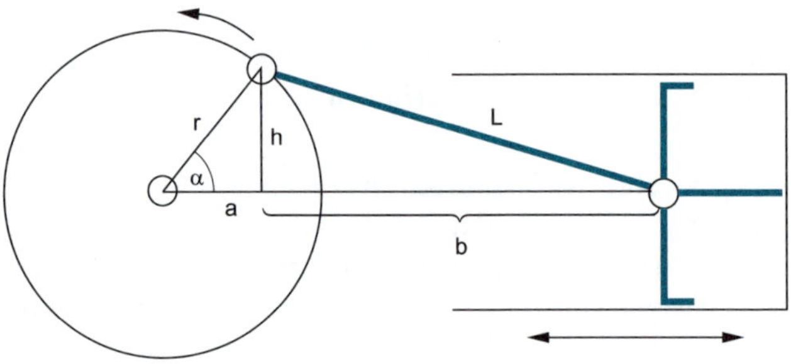

$a = r \cdot \cos\alpha \qquad h = r \cdot \sin\alpha \qquad b = \sqrt{L^2 - h^2} = \sqrt{L^2 - r^2 \sin^2\alpha}$

Damit kann die **Position des Kolbens** in Abhängigkeit vom Winkel α angegeben werden:
$W(\alpha) = a + b = r\cos\alpha + \sqrt{L^2 - r^2 \sin^2\alpha}$
Für eine entsprechende Zeichnung werden die Angaben von Teil c ($L = 2$; $r = 0{,}6$) verwendet:

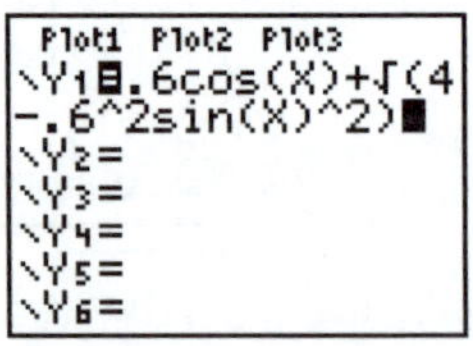

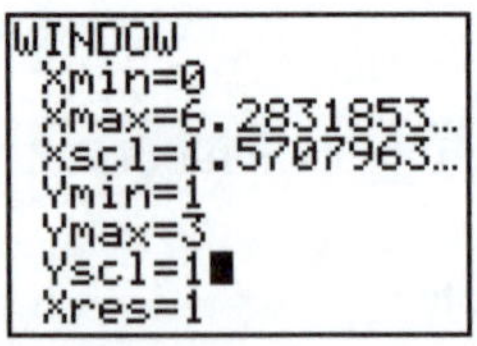

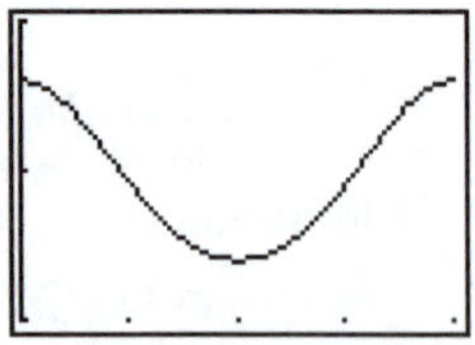

b) Das in Aufgabenteil a erhaltene Schaubild hat **Ähnlichkeit mit der Kosinuskurve**. Dies legt nahe, zusätzlich zu der gezeichneten Ortsfunktion noch das Schaubild der Kosinusfunktion zu erstellen und die beiden Kurven dann zu vergleichen. Die größte Auslenkung nach rechts liegt bei
$x = r + L = 2{,}6$;
die größte Auslenkung nach links bei
$x = -r + L = 1{,}4$.
Also gibt man der **Vergleichskurve** die Amplitude $A = \frac{2{,}6 - 1{,}4}{2} = 0{,}6$.

Man legt die Mittellinie auf y = 2 und erhält so mit der Periode 2π eine sinnvolle Vergleichsfunktion g mit $g(x) = 0{,}6\cos x + 2$.

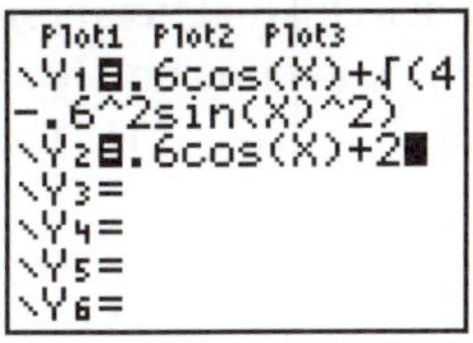

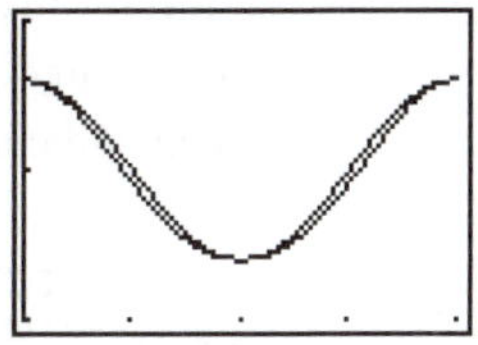

Die Abweichung von der Kosinuskurve ist sehr klein. Für eine **quantitative Abschätzung** bestimmt man nun noch die Differenz dieser beiden Kurven. Hierbei muss im [WINDOW]-Fenster ein geeigneter Zeichenbereich eingetragen werden (Ymin = [(-)] 0 [.] 1 und Ymax = 0 [.] 1).

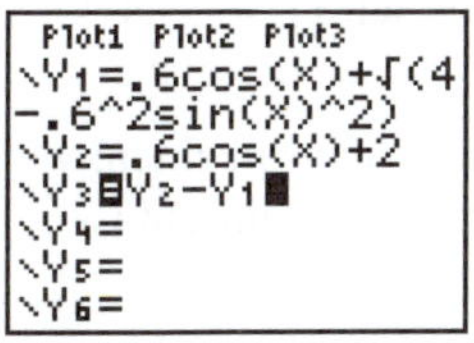

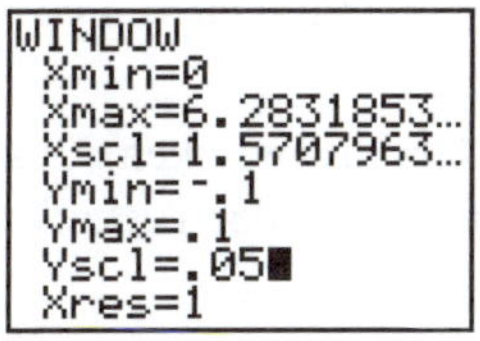

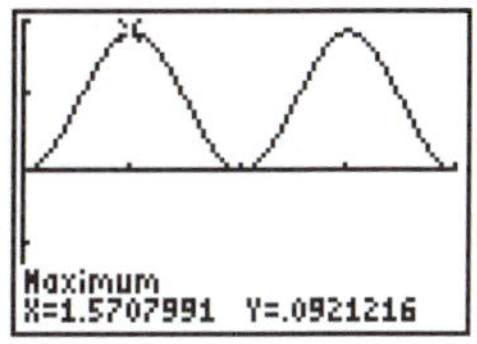

Die **maximale Abweichung** ist also bei etwa 90° und 270° am größten und beträgt ca. 9,2 cm.
Weiterführend könnte man jetzt noch konstatieren, dass die Abweichungen beliebig klein gemacht werden können, wenn man nur die Stablänge entsprechend groß wählt, weil dann die Kolbenstange nahezu horizontal geführt wird. Hier hat man in der Praxis also ein bequemes Instrument, die Abweichung unter ein vorgegebenes Maß zu drücken.

c) Um die **maximale Geschwindigkeit** des Kolbens zu bestimmen, muss man die **horizontale Position des Kolbens** zunächst in Abhängigkeit von der Zeit t ausdrücken.
Das Rad dreht sich in jeder Sekunde zweimal, legt also in jeder Sekunde den Winkel $2 \cdot 2\pi = 4\pi$ zurück. Damit kann der Winkel in Abhängigkeit von der Zeit t ausgedrückt werden: $\alpha(t) = 4\pi \cdot t$
Damit folgt für die **Horizontalfunktion** in Abhängigkeit von der Zeit t:

$$H(t) = a + b = r \cdot \cos\alpha + \sqrt{L^2 - r^2 \cdot \sin^2\alpha}$$

$$= r \cdot \cos(4\pi \cdot t) + \sqrt{L^2 - r^2 \cdot \sin^2(4\pi \cdot t)}$$

Zeichnung der Horizontalfunktion im Bereich einer Sekunde mit GTR:

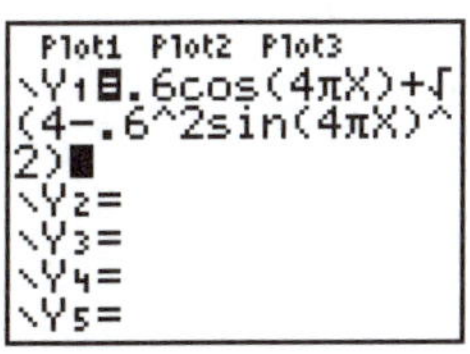

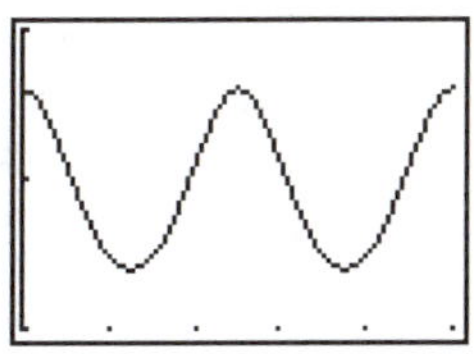

Nun muss man noch berücksichtigen, dass die **Geschwindigkeitsfunktion** gerade die **Ableitung dieser** soeben bestimmten **Ortsfunktion** ist. Man muss also das Maximum der Ableitung der Ortsfunktion bestimmen. Dazu zeichnet man mit dem GTR die Ableitungsfunktion und benutzt nach entsprechender Anpassung des Zeichenbereichs die GTR-Funktion [CALC] <maximum>:

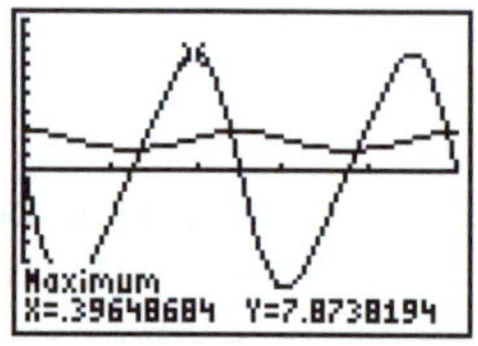

Die maximale Geschwindigkeit von ca. $7{,}9\ \frac{m}{s}$ wird also nach knapp 0,4 s erreicht.

Bemerkung: Die Geschwindigkeitsfunktion verläuft in einem weiten Bereich nahezu linear, was in der Technik durchaus erwünscht ist.

61. a) **1. Fall: $0 \le x \le \pi$**

Für das Wasservolumen gilt $V = G \cdot h$, wobei G der Flächeninhalt des bedeckten Kreissegments ist. Der Flächeninhalt des Kreissegments ergibt sich dabei als Differenz der Flächeninhalte des Kreisausschnitts und des darin liegenden Dreiecks ABM.

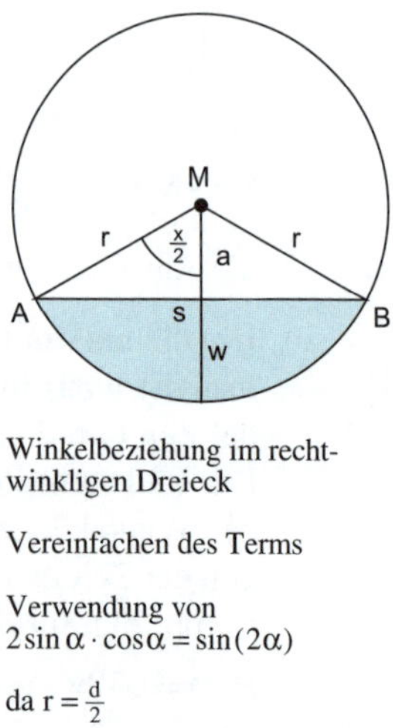

Mithilfe des Anteils $\frac{x}{2\pi}$ der Ausschnittfläche an der Kreisfläche folgt damit (A_S = Fläche des Kreisausschnitts, A_D = Fläche des Dreiecks):

$$V = G \cdot h = (A_S - A_D)h = \left(\frac{x}{2\pi}\pi \cdot r^2 - \frac{1}{2}s \cdot a\right)h$$

$$= \left(\frac{x}{2}r^2 - \frac{1}{2} \cdot 2\left(r \cdot \sin\frac{x}{2}\right)\left(r \cdot \cos\frac{x}{2}\right)\right)h$$

Winkelbeziehung im rechtwinkligen Dreieck

$$= \left(\frac{x}{2}r^2 - \frac{r^2}{2} \cdot 2\sin\frac{x}{2} \cdot \cos\frac{x}{2}\right)h$$

Vereinfachen des Terms

$$= \frac{r^2 h}{2}(x - \sin x) = \frac{d^2 h}{8}(x - \sin x)$$

Verwendung von $2\sin\alpha \cdot \cos\alpha = \sin(2\alpha)$

da $r = \frac{d}{2}$

2. Fall: $\pi < x < 2\pi$

Für die Grundfläche G gilt in diesem Fall:

$G = A_K - A_S + A_D$

(A_K = gesamte Kreisfläche, A_S = Sektorfläche über dem Winkel 2φ, A_D = Fläche des Dreiecks AMB)

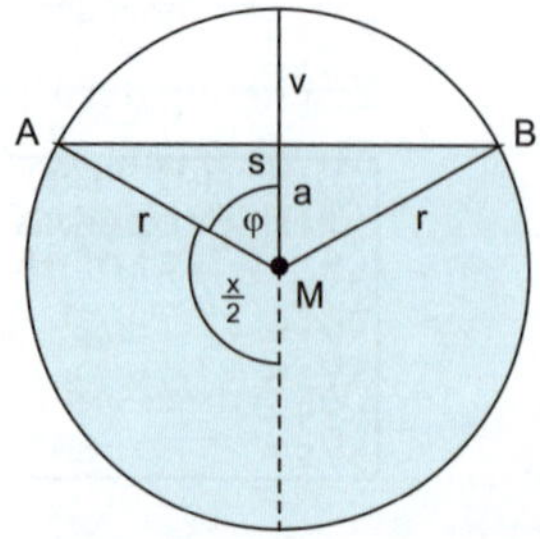

$$V = G \cdot h = (A_K - A_S + A_D)h$$

$$= \left(\pi \cdot r^2 - \frac{2\varphi}{2\pi}\pi \cdot r^2 + \frac{1}{2}s \cdot a\right)h \qquad \text{Winkelbeziehungen}$$

$$= \left(\pi \cdot r^2 - \frac{2\varphi}{2}r^2 + \frac{1}{2} \cdot 2(r \cdot \sin\varphi)(r \cdot \cos\varphi)\right)h \qquad \text{Vereinfachen des Terms}$$

$$= \left(\pi \cdot r^2 - \varphi \cdot r^2 + \frac{r^2}{2} \cdot 2\sin\varphi \cdot \cos\varphi\right)h \qquad \pi - \varphi = \frac{x}{2}$$

$$= \left(\frac{x}{2}r^2 + \frac{r^2}{2} \cdot 2\sin\left(\pi - \frac{x}{2}\right) \cdot \cos\left(\pi - \frac{x}{2}\right)\right)h \qquad \text{Verwendung von } 2\sin\alpha \cdot \cos\alpha = \sin(2\alpha)$$

$$= \frac{r^2 h}{2}(x + \sin(2\pi - x)) = \frac{d^2 h}{8}(x - \sin x) \qquad \text{da } \sin(2\pi - x) = -\sin x \text{ und } r = \frac{d}{2}$$

b) Um mit der Einheit Liter arbeiten zu können, werden die Längen in Dezimetern angegeben.
Mit $d = 12$ dm, $h = 18$ dm und der Wasserhöhe $w = 2$ dm erhält man
$a = r - w = 4$ dm
und aus
$\cos\frac{x}{2} = \frac{a}{r} = \frac{4}{6} = \frac{2}{3}$
den Mittelpunktswinkel
$x_1 = 2\arccos\frac{2}{3} \approx 1{,}682$
und damit
$V = \frac{18 \cdot 12^2}{8}(x_1 - \sin x_1) \approx 223\ \text{dm}^3$
Im Fass sind dann ca. 223 Liter Wasser.

Zur Bestimmung des zu 1000 Litern Wasser gehörenden Mittelpunktswinkels zeichnet man das Schaubild der Funktion V und bestimmt numerisch die Lösung der Gleichung $V(x) = 1000$.
Einstellen des Bogenmaßes mittels [MODE], Funktionseingabe mit [Y=], Fenstereinstellung mit [WINDOW], Zeichnen des Schaubilds von V und der Geraden $y = 1000$ mit [GRAPH] und Bestimmung der numerischen Lösung mit [CALC] <intersect>:

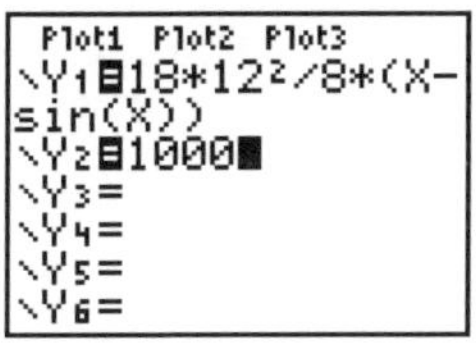

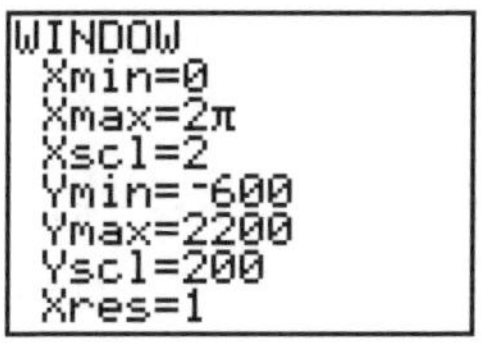

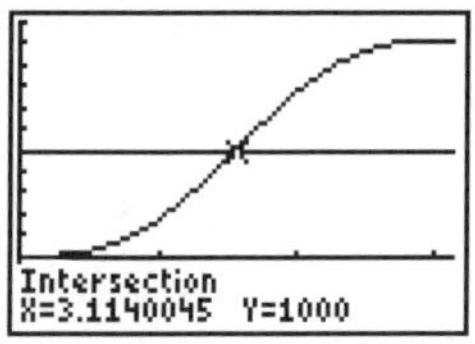

Mit dem entsprechenden Winkel $x_2 \approx 3{,}114$ (Wert im Hauptbildschirm in einer Speichervariablen zwischenspeichern!) ergibt sich:

$w = r - a = r - r \cdot \cos\frac{x_2}{2} \approx 5{,}92$ dm

Der Wasserspiegel liegt bei einer Höhe von ca. 59,2 cm.

c) Das Volumen ist mit dem Mittelpunktswinkel über die angegebene Funktion verknüpft. Anhand von

$$V'(x) = \frac{hd^2}{8}(1-\cos x)$$

sieht man, dass bei $x=\pi$ die Volumenänderungsrate V' maximal ist (da der Kosinus an dieser Stelle seinen kleinsten Wert –1 annimmt). Zu einer vorgegebenen kleinen Winkeländerung Δx gehört an dieser Stelle also eine maximale Volumenänderung ΔV. Umgekehrt gehört an dieser Stelle zu einer vorgegebenen Volumenänderung ΔV eine minimale Winkeländerung Δx. Daher ändert sich der zugehörige Mittelpunktswinkel an dieser Stelle am wenigsten, wenn man eine gleichbleibende Zuflussrate annimmt.

Eine noch anschaulichere und völlig ausreichende Begründung wäre auch die folgende: Bei einem Mittelpunktswinkel von $180° \mathrel{\hat{=}} \pi$ ist das Fass gerade zur Hälfte gefüllt. In diesem Fall besitzt die Wasseroberfläche die maximal mögliche Breite d. Deshalb verteilt sich die in einer Zeiteinheit einlaufende Wassermenge auf die maximal mögliche Oberfläche. Somit steigt der Wasserspiegel entsprechend langsam an.

62. a) Multiplikation mit e^x ergibt:

$$e^{2x} - 2e^x + 1 = 0 \qquad \text{Substitution } u = e^x$$

$$u^2 - 2u + 1 = 0 \Leftrightarrow (u-1)^2 = 0 \Leftrightarrow u = 1 \qquad \text{Resubstitution}$$

$$e^x = 1 \Leftrightarrow x = 0$$

$$\mathbb{L} = \{0\}$$

b)
$$(e^{x-2}-1)(x^2-4x) = 0$$

$$\Leftrightarrow \quad e^{x-2} - 1 = 0 \quad \text{oder} \quad x^2 - 4x = 0$$

$$e^{x-2} = 1 \qquad x(x-4) = 0$$

$$x - 2 = \ln 1 = 0 \qquad x_2 = 0 \quad \text{oder} \quad x_3 = 4$$

$$x_1 = 2$$

$$\mathbb{L} = \{0;\, 2;\, 4\}$$

63. $f'(x) = 3e^{3x}(1+e^{-3x})^2 + e^{3x} \cdot 2(-3e^{-3x})(1+e^{-3x})$

$$= \left(3e^{3x}(1+e^{-3x}) + e^{3x}(-6e^{-3x})\right)(1+e^{-3x})$$

$$= (3e^{3x} + 3 - 6)(1+e^{-3x}) = 3(e^{3x}-1)(1+e^{-3x})$$

$$= 3(e^{3x} - e^{-3x})$$

64. a) $\mathbb{D}=\mathbb{R}\setminus\{0\}$; keine Nullstellen;

$f(x)\xrightarrow[x\to 0^-]{}-\infty$; $f(x)\xrightarrow[x\to 0^+]{}\infty$

Daraus ergibt sich die senkrechte Asymptote $x=0$ (mit Vorzeichenwechsel; Nullstelle des Nenners mit Vorzeichenwechsel).

$f(x)=\frac{e^x+1}{e^x-1}=\frac{1+e^{-x}}{1-e^{-x}}\xrightarrow[x\to\infty]{}\frac{1+0}{1-0}=1$; $f(x)\xrightarrow[x\to-\infty]{}\frac{0+1}{0-1}=-1$

Das Schaubild hat zwei horizontale Asymptoten: $y=1$ und $y=-1$.

b) $\mathbb{D}=\mathbb{R}$; Nullstelle $N(0\,|\,0)$;

$f(x)\xrightarrow[x\to\infty]{}0$; $f(x)\xrightarrow[x\to-\infty]{}\infty$;

horizontale Asymptote: $y=0$ (für $x\to\infty$)

c) $\mathbb{D}=\mathbb{R}\setminus\{-2;2\}$; Nullstelle $N(\ln 2\,|\,0)$;

$f(x)\xrightarrow[x\to-\infty]{}0$; $f(x)\xrightarrow[x\to\infty]{}\infty$;

horizontale Asymptote: $y=0$ (für $x\to-\infty$)

$f(x)\xrightarrow[x\to-2^-]{}-\infty$; $f(x)\xrightarrow[x\to-2+]{}\infty$;

$f(x)\xrightarrow[x\to 2^-]{}-\infty$; $f(x)\xrightarrow[x\to 2^+]{}\infty$

Es ergeben sich die zwei senkrechten Asymptoten $x=-2$ und $x=2$ (mit Vorzeichenwechsel).

d) $\mathbb{D}=\mathbb{R}\setminus\{0\}$; keine Nullstelle, da die Nullstelle des Zählers nicht im Definitionsbereich liegt;

$f(x)\xrightarrow[x\to\infty]{}0$; $f(x)\xrightarrow[x\to-\infty]{}-\infty$

Horizontale Asymptote: $y=0$ (für $x\to\infty$)

Das Verhalten an der Definitionslücke ist schwer zu bestimmen, da sowohl Zähler als auch Nenner an dieser Stelle null werden.

Mithilfe des GTR ergibt sich an der Stelle $x=0$ keine senkrechte Asymptote (sondern eine auf dem Bildschirm nicht sichtbare Lücke):

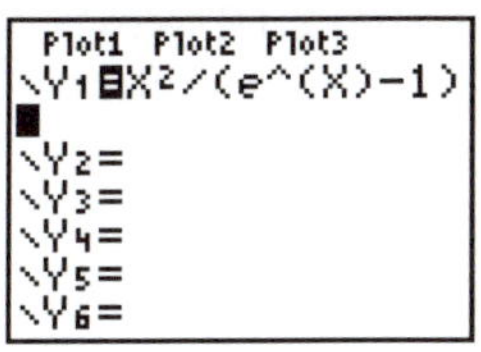

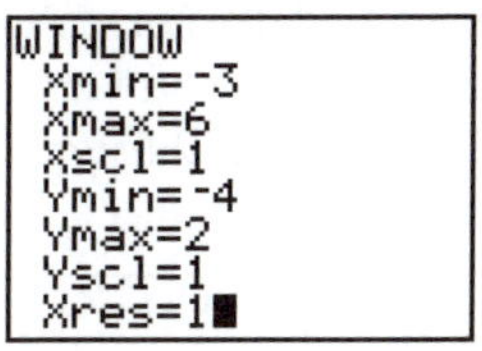

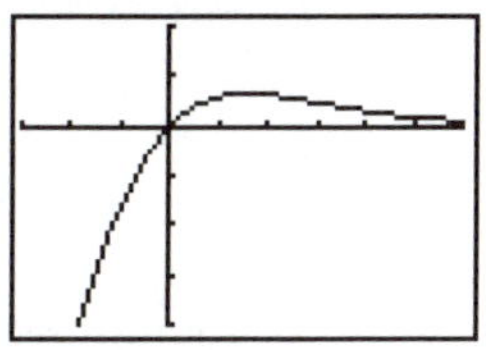

Alternativ kann man diesen Nachweis auch analytisch mithilfe des (in Baden-Württemberg allerdings nicht verbindlich vorgeschriebenen) Satzes von de l'Hôpital führen.

Dieser besagt, dass für eine Funktion, die als Quotient zweier an einer Stelle a differenzierbarer Funktionen u und v darstellbar ist, gilt (sofern u(a) = 0 und v(a) = 0 sind):

$$\lim_{x \to a} f(x) = \lim_{x \to a} \frac{u(x)}{v(x)} = \lim_{x \to a} \frac{u'(x)}{v'(x)}$$

Angewandt auf die gegebene Funktion gilt also:

$$\lim_{x \to 0} \frac{x^2}{e^x - 1} = \lim_{x \to 0} \frac{2x}{e^x} = 0$$

65. a) Wegen der langfristig zu erwartenden Herstellungskosten von 280 € gilt wegen $\lim\limits_{x \to \infty} f(x) = a$: $a = 280$

Auf dem Schaubild von f müssen weiterhin die beiden Punkte A(6 | 510,5) und B(12 | 406,5) liegen. Dies ergibt folgendes Gleichungssystem:

$$\begin{matrix} 280 + b \cdot e^{-6k} = 510{,}5 \\ 280 + b \cdot e^{-12k} = 406{,}5 \end{matrix} \quad \Leftrightarrow \quad \begin{matrix} b \cdot e^{-6k} = 230{,}5 \\ b \cdot e^{-12k} = 126{,}5 \end{matrix}$$

Es liegt kein lineares Gleichungssystem vor, sodass der GTR noch keine Hilfe bietet.

Dividiert man die beiden Gleichungen durch einander, dann ergibt sich:

$$\frac{e^{-6k}}{e^{-12k}} = \frac{230{,}5}{126{,}5} \quad \Leftrightarrow \quad e^{6k} = \frac{230{,}5}{126{,}5} \quad \Leftrightarrow \quad 6k = \ln \frac{230{,}5}{126{,}5}$$

$$\Leftrightarrow \quad k = \frac{1}{6} \ln \frac{230{,}5}{126{,}5} \approx 0{,}1000$$

Setzt man diesen Wert von k in die Gleichung $b \cdot e^{-6k} = 230{,}5$ ein, dann folgt:

$$b = \frac{230{,}5}{e^{-6k}} \approx 420$$

Damit ergibt sich für die Funktion f: $f(x) = 280 + 420e^{-0{,}1t}$

Sie erfüllt alle genannten Bedingungen und für ihre Ableitung gilt:

$f'(x) = -42e^{-0{,}1t} < 0$

Also ist die Funktion streng monoton fallend; die Produktionskosten fallen im Laufe der Produktion.

b) Mithilfe der Summen- und der Folgenfunktion des GTR werden die Gesamtkosten für die ersten 10 Fahrräder bestimmt (Eingabe der Funktion mit [Y=], Eingabe des Folgenbefehls im Hauptbildschirm über [LIST] <OPS – seq(> und des Summenbefehls über [LIST] <MATH – sum(>):

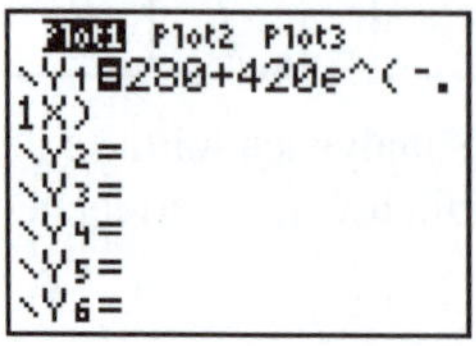

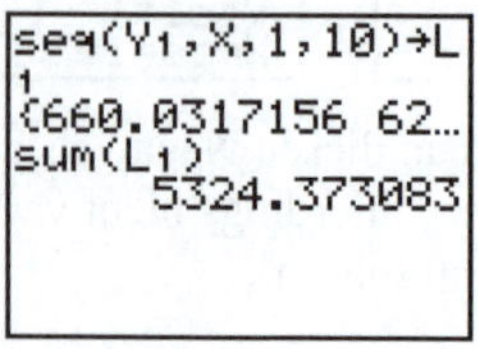

Die Gesamtkosten für die ersten 10 Fahrräder betragen ca. 5 324 €.

Als Näherungswert für die nächsten 990 Fahrräder kann man z. B.
$\int_{10,5}^{1000,5} f(x)\,dx$ verwenden (aber auch $\int_{10}^{1000} f(x)\,dx$ wäre möglich).

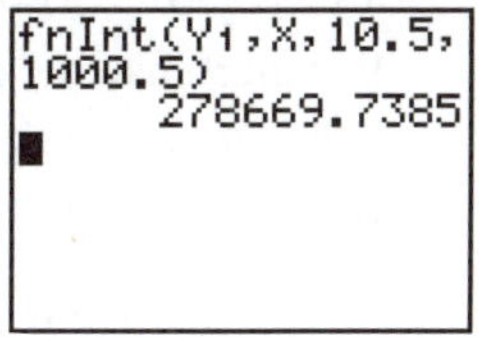

Das Integral wird mit dem GTR im Hauptbildschirm über den Menüpunkt MATH <MATH – fnInt(> bestimmt.
Die Kosten für weitere 990 Fahrräder betragen ca. 278 670 €. Somit ergeben sich bei den ersten 1000 Fahrrädern durchschnittliche Herstellungskosten von
$\frac{5\,324 + 278\,670}{10\,000} \approx 284$ Euro.

c) $f(x) < 299 \iff 280 + 420e^{-0,1t} < 299 \iff 420e^{-0,1t} < 19$
$\iff -0,1t < \ln\frac{19}{420} \iff t > -10\ln\frac{19}{420} \approx 30,96$

Ab Stücknummer 31 kostet die Herstellung eines Fahrrads weniger als 299 €.

Alternative: Durchblättern der Wertetabelle der Funktion f mit dem GTR

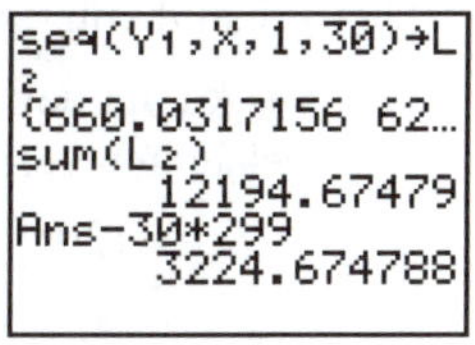

Die bis dahin aufgelaufenen Verluste werden am einfachsten mit dem GTR bestimmt.
Die Herstellungskosten für die ersten 30 Fahrräder betragen ca. 12 195 €, der Gesamtverlust beläuft sich bis zum 30. Fahrrad auf ca. 3 225 €.
In Aufgabenteil b sind die Herstellungskosten für 1000 Fahrräder mit ca. 283 994 € bestimmt worden.
Zieht man dies vom Erlös von 299 € · 1000 = 299 000 € ab, ergibt sich ein Gesamtgewinn von ca. 15 006 €.

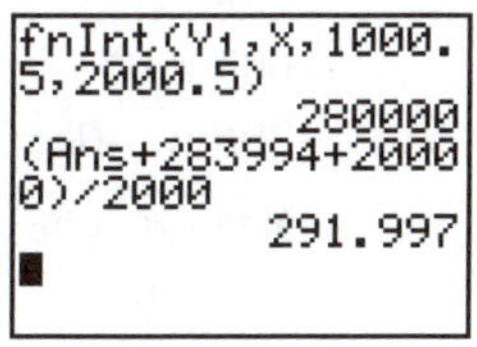

d) Mit dem GTR werden die Herstellungskosten für die zweiten 1000 Fahrräder näherungsweise bestimmt, die gesamten Herstellungskosten werden um den erwünschten Gewinn erhöht und dieser Betrag wird durch die Zahl der Fahrräder dividiert.
Für ein Fahrrad aus dieser Produktionsreihe muss ein Mindestbetrag von ca. 292 € angesetzt werden.

66. Man setzt das Jahr 1990 mit t = 0 an, liest dann die Funktionswerte f(0) = 50, f(10) = 10 und f(20) = 2 ab und erhält dadurch folgendes Gleichungssystem:

$$G + a = 50$$
$$G + a \cdot e^{-10k} = 10$$
$$G + a \cdot e^{-20k} = 2$$

Subtrahiert man die zweite von der ersten und die dritte von der zweiten Gleichung, dann folgt:

$$\begin{aligned} a(1-e^{-10k}) &= 40 \\ a(e^{-10k}-e^{-20k}) &= 8 \end{aligned} \quad\Leftrightarrow\quad \begin{aligned} a(1-e^{-10k}) &= 40 \\ a\cdot e^{-10k}(1-e^{-10k}) &= 8 \end{aligned}$$

Dividiert man die erste Gleichung durch die zweite, so ergibt sich:

$e^{10k}=5 \quad\Leftrightarrow\quad k=\frac{\ln 5}{10}\approx 0{,}161$

Einsetzen in eine der beiden vorhergehenden Gleichungen liefert:

$a=\frac{40}{1-e^{-10k}}=50$

Nach Einsetzen von a in die Gleichung für f(0) erhält man $G=50-50=0$. Langfristig kann man nach diesem Modell 0 Watt Sendeleistung erwarten. Dies zeigt, dass das gewählte Modell in diesem Fall ungeeignet ist.

67. a) Die Größen werden in dieser Lösung in cm und die Zeit in Tagen betrachtet. Langfristig, also für $t\to\infty$, gilt:

$f(t)=\frac{a}{e^{ct}+b}\xrightarrow[t\to\infty]{}120$

Dies ist nur mit $c<0$ möglich, da nur in diesem Fall $\lim\limits_{t\to\infty}e^{ct}=0$ ist. Man erhält damit $\frac{a}{b}=120$.

Insgesamt liegt ein Gleichungssystem mit drei Gleichungen und drei Unbekannten vor:

$$\begin{aligned} \frac{a}{b} &= 120 \\ \frac{a}{1+b} &= 20 \\ \frac{a}{e^{7c}+b} &= 40 \end{aligned} \quad\Leftrightarrow\quad \begin{aligned} a &= 120b \\ a &= 20+20b \\ a &= 40e^{7c}+40b \end{aligned}$$

Durch paarweise Subtraktion der ersten und zweiten bzw. zweiten und dritten Gleichung erhält man:

$$\begin{aligned} 100b &= 20 \\ 20b &= -40e^{7c}+20 \end{aligned} \quad\Leftrightarrow\quad \begin{aligned} b &= \tfrac{1}{5} \\ 40e^{7c} &= -4+20=16 \end{aligned}$$

Die letzte Gleichung liefert:

$7c=\ln\frac{16}{40} \quad\Leftrightarrow\quad c=\frac{\ln 0{,}4}{7}\approx -0{,}1309$

Aus b ergibt sich $a=24$.

Mit nachfolgender Rechnung wird die Zeit bis zum Erreichen der Höhe von 60 cm bestimmt.

```
.2→B
                .2
24→A
                24
ln(.4)/7→C
        -.130898676
■
```

$f(t)=60 \quad\Leftrightarrow\quad \frac{a}{e^{ct}+b}=60 \quad\Leftrightarrow\quad e^{ct}+b=\frac{a}{60} \quad\Leftrightarrow\quad e^{ct}=\frac{a}{60}-b$

$\quad\Leftrightarrow\quad ct=\ln\left(\frac{a}{60}-b\right) \quad\Leftrightarrow\quad t=\frac{\ln\left(\frac{a}{60}-b\right)}{c}\approx 12{,}3$

Am 13. Tag nach Beginn der Beobachtung hat die Pflanze 60 cm Höhe erreicht.

Mit dem GTR bestimmt man den gesuchten Zeitpunkt, indem man das Schaubild der Funktion f mit der Geraden y = 60 schneidet.

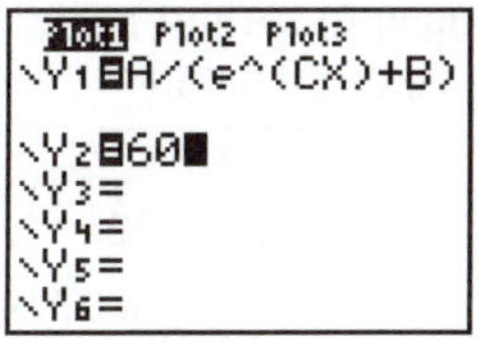

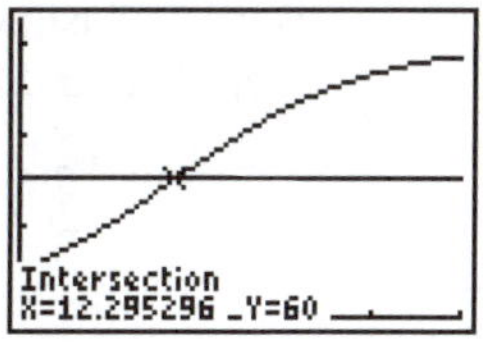

b) Das größte Wachstum liegt am Wendepunkt des Schaubilds vor. Dieser wird über die zweite Ableitung oder mithilfe des GTR bestimmt.

$f'(t) = -ac \cdot \frac{e^{ct}}{(e^{ct}+b)^2}$; $f''(t) = ac^2 \cdot e^{ct} \cdot \frac{e^{ct}-b}{(e^{ct}+b)^3}$

$f''(t) = 0 \iff e^{ct} - b = 0 \iff t = \frac{\ln b}{c} \approx 12{,}3$

(Dies ist Wendestelle, da f" an dieser Stelle einen Vorzeichenwechsel hat.)

Alternative: Bestimmung der maximalen Steigung von f mit dem GTR

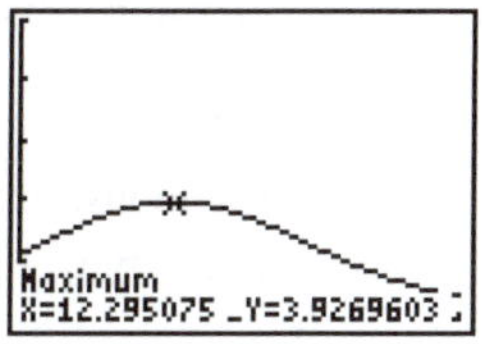

Das größte Wachstum liegt am 13. Tag mit knapp 4 cm vor.

68. a) Die Daten der Jahre 1970 und 1986 liefern folgendes Gleichungssystem:

$$\begin{array}{l} f(0) = 3{,}98 = a \cdot e^{k \cdot 0} \\ f(16) = 5{,}62 = a \cdot e^{k \cdot 16} \end{array} \iff \begin{array}{l} a = 3{,}98 \\ k = \frac{1}{16} \ln \frac{5{,}62}{3{,}98} \approx 0{,}02157 \end{array}$$

Jährliche prozentuale Zunahme der Emission

$f(t) = 3{,}98e^{0{,}02157t}$; $f(1) = 3{,}98e^{0{,}02157} \approx 3{,}98 \cdot 1{,}0218$

Die jährliche Zunahme der Emission beträgt ca. 2,18 %.

Bestimmung der Verdoppelungszeit

$3{,}98e^{kT} = f(T) = 2 \cdot 3{,}98 \iff T = \frac{1}{k} \ln 2 \approx 32{,}1$

Die Verdoppelungszeit beträgt ca. 32 Jahre.

Gesamtemission im Zeitraum von 1970 bis 1990

$$E = \int_0^{21} f(t)\,dt \approx 105{,}7$$

Die Emission in den 21 Jahren von (Anfang) 1970 bis (Ende) 1990 betrug ca. 105,7 Mrd. Tonnen CO_2.
Aufgrund der unscharfen Aufgabenstellung ist auch die Wahl von 20 als obere Integrationsgrenze korrekt, wenn man t = 0 für (Mitte) 1970 und t = 20 für (Mitte) 1990 ansetzt. Man erhält dann 99,5 Mrd. Tonnen CO_2.

b) Begrenztes Wachstum lässt sich beschreiben durch eine Funktion g mit $g(t) = G - c \cdot e^{-dt}$.
Der langfristige Grenzwert von 12 Mrd. Tonnen CO_2 führt auf $G = 12$.
Stetigkeit und Differenzierbarkeit an der Stelle $t = 20$ liefert:

$$\begin{array}{l} f'(20) = g'(20) \\ f(20) = g(20) \end{array} \Leftrightarrow \begin{array}{l} 3{,}98k \cdot e^{20k} = c \cdot d \cdot e^{-20d} \\ 3{,}98e^{20k} = 12 - c \cdot e^{-20d} \end{array} \Leftrightarrow \begin{array}{l} c \cdot d \cdot e^{-20d} \approx 0{,}132 \\ c \cdot e^{-20d} \approx 5{,}874 \end{array}$$

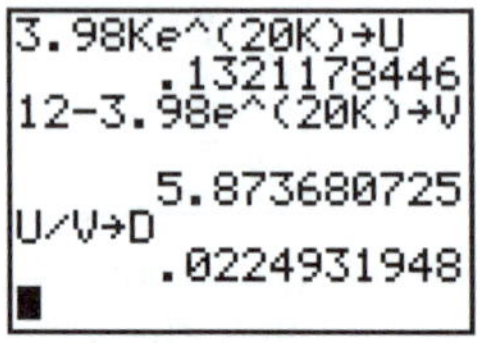

Division der beiden Zeilen liefert:

$$d \approx \frac{0{,}132}{5{,}874} \approx 0{,}0225$$

Damit erhält man:

$$c \approx \frac{5{,}874}{e^{-20d}} \approx 9{,}21$$

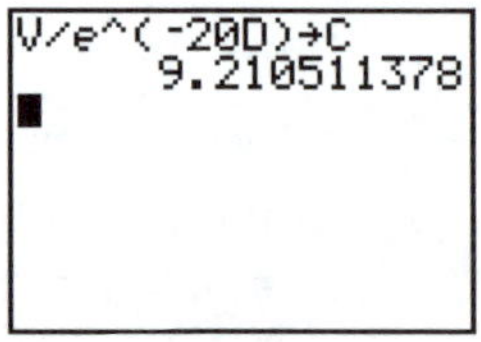

Die gesuchte Funktionsgleichung lautet also näherungsweise $g(t) = 12 - 9{,}21 \cdot e^{-0{,}0225t}$.

Auch der stetige und differenzierbare Übergang bei $t = 21$ wäre nach der Aufgabenstellung ein korrekter Ansatz. Dann erhält man die Funktion g mit $g(t) \approx 12 - 9{,}406 \cdot e^{-0{,}0235t}$.

69. a) Mit $t = 0$ für das Jahr 1996 erhält man das folgende Gleichungssystem:

$$f(0) = 5{,}55 = a \cdot e^0 = a$$
$$f(3) = 23{,}47 = a \cdot e^{3k} = 5{,}55e^{3k}$$

Auflösung der zweiten Zeile nach k ergibt:

$$k = \frac{1}{3} \ln \frac{23{,}47}{5{,}55} \approx 0{,}4806$$

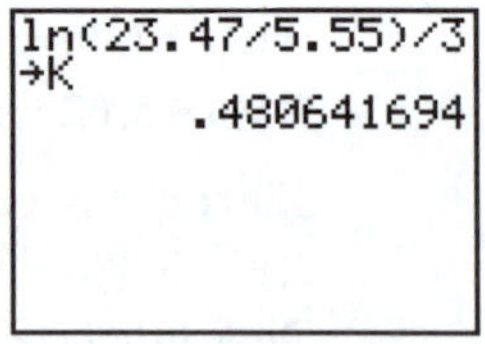

Zur Bestimmung der maximalen Abweichung in den jeweiligen Jahren wird der Quotient aus realen Werten (gespeichert in L2) und prognostizierten Werten (berechnet in L3) gebildet. Die anschließende Subtraktion von 1 liefert die relative Abweichung.

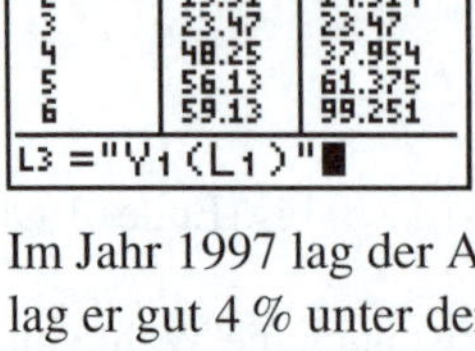

L1	L2	L3
0	5.55	5.55
1	8.29	8.975
2	13.91	14.514
3	23.47	23.47
4	48.25	37.954
5	56.13	61.375
6	59.13	99.251

L3 ="Y1(L1)"

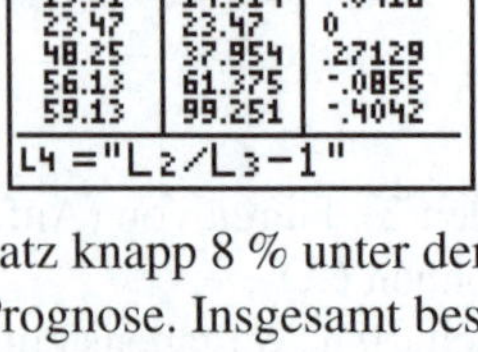

L2	L3	L4
5.55	5.55	0
8.29	8.975	-.0763
13.91	14.514	-.0416
23.47	23.47	0
48.25	37.954	.27129
56.13	61.375	-.0855
59.13	99.251	-.4042

L4 ="L2/L3-1"

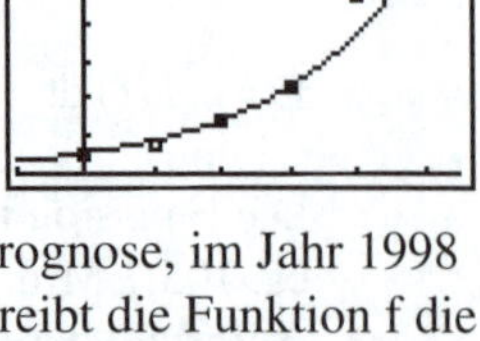

Im Jahr 1997 lag der Absatz knapp 8 % unter der Prognose, im Jahr 1998 lag er gut 4 % unter der Prognose. Insgesamt beschreibt die Funktion f die Entwicklung in diesem Zeitraum aber recht gut (wie in der letzten Abbildung, die zusätzlich noch die Werte von 2000 und 2001 zeigt, zu sehen ist).

b) Der letzten Abbildung in Aufgabenteil a ist bereits eindeutig zu entnehmen, dass im Jahr 2000 eher ein Absatzboom vorlag als im Jahr 2001 ein Absatzeinbruch. Insofern ist die Funktion f zur Beschreibung der Zahl der Mobilfunkteilnehmer im Zeitraum von 1996 bis 2001 geeignet.
Der GTR bestätigt diese Vermutung: Der Absatz lag im Jahr 2000 um ca. 27 % über der Prognose, im Jahr 2001 lag er dagegen nur um ca. 9 % unter der Prognose.

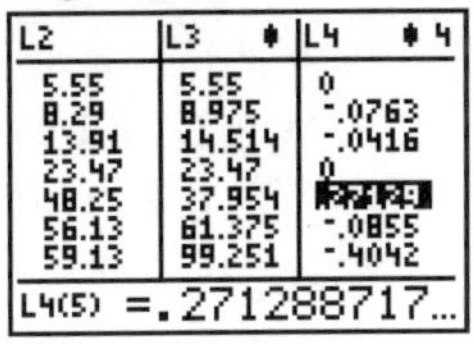

c) Ansetzen des Jahres 2007 mit $t=0$ ergibt:
$g(0)=97{,}15=G-b\cdot e^0=G-b$
$g(1)=107{,}25=G-b\cdot e^c$
$g(2)=108{,}26=G-b\cdot e^{2c}$
Subtrahiert man die erste von der zweiten und die zweite von der dritten Gleichung, dann erhält man:
$10{,}1=b(1-e^c)$
$1{,}01=b(e^c-e^{2c})=b(1-e^c)e^c$
Division der zweiten Gleichung durch die erste:
$e^c=\frac{1{,}01}{10{,}1} \quad\Leftrightarrow\quad c=\ln\frac{1{,}01}{10{,}1}\approx -2{,}303$
Eingesetzt in die erste Gleichung ergibt:
$b=\frac{10{,}1}{1-e^c}\approx 11{,}22$
Mit g(0) erhält man schließlich:
$G=97{,}15+b\approx 108{,}37$

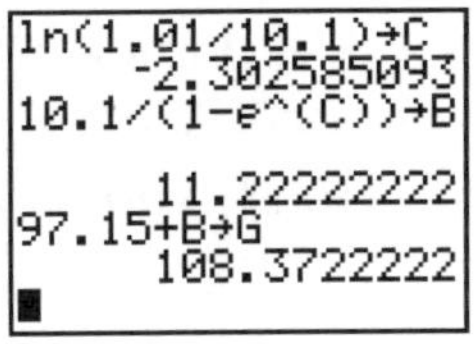

Legt man begrenztes Wachstum zugrunde, dann liefern die Jahre 2007 bis 2009 eine langfristig zu erwartende Zahl von ca. 108,37 Mio. Handys. Die Sättigungsgrenze war 2009 demnach bereits nahezu erreicht.

Zur Bestimmung der mittleren Handyzahl wird die Funktion in Y2 gespeichert und die Prognosewerte werden in der Liste L2 berechnet (L1 enthält die natürlichen Zahlen von 0 bis 8).

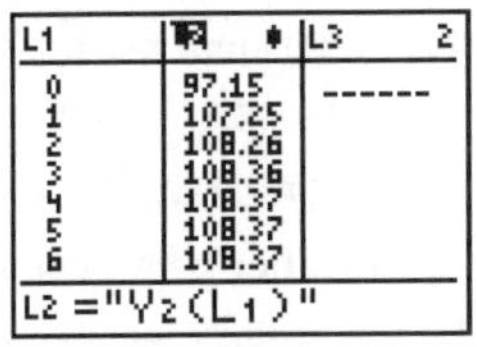

Die Mittelung der Tabellenwerte liefert durchschnittlich ca. 107 Mio. Handys, ebenso die Integration im Intervall von −0,5 bis 8,5.
(Integriert man dagegen von 0 bis 9, so erhält man eine geringfügig höhere Zahl von ca. 108 Mio. Handys. In diesem Fall hat man mit $t=0$ den Anfang des Jahres 2007 und mit $t=9$ das Ende des Jahres 2015 festgesetzt und die Messwerte als Zahlen jeweils zu Beginn des Jahres interpretiert.)

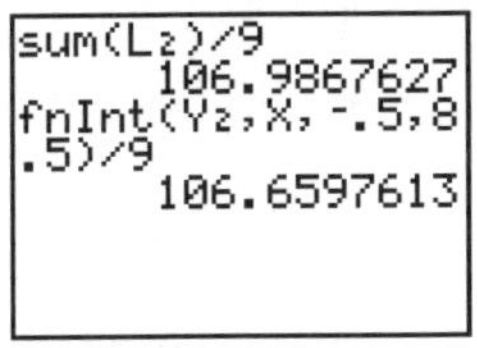

70. Für die Höhe h gilt $h'(t)=800$ mit der Anfangsbedingung $h(0)=600$. Die Lösung dieses Anfangswertproblems lautet $h(t)=600+800t$ und hat als sinnvollen Definitionsbereich z. B. $0 \le t \le 15$ (wobei die rechte Grenze von der erreichbaren Höhe abhängt).

71. **1. Weg (Zeit in Viertelstunden)**

Für die Bakterienzahl B(t) zur Zeit t gilt:

$B(t) = B_0 \cdot e^{kt}$ mit $B_0 = B(0) = 60000$

Aus $B(1)=150\,000$ ergibt sich:

$$150\,000 = B(1) = 60000e^{k \cdot 1} \quad \Leftrightarrow \quad e^k = \frac{150\,000}{60\,000} = \frac{5}{2} \quad \Leftrightarrow \quad k = \ln\frac{5}{2} \approx 0{,}916$$

Damit ergibt sich für $t=5$ (fünf Viertelstunden nach Versuchsbeginn):

$B(5) = 60000e^{5k} \approx 5{,}86 \cdot 10^6$

Nach einer weiteren Stunde werden es etwa 5,86 Millionen Bakterien sein.

2. Weg (Zeit in Minuten)

Für die Bakterienzahl B(t) zur Zeit t gilt:

$B(t) = B_0 \cdot e^{kt}$ mit $B_0 = B(0) = 60000$

Aus $B(15)=150\,000$ ergibt sich:

$$150\,000 = B(15) = 60000e^{k \cdot 15} \quad \Leftrightarrow \quad e^{15k} = \frac{150000}{60000} = \frac{5}{2}$$

$$\Leftrightarrow \quad k = \frac{1}{15}\ln\frac{5}{2} \approx 0{,}061$$

Damit ergibt sich für $t=75$ (75 Minuten nach Versuchsbeginn):

$B(75) = 60000e^{75k} \approx 5{,}86 \cdot 10^6$

Nach einer weiteren Stunde werden es etwa 5,86 Millionen Bakterien sein.

72. Setzt man die relative Aktivität zum Zeitpunkt des Todes mit a an, dann ergibt sich für die relative Aktivität zum Zeitpunkt t:

$A(t) = a \cdot e^{-kt}$

Mit der gegebenen Halbwertszeit berechnet man k:

$$t_{\frac{1}{2}} = \frac{\ln 2}{k} \quad \Leftrightarrow \quad k = \frac{\ln 2}{t_{\frac{1}{2}}} = \frac{\ln 2}{5730} \approx 1{,}2 \cdot 10^{-4}$$

Aus der verbleibenden relativen Aktivität von 20 % der Ausgangsaktivität folgt nun:

$$a \cdot e^{-kT} = A(T) = 0{,}2a \quad \Leftrightarrow \quad -kT = \ln 0{,}2 \quad \Leftrightarrow \quad T = -\frac{\ln 0{,}2}{k} \approx 13300$$

Die Knochen sind ca. 13 300 Jahre alt.

Die Funktion, die die relative Aktivität im Laufe der Zeit beschreibt, lautet:

$A(t) = e^{-\frac{\ln 2}{5730}t}$

73. a) Die Wachstumsart ist nicht ersichtlich; denkbar sind je nach weiteren Gegebenheiten alle drei Hauptwachstumsformen. Eindeutig mittlere Änderungsrate.

b) Zu erwarten sind je nach Aufgabenformulierung exponentielles Wachstum bzw. begrenztes Wachstum; die Entscheidung ist aus diesem Satz allein nicht zu treffen. Eindeutig mittlere Änderungsrate (Zeitraum 1 Jahr).

c) Exponentieller Zerfall. Eindeutig momentane Änderungsrate:
$v(t) = M'(t) = c \cdot M(t) \quad (c < 0)$

d) In einem begrenzten Zeitraum lineare Abnahme, sofern sich die Witterung nicht ändert (über den Verlauf innerhalb eines ganzen Jahres sind keine Aussagen möglich). Beide Ansätze für die Änderungsrate sind korrekt; bei linearem Wachstum führen beide stets auf das gleiche Ergebnis.

e) Exponentielles Wachstum der Preise; im kommenden Jahr erhöhen sich bei gleicher Inflationsrate die Preise absolut um etwas mehr, da der Ausgangspreis dann höher ist. Trotz des verwendeten Begriffs „Rate“ meint die Aussage die mittlere Änderungsrate, dass sich nämlich innerhalb eines Jahres die Preise um 2,7 % erhöhen.
Der umgangssprachlich verwendete Begriff „Inflationsrate“ entspricht nicht der mathematischen momentane Änderungsrate der Preise; diese ist abhängig vom jeweiligen Ausgangspreis P und beträgt dann $P \cdot 2{,}7\ \%$, also 2,7 % eben dieses Preises.

f) Wachstumsform nicht ersichtlich; vermutlich begrenztes (negatives) Wachstum. Eindeutig mittlere Änderungsrate.

74. a) Setzt man die Lichtintensität an der Wasseroberfläche mit $I(0) = 1$ an, dann ergibt sich mit exponentiellem Zerfall als Ansatz:
$I(t) = I(0) \cdot e^{-kt}$
In 1 Meter Tiefe:
$0{,}8 = I(1) = e^{-k} \quad \Leftrightarrow \quad k = -\ln 0{,}8 \approx 0{,}223$
Somit ergibt sich in 5 Metern Tiefe eine Lichtintensität von
$I(5) = e^{-5k} \approx 33\ \%$ der Ausgangsintensität.

b) Die Absorptionsrate von 20 % der Lichtintensität entspricht der Zerfallsrate; somit genügt die Intensität I der Gleichung $I(t) = I(0) \cdot e^{-0{,}2t}$. Hieraus folgt $I(5) = e^{-1} \approx 37\ \%$. Der zweite See ist also klarer.

75. a) $f(t) = 7t + 2$

b) $f(t) = 200e^{-\frac{1}{8}} \cdot e^{\frac{1}{8}t}$

c) $f(t) = 80 - 70e^{-\frac{1}{3}t}$

d) $f(t) = 360 - 356e^{-\frac{1}{6}t}$

76. $f(t) = \frac{3}{2}t^2 + 5t + 2$
(Die Lösung wurde über Integration bestimmt; f ist Stammfunktion von f'.)

77. a) $f'(t) = -4f(t)$

b) $f'(t) = 40 - 4f(t)$

78. Ableiten von f ergibt: $f'(t) = \frac{1}{2}e^{-\frac{1}{2}t}$
Eingesetzt in die Differenzialgleichung folgt:
$\frac{1}{2}e^{-\frac{1}{2}t} = 30 - \frac{1}{2}\left(60 - e^{-\frac{1}{2}t}\right) \quad \Leftrightarrow \quad \frac{1}{2}e^{-\frac{1}{2}t} = \frac{1}{2}e^{-\frac{1}{2}t}$
Die Differenzialgleichung ist also erfüllt.

79. Ableiten von f ergibt: $f'(t) = kb \cdot e^{kt}$
Eingesetzt in die Differenzialgleichung folgt:
$kb \cdot e^{kt} = 5 - \frac{1}{3}\left(a + b \cdot e^{kt}\right) \quad \Leftrightarrow \quad kb \cdot e^{kt} = 5 - \frac{a}{3} - \frac{1}{3}b \cdot e^{kt}$

$\Leftrightarrow \quad k = -\frac{1}{3}$ und $5 - \frac{a}{3} = 0 \quad \Leftrightarrow \quad a = 15$ und $k = -\frac{1}{3}$

Der Parameter b ist beliebig und kann z. B. durch einen Anfangswert festgelegt werden.

80. a) Die Quotientenbildung wird durch den GTR sehr einfach im Listen-Editor mittels STAT realisiert. Die Vorgehensweise ist im Kapitel zum GTR detailliert beschrieben.

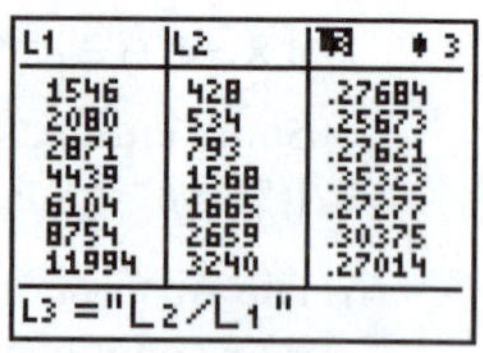

L1	L2	L3
1546	428	.27684
2080	534	.25673
2871	793	.27621
4439	1568	.35323
6104	1665	.27277
8754	2659	.30375
11994	3240	.27014

L3 ="L2/L1"

Der Quotient ist in jedem Jahr etwa 0,28 und weicht nur im Jahr 1999 um mehr als 0,025 davon ab. Weil die jährliche Zunahme also näherungsweise proportional zum aktuellen Bestand ist, kann man exponentielles Wachstum zur Beschreibung dieser Wachstumsform verwenden.
Mit dem zu dieser Wachstumsform gehörenden Ansatz $f(t) = a \cdot e^{kt}$ (t in Jahren ab 1996 und f(t) in Megawatt) erhält man durch Punktprobe mit den Punkten A(0 | 1546) und B(6 | 11 994) das Gleichungssystem:

$a \cdot e^0 = 1546$

$a \cdot e^{6k} = 11\,994$

Aus der ersten Gleichung ergibt sich a = 1546.
Eingesetzt in die zweite Gleichung erhält man:

$$e^{6k} = \frac{11994}{1546} \quad \Leftrightarrow \quad k = \frac{1}{6}\ln\frac{11994}{1546} \approx 0{,}341$$

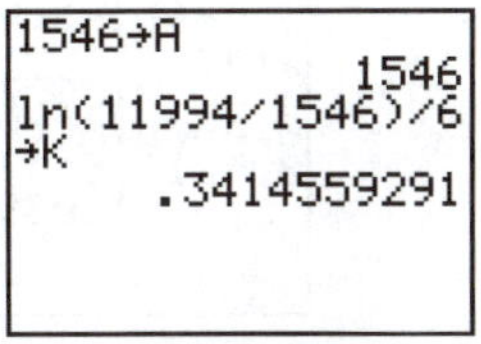

Die Funktion kann über [Y=] als Funktion Y1 eingegeben werden. Anschließend gibt man in L4 die Werte 0 bis 6 ein und lässt in L5 die Funktionswerte Y1(L4) berechnen. Danach kann man in L6 den Quotienten der Listen L5 (Funktionswerte) und L1 (Originalwerte) bilden.

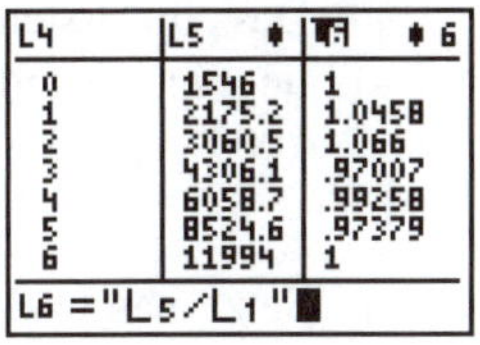

Die Abweichung der Modellwerte von den realen Werten beträgt maximal ca. 6,6 %.
Im Jahr 2004 sind nach diesem Modell 23 744 Megawatt Leistung zu erwarten. Die Überschreitung der 100 000-MW-Marke ist im Jahr 2009 zu erwarten. Die Realität hält jedoch ganz andere Zahlen bereit: 2004 waren 16 629 MW Leistung installiert; 2009 waren es 25 730 MW.

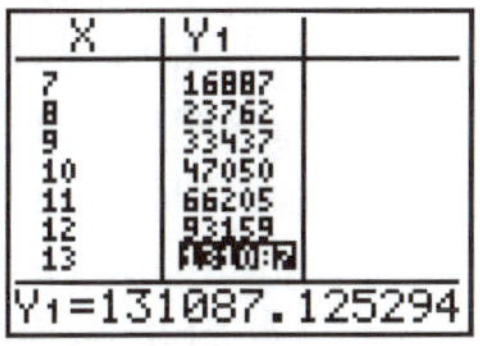

b) Hier stellt sich wieder die Frage nach der Bezugszeit. **Eine Möglichkeit** ist, den Zeitpunkt t = 0 mit dem Anfang des Jahres 1996 gleichzusetzen. Dann wurden im Jahr 1996 nach diesem Modell zwischen f(0) und f(1) MWa Energie erzeugt, im Jahr 1997 entsprechend zwischen f(1) und f(2) MWa usw. In den Jahren 1996 bis 2009 wurden somit

$$W = 0{,}4 \cdot \int_0^{14} f(t)\,dt \approx 213978 \text{ Megawattjahre } (\approx 1883 \text{ Mrd. kWh})$$

Energie aus Windkraftanlagen erzeugt.
Nimmt man jedoch den Zeitpunkt t = 0 als Mitte des Jahres (sodass im Jahresdurchschnitt die in der Tabelle angegebene Windenergieleistung installiert war), dann ergeben sich als **zweite Möglichkeit** für die Jahre von Anfang 1996 bis Ende 2009 ungefähr

$$W = 0{,}4 \cdot \int_{-0{,}5}^{13{,}5} f(t)\,dt \approx 180394 \text{ Megawattjahre } (\approx 1587 \text{ Mrd. kWh})$$

Energie aus Windkraftanlagen.
Dritte Möglichkeit (die Tabellenwerte werden als mittlere Jahresleistung interpretiert): Man summiert die angegebenen Leistungen der Jahre 1996 bis 2009, die in der Liste L1 erfasst werden, und erhält dann nach Multiplikation mit 40 % den Wert von etwa 72 000 MWa ≈ 633 Mrd. kWh.

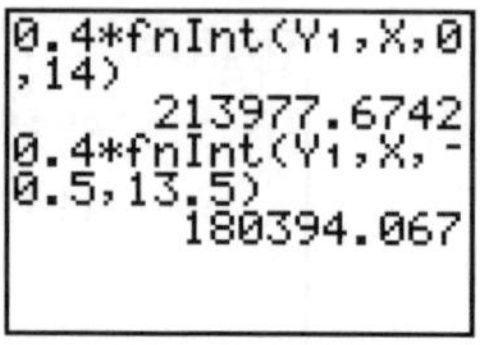

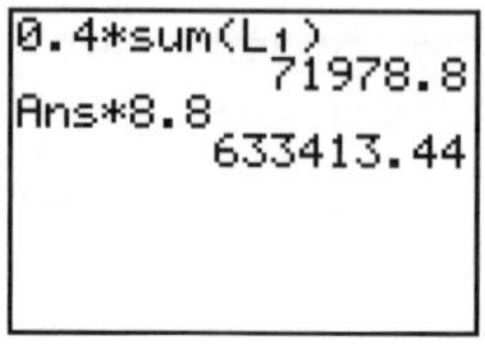

Dass die ersten beiden Möglichkeiten zu große Näherungswerte ergeben, liegt insbesondere daran, dass die Funktion f im Zeitraum von 2003 bis 2009 gegenüber den Tabellenwerten (z. T. viel) zu große Werte liefert.

81. a) Setzt man $t=0$ für das Jahr 1990 an, dann liest man aus dem Diagramm anhand der Jahre 1990, 1996 und 2004 die drei Punkte $A(0\,|\,100)$, $B(6\,|\,60)$ und $C(14\,|\,50)$ ab. Eingesetzt in die Funktion f erhält man ein 3×3-Gleichungssystem:

$$a + c = f(0) = 100$$
$$a \cdot e^{6b} + c = f(6) = 60$$
$$a \cdot e^{14b} + c = f(14) = 50$$

Subtraktion der zweiten von der ersten und der dritten von der zweiten Gleichung ergibt folgendes 2×2-Gleichungssystem:

$$a(1-e^{6b}) = 40$$
$$a(e^{6b}-e^{14b}) = 10$$

Division der beiden Gleichungen führt auf:

$$\frac{1-e^{6b}}{e^{6b}-e^{14b}} = 4 \quad\Leftrightarrow\quad 1-e^{6b} = 4e^{6b}-4e^{14b} \quad\Leftrightarrow\quad 4e^{14b}-5e^{6b}+1=0$$

Die Lösung dieser Gleichung mittels GTR ergibt $b \approx -0{,}249$, da nur die negative Lösung zu fallendem (begrenztem) Wachstum führt.

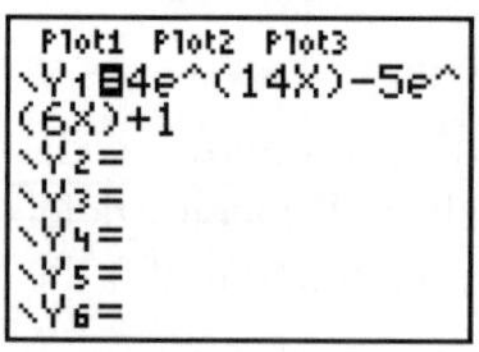

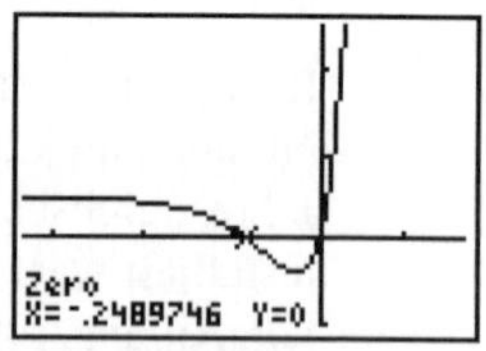

Durch Einsetzen in die erste Gleichung des 2×2-Gleichungssystems folgt:

$$a = \frac{40}{1-e^{6b}} \approx 51{,}6$$

Setzt man a und b in die erste Gleichung des 3×3-Gleichungssystems ein, dann erhält man $c = 100 - a \approx 48{,}4$.

Nach diesem Modell sind kaum noch weitere Kostenreduktionen zu erwarten, da nach diesem Modell der langfristig zu erwartende Grenzwert ca. 48 % der Kosten aus dem Jahr 1990 beträgt.

(Optional kann man die Approximationsgüte der Funktion f mithilfe des Schaubildes und der drei gegebenen Punkte mit dem GTR kontrollieren.)

b) Die durchschnittlichen Kosten betragen

$$\overline{K} = \frac{1}{15} \cdot \int_0^{15} f(t)\,dt \approx 62\ \%\ \text{der Kosten von 1990.}$$

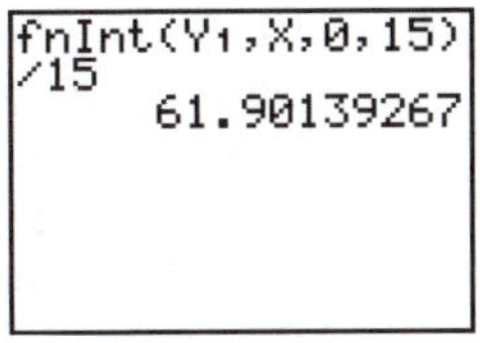

Die durchschnittliche Kostenreduktion beträgt demnach ca. 38 % der Kosten von 1990.

Bemerkung 1: Anhand des Diagramms kann unterstellt werden, dass die Kosten auch im Laufe eines Jahres stetig sinken. Damit kann $t_1 = 0$ mit dem **Anfang** des Jahres 1990 und $t_2 = 15$ mit dem **Ende** des Jahres 2004 gleichgesetzt werden. Hat man die Integration mit $t_1 = 0$ und $t_2 = 14$ ausgeführt, so erhält man als Ergebnis ca. 63 % der Kosten von 1990. Dies ist zwar nicht korrekt, jedoch auch **nicht unbedingt als Fehler zu werten**.

Bemerkung 2: Man kann das Diagramm durchaus auch so interpretieren, dass die **im Jahr 1990 produzierten Anlagen *durchschnittlich* 100 %** der 1990er-Kosten gekostet haben. In diesem Fall ist auch eine Mittelung mithilfe des Integrals über den Ansatz

$$\overline{K} = \frac{1}{15} \cdot \int_{-0,5}^{14,5} f(t)\,dt \approx 64$$

als völlig korrekt anzusehen.

Bei einer exponentiellen Verdreißigfachung innerhalb von 15 Jahren gilt für die Anzahl der Anlagen (normiert für Anfang 1990 mit $N(0) = 1$ und $N(t) = e^{kt}$):

$$e^{15k} = N(15) = 30 \quad \Leftrightarrow \quad k = \frac{\ln 30}{15} \approx 0{,}227$$

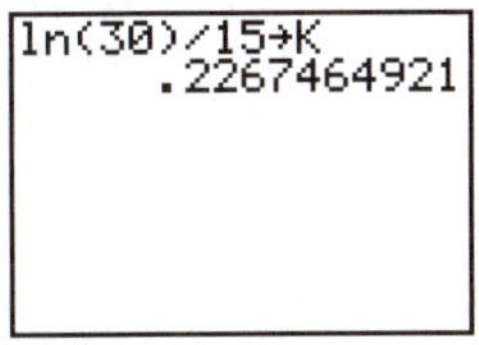

Im Jahr t werden N(t) Anlagen zu normierten Kosten von f(t) hergestellt. Die gesamten (normierten) Kosten in diesem Jahr betragen also $K(t) = N(t) \cdot f(t)$. Die Gesamtkosten während der 15 Jahre berechnen sich somit zu

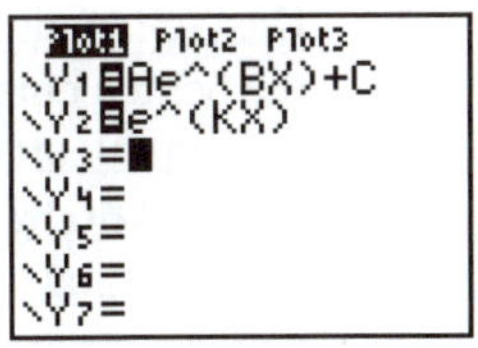

$$S = \int_0^{15} K(t)\,dt \approx 6851.$$

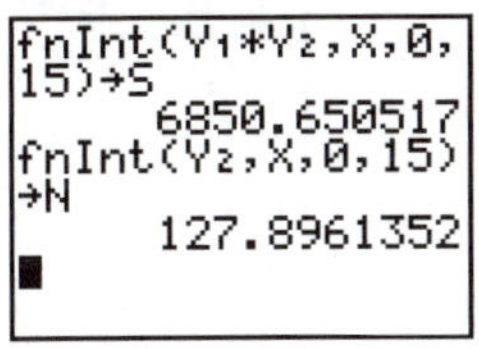

(Bei dem Ansatz gemäß Bemerkung 2 ergeben sich 6194 Anlagen.)

Dabei wurden

$$N = \int_0^{15} N(t)\,dt \approx 128$$

(bzw. 114)-mal so viele Anlagen hergestellt wie im Jahr 1990.

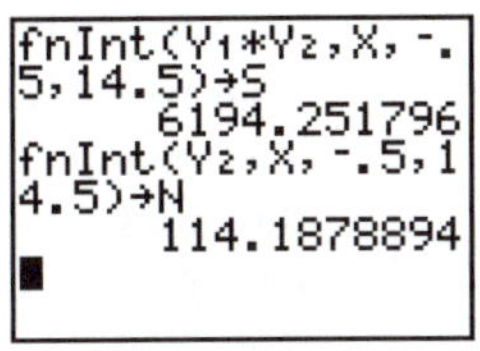

Für eine einzelne Anlage ergibt sich somit ein 15-Jahres-Mittel von $\frac{S}{N} \approx 53{,}6\ \%$ (bzw. 54,2 %) der Kosten Anfang des Jahres 1990.

82. a) Da die Bevölkerungsdichten der Jahre 1861 und 1900 gegeben sind, werden diese für die nachfolgende Modellierung zugrunde gelegt. Alternativ ist auch das Ablesen der Einwohnerzahlen z. B. der Jahre 1861 und 1910 aus dem Diagramm mit anschließender Umrechnung auf die Bevölkerungsdichte möglich.

Exponentielles Wachstum genügt der Funktionsgleichung $f(t) = a \cdot e^{kt}$.
Man benötigt zwei Angaben, um die Parameter a und k zu bestimmen.
In Teilaufgabe a wird das Jahr 1861 mit $t = 0$ gleichgesetzt. Aus der Tabelle liest man für das Jahr 1861 den Kurvenpunkt $A(0\,|\,77)$ und für das Jahr 1900 den Kurvenpunkt $B(39\,|\,120)$ ab und erhält so ein Gleichungssystem:

$$a = f(0) = 77$$
$$a \cdot e^{39k} = f(39) = 120$$

Setzt man $a = 77$ in die zweite Gleichung ein, kann man k bestimmen:

$$k = \frac{1}{39} \ln \frac{120}{77} \approx 0{,}0114$$

Die die Bevölkerungsdichte beschreibende Funktion lautet also ungefähr:

$$f(t) = 77e^{0{,}0114t}$$

Nach diesem Modell ergibt sich also eine Bevölkerungsdichte für das Jahr 2014 von $f(153) \approx 441$ Einwohnern pro km^2. Da die Einwohnerzahl proportional zur Bevölkerungsdichte ist, kann eine die Einwohnerzahl beschreibende Funktion g mit $g(t) = c \cdot f(t)$ aufgestellt werden, indem man den Proportionalitätsfaktor c bestimmt. Für das Jahr 1996 liegen folgende Daten vor: Bevölkerungsdichte 267 Einwohner je km^2; Einwohnerzahl ca. 67 Millionen Einwohner. Damit ergibt sich für c: $c = \frac{67}{267} \approx 0{,}25$

Beurteilung der Qualität im betrachteten Zeitraum von 1861 bis 1910:
Das Schaubild dieser Funktion geht gemäß dem gewählten Ansatz durch die beiden einzigen in diesem Zeitraum angegebenen Punkte, sodass hiermit eine Beurteilung der Qualität nicht möglich ist. Es muss also wieder die Funktion g herangezogen werden. Mit dem GTR lassen sich die abgelesenen Einwohnerzahlen sowie das Schaubild der Funktion g zeichnen.

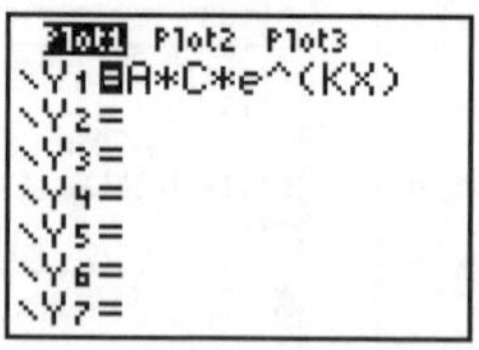

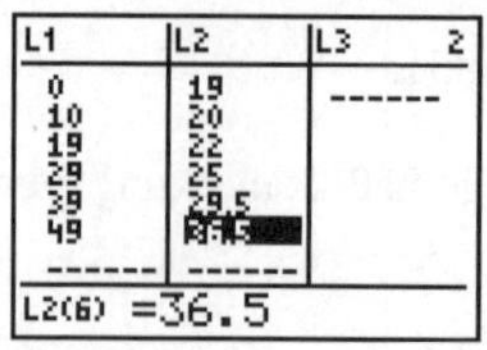

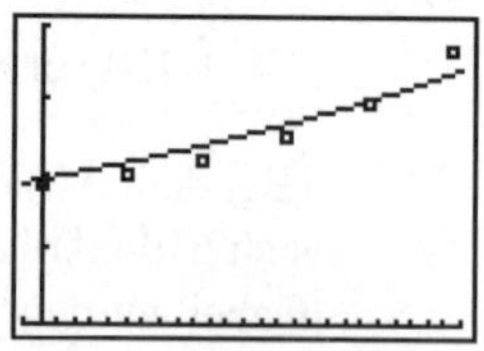

Deutlich zu erkennen ist, dass die realen Einwohnerzahlen anfänglich zwar weniger stark, dann aber deutlich stärker anwachsen als durch das exponentielle Wachstum beschrieben. Also ist die Qualität der Modellierung durch die beiden angegebenen Bevölkerungsdichten nicht sehr hoch. Dies gilt auch für langfristige Aussagen. Bereits 2008 weicht der errechnete Wert mit $f(147) \approx 411$ Einwohnern pro km^2 deutlich vom tatsächlichen Wert von knapp 284 Einwohnern pro km^2 ab.

b) Die Differenzialgleichung für das beschränkte Wachstum lautet:
$h'(t) = k \cdot (G - h(t))$
Dividiert man diese Differenzialgleichung durch $(G - h(t))$, so erhält man:
$\frac{h'(t)}{G - h(t)} = k \quad \Leftrightarrow \quad \frac{-h'(t)}{G - h(t)} = -k$
Da im Zähler die Ableitung des Nenners steht, ergibt die Integration:
$\int \frac{-h'(t)}{G - h(t)}\, dt = \int (-k)\, dt \quad \Leftrightarrow \quad \ln|G - h(t)| = -k \cdot t + c$
Für beschränktes Wachstum ist $G - h(t) > 0$ und man erhält:
$\ln|G - h(t)| = \ln(G - h(t)) = -k \cdot t + c$
Exponenzieren der Gleichung ergibt:
$G - h(t) = e^{-kt + c} = e^{c} \cdot e^{-kt}$
$h(t) = G - e^{c} \cdot e^{-kt} = G - a \cdot e^{-kt}$
Die drei angegebenen Jahre liefern mit $t = 0$ für das Jahr 1950 die Punkte $C(0|203)$, $D(30|247)$ und $E(46|267)$.
Einsetzen in die Lösung der Differenzialgleichung liefert:
$h(0) = G - a = 203$
$h(30) = G - a \cdot e^{-30k} = 247$
$h(46) = G - a \cdot e^{-46k} = 267$
Subtraktion der zweiten von der ersten und der dritten von der zweiten Gleichung:
$a(1 - e^{-30k}) = 4$
$a(e^{-30k} - e^{-46k}) = 20$
Division der beiden letzten Gleichungen:
$e^{30k} \cdot \frac{1 - e^{-30k}}{1 - e^{-16k}} = \frac{44}{20} \quad \Leftrightarrow \quad e^{30k} - 1 = \frac{11}{5}(1 - e^{-16k})$
$\Leftrightarrow \quad 5e^{30k} - 16 + 11e^{-16k} = 0$
Diese Gleichung wird mit dem GTR gelöst:

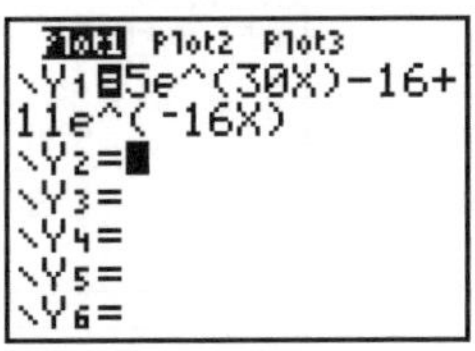

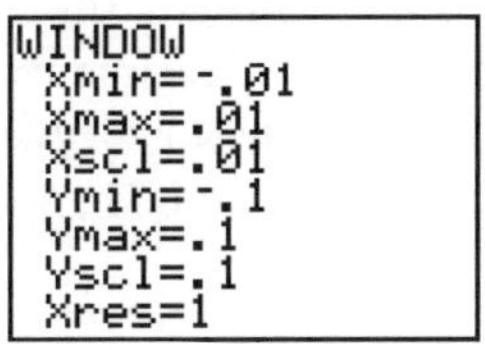

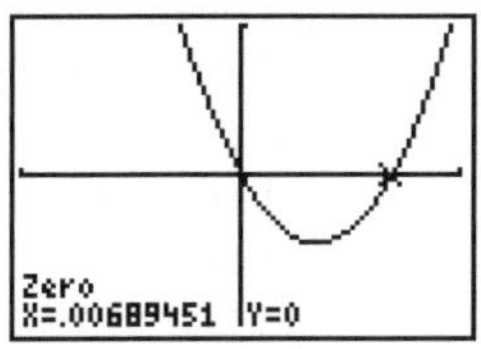

Einsetzen von k in die erste der beiden Gleichungen liefert:
$a = \frac{44}{1 - e^{-30k}} \approx 236$
Damit folgt für die Grenze $G = 203 + a \approx 439$.
Nach diesem Modell sind langfristig ca. 440 Einwohner pro km^2 zu erwarten.

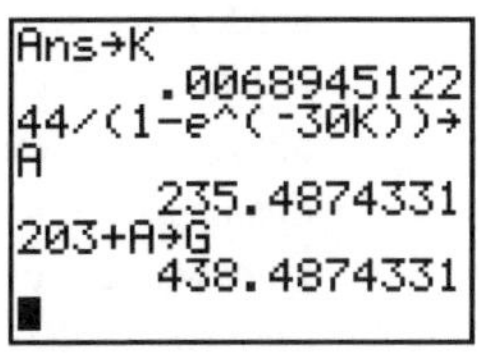

83. a) Die entsprechenden Balken vergrößern sich in der linken Diagrammhälfte relativ stark, in der rechten Hälfte des Diagramms jedoch erkennbar schwächer. Auf den ersten Blick vermutet man deshalb ein exponentiell begrenztes Wachstum bei der Umsatzentwicklung.

Jahr	t	abgelesen
2003	0	5,8
2004	1	7,6
2005	2	9
2006	3	10,2
2007	4	11,4

b) Aus dem Diagramm werden die jeweiligen Werte abgelesen (das Jahr 2003 entspricht dem Startwert $t=0$) und in nebenstehender Tabelle aufgeführt. Die Werte werden mit dem Listen-Editor [STAT] eingegeben und gezeichnet.

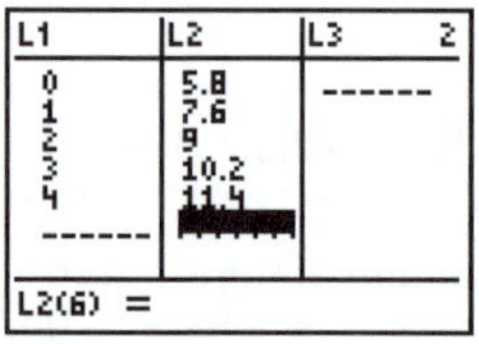

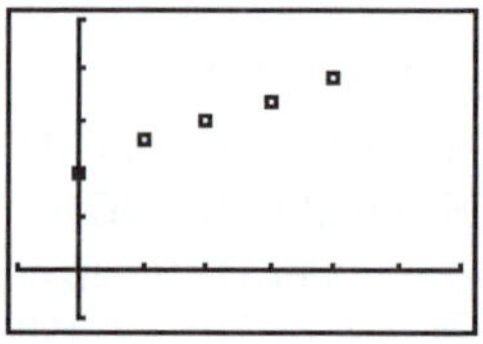

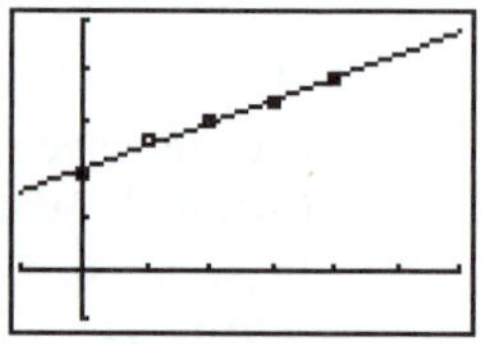

c) Auf den ersten Blick sieht man bereits, dass die Punkte weder auf einer deutlich nach oben gekrümmten Kurve liegen (dies wäre ein Hinweis auf exponentielles Wachstum) noch deutlich nach rechts gekrümmt sind (was einem exponentiell begrenzten Wachstum entsprechen würde). Dagegen lässt sich näherungsweise recht gut eine Gerade durch die gezeichneten Punkte legen (vgl. letzte Abbildung in Aufgabenteil b).

Die Bestimmung der optimalen Geraden kann über die lineare Regression geschehen.
Es ergibt sich die Näherungsgerade $y=ax+b$ mit $a=1{,}38$ und $b=6{,}04$.
Die Gerade genügt der Differenzialgleichung $f'(t)=a=1{,}38$. Der Umsatz im E-Commerce wächst jährlich stets um 1,38 Mrd. Euro.
(Verwendet man anstelle der linearen Regression die Punkte mit $t=0$ und $t=4$ zur Bestimmung der Geradenparameter a und b, dann ergibt sich $a=1{,}4$ und $b=5{,}8$.)
Im Jahr 2014 wird ein Umsatz von $f(11)\approx 21{,}22$ Mrd. Euro zu erwarten sein.
Aufgrund der Linearität der Funktion ergibt sich als zu erwartender durchschnittlicher Umsatz das arithmetische Mittel der nach der Funktion f zu erwartenden Umsatzzahlen der Jahre 2003 und 2014, also 13,63 Mrd. Euro.

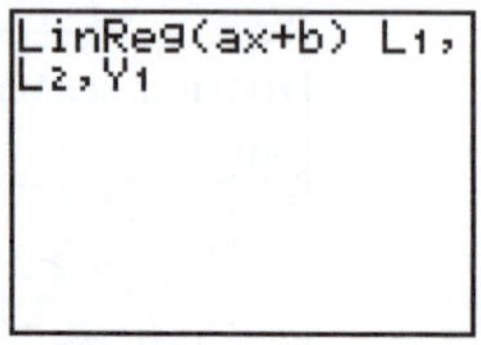

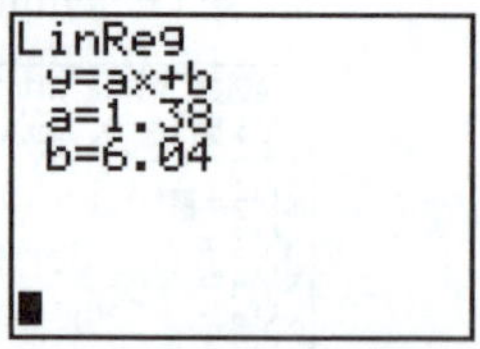

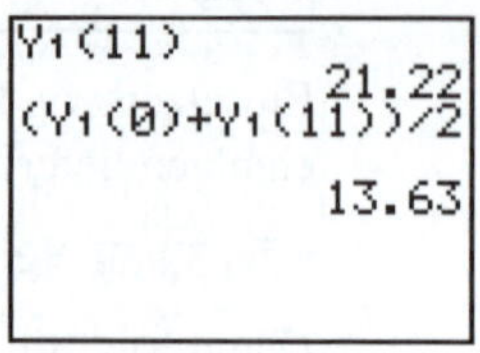

84. a) Gibt man die Werte in den GTR ein, erhält man bereits die wesentlichen Informationen:

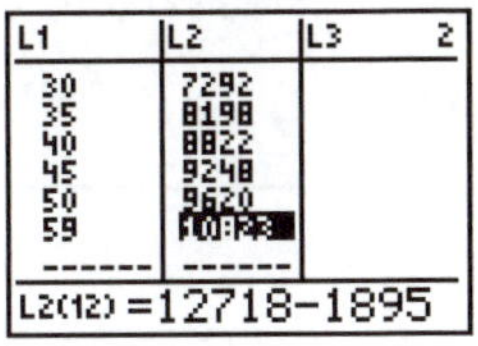

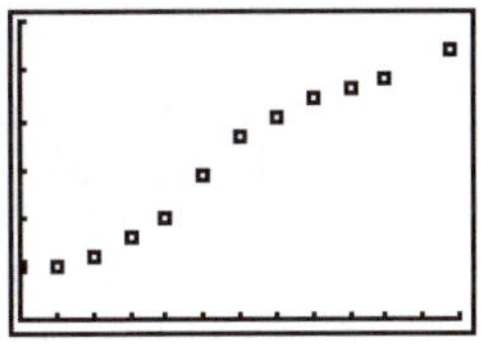

b) Die Werte deuten auf exponentielles Wachstum hin, welches der Funktionsgleichung $f(t) = a \cdot e^{kt}$ genügt. Die beiden Parameter a und k können über zwei Datenpunkte bestimmt werden, z. B. aus dem Jahr 1955 und 1975 (die Zeit t wird hier in Jahren ab 1950 gezählt):

$a \cdot e^{5k} = f(5) = 2186$

$a \cdot e^{25k} = f(25) = 5741$

Dividiert man die zweite Gleichung durch die erste, erhält man:

$e^{20k} = \frac{5741}{2186} \quad \Leftrightarrow \quad k = \frac{1}{20} \ln \frac{5741}{2186} \approx 0,0483$

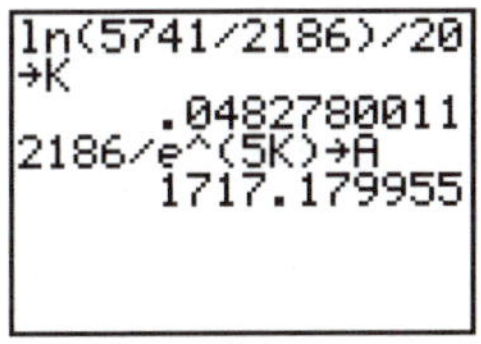

Eingesetzt in die erste der obigen Gleichungen ergibt sich:

$a = \frac{2186}{e^{5k}} \approx 1717$

Mit dem GTR kann man nun zur Kontrolle die Funktion zusammen mit den Punkten plotten lassen.

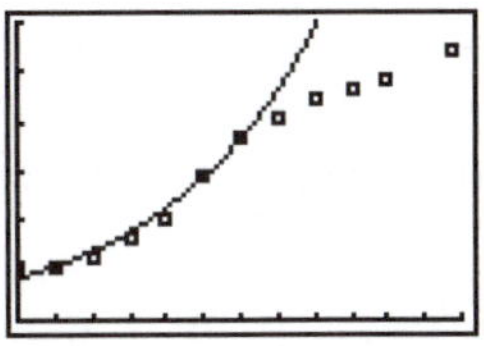

c) Die Entwicklung im Zeitraum von 1970 bis 2000 deutet auf beschränktes Wachstum hin. Für die Bestimmung der drei unbekannten Parameter a, k und G in der dazugehörigen Funktionsgleichung $f(t) = G - a \cdot e^{-kt}$ werden die Werte der Jahre 1970, 1985 und 2000 verwendet:

$G - a \cdot e^{-20k} = f(20) = 4110$

$G - a \cdot e^{-35k} = f(35) = 8198$

$G - a \cdot e^{-50k} = f(50) = 9620$

Subtraktion der ersten von der zweiten und der zweiten von der dritten Gleichung ergibt:

$$\begin{aligned} a(e^{-20k} - e^{-35k}) &= 4088 \\ a(e^{-35k} - e^{-50k}) &= 1422 \end{aligned} \quad \Leftrightarrow \quad \begin{aligned} a \cdot e^{-20k}(1 - e^{-15k}) &= 4088 \\ a \cdot e^{-35k}(1 - e^{-15k}) &= 1422 \end{aligned}$$

Dividiert man die beiden Gleichungen durch einander, dann erhält man:

$e^{15k} = \frac{4088}{1422} \quad \Leftrightarrow \quad k = \frac{1}{15}\ln\frac{4088}{1422} \approx 0{,}0704$

Einsetzen in die erste der beiden vorangehenden Gleichungen liefert:

$a = \frac{4088}{e^{-20k}(1-e^{-15k})} \approx 25\,620$

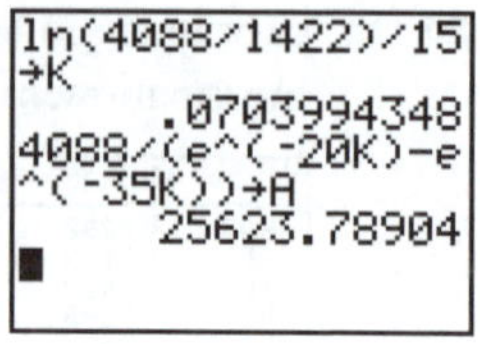

Durch Einsetzen von a und k in f(20) bestimmt man nun noch G:

$G = 4110 + a \cdot e^{-20k} \approx 10\,380$

Langfristig sind nach diesem Ansatz ca. 10 380 Autobahnkilometer zu erwarten. Ein Vergleich mit dem Wert aus dem Jahr 2009 (= 10 823) zeigt, dass diese Prognose nicht geeignet ist.

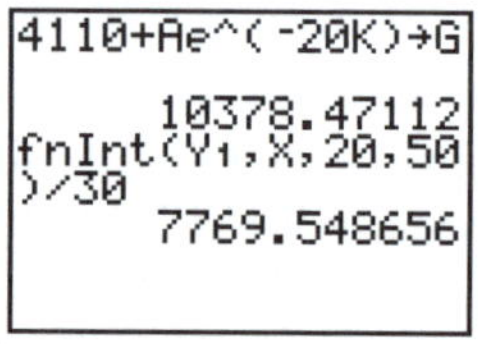

Bestimmen der durchschnittlichen Länge der Autobahnen über Integration:

$\bar{L} = \frac{1}{30} \cdot \int_{20}^{50} f(t)\,dt \approx 7770 \text{ km}$

Auch hier kann man Schaubild und Punkte gemeinsam plotten lassen.

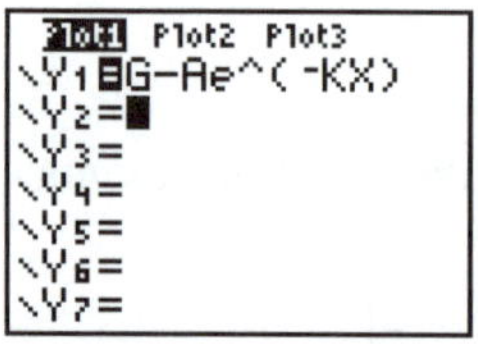

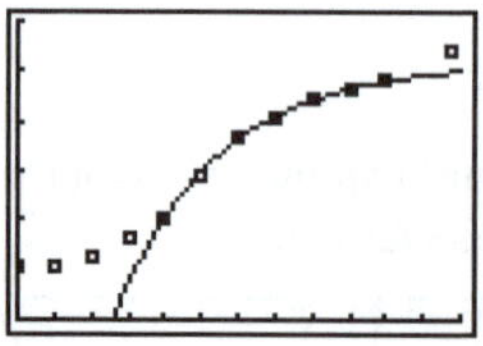

85. Mit dem Startjahr 2006 gilt für die Funktion f mit $f(t) = G - a \cdot e^{-kt}$:

$$G - a = f(0) = 2{,}583$$
$$G - a \cdot e^{-k} = f(1) = 3{,}292$$
$$G - a \cdot e^{-2k} = f(2) = 3{,}770$$

Subtraktion der ersten von der zweiten und der zweiten von der dritten Gleichung ergibt:

$$\begin{array}{r} a(1-e^{-k}) = 0{,}709 \\ a(e^{-k}-e^{-2k}) = 0{,}478 \end{array} \quad \Leftrightarrow \quad \begin{array}{r} a(1-e^{-k}) = 0{,}709 \\ ae^{-k}(1-e^{-k}) = 0{,}478 \end{array}$$

Dividiert man die beiden Gleichungen durch einander, dann erhält man:

$e^{k} = \frac{0{,}709}{0{,}478} \quad \Leftrightarrow \quad k = \ln\frac{0{,}709}{0{,}478} \approx 0{,}394$

Einsetzen in die erste der beiden davor stehenden Gleichungen liefert: $a = \frac{0{,}709}{1-e^{-k}} \approx 2{,}176$

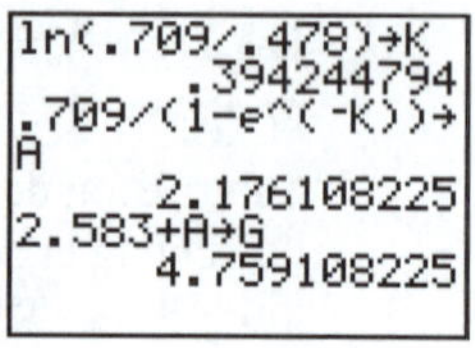

In f(0) eingesetzt bestimmt man $G = 2{,}583 + a \approx 4{,}759$.

Das langfristig zu erwartende Marktvolumen beträgt ca. 4,8 Mrd. Euro.

Die zu f passende Differenzialgleichung lautet: $f'(t) = k \cdot (G - f(t))$
(Die Änderungsrate ist proportional zum Sättigungsmanko.)
Im Jahr 2006 beträgt das Sättigungsmanko $G - f(0) \approx 2{,}176$ Mrd. Euro. Bis 2007 kommen hiervon 0,709 Mrd. Euro hinzu. Dies entspricht etwa 33 % des Sättigungsmankos des Jahres 2006 (diese Prozentzahl gilt natürlich aufgrund des Ansatzes für begrenztes Wachstum auch für den Zeitraum von 2007 bis 2008).
Die Güte der Modellierung kann man mithilfe des GTR überprüfen:

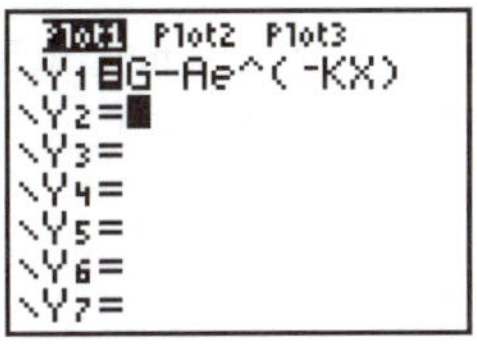

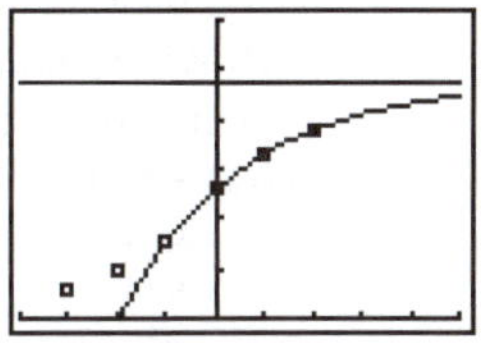

Im Zeitraum von 2005 bis 2008 ist das Modell sehr gut, in den Jahren 2003 und 2004 jedoch überhaupt nicht geeignet zur Beschreibung der Entwicklung.

86. Man verwendet für eine Zeiteinheit am besten 100 Stunden. Setzt man zu Beginn der Messung die Leuchtkraft mit L_0 an, so beträgt die Leuchtkraft nach 100 Stunden $L(1) = 0{,}98L_0$.
Mit dem Ansatz exponentiellen Zerfalls, $L(t) = L_0 \cdot e^{-kt}$ mit $L(1) = 0{,}98L_0$, ergibt sich:

$$0{,}98L_0 = L_0 \cdot e^{-k} \quad \Leftrightarrow \quad -k = \ln 0{,}98 \quad \Leftrightarrow \quad k = -\ln 0{,}98 \approx 0{,}0202$$

Den Zeitpunkt t_1, zu dem nur noch 90 % der ursprünglichen Leuchtkraft vorhanden ist, bestimmt man wie folgt:

$$0{,}9L_0 = L(t_1) = L_0 \cdot e^{-kt_1} \quad \Leftrightarrow \quad -k \cdot t_1 = \ln 0{,}9 \quad \Leftrightarrow \quad t_1 = -\frac{\ln 0{,}9}{k} \approx 5{,}215$$

Nach ca. 520 Stunden beträgt die Leuchtkraft noch 90 % der ursprünglichen Leuchtkraft.
Die durchschnittliche Leuchtkraft beträgt

$$\overline{L} = \frac{1}{t_1} \cdot \int_0^{t_1} L(t)\,dt \approx 0{,}949 = 94{,}9\ \%$$

der ursprünglichen Leuchtkraft (mittels GTR bestimmt).

87. a) Bei angenommenem exponentiellen Wachstum vergrößert sich die Weltbevölkerung ständig. Damit wird auch der jährliche Zuwachs entsprechend größer. Die korrekte Überschrift hätte z. B. lauten müssen: „In diesem Jahr 80 Millionen Menschen mehr.“

b) Für das Jahr 1984 ($t = 0$) gilt für die Weltbevölkerung N (gemessen in Millionen Menschen): $N(0) = 4600$; $N'(0) = 80$

Da bei exponentiellem Wachstum $N'(t) = k \cdot N(t)$ ist, folgt aus den Angaben für 1984:

$k = \frac{80}{4600} \approx 0{,}0174$

Die zugehörige Funktion N hat die Gleichung $N(t) = N(0) \cdot e^{kt}$, woraus für das Jahr 2014 $N(30) = 4600 \cdot e^{30k} \approx 7751$ folgt; im Jahr 2014 werden demnach ca. 7,8 Mrd. Menschen erwartet.

```
80/4600→K
        .0173913043
4600*e^(30K)
        7750.795118
fnInt(4600e^(KX)
,X,-9970,30)
        445670.7193
```

Alternative:

Betrachtet man die angegebene Zunahme von 80 Mio. Menschen nicht als Wachstumsrate, dann ergibt sich über den Ansatz $N(0) = 4600$; $4680 = N(1) = 4600e^{k \cdot 1}$:

$e^k = \frac{4680}{4600} \quad \Leftrightarrow \quad k = \ln\frac{4680}{4600} \approx 0{,}0172$

c) Betrachtet wird der Zeitraum $-9970 \leq t \leq 30$. Die Summe der jährlichen Weltbevölkerungszahlen innerhalb dieses Zeitraums beträgt nach dem betrachteten Modell (in Millionen Menschen):

$$S \approx \int_{-9970}^{30} N(t)\,dt = \frac{4600}{k}e^{kt}\Big|_{-9970}^{30} \approx 445\,671$$

Im betrachteten Zeitraum gab es durchschnittlich jährlich $\frac{445\,671}{10\,000} \approx 44{,}6$ Millionen Menschen.

Bei der angenommenen durchschnittlichen Lebenserwartung von 40 Jahren ist bei der Bildung der Summe S jeder Mensch 40-fach gezählt worden, sodass in dem betrachteten Zeitraum wegen $\frac{445\,671}{40} \approx 11142$ insgesamt ca. 11,1 Milliarden Menschen gelebt haben.

Diese Berechnungen sind schon allein deswegen nur Zahlenspielerei, da nach diesem Modell vor 10 000 Jahren wegen $N(-9970) = 4600e^{-9970k} \approx 0$ kein einziger Mensch gelebt hätte. Das derzeitige, als exponentiell angenommene Wachstum ist nicht beliebig in die Vergangenheit übertragbar.

88. Bei einer Funktion dürfen keinem x-Wert mehrere y-Werte zugeordnet werden. Damit ein Schaubild zu einer Funktion gehört, ist also Voraussetzung, dass keine zwei Kurvenpunkte übereinanderliegen. Bei stetigen Funktionen ist die kritischste Stelle bei Drehung des vorgegebenen Schaubilds diejenige mit der größten bzw. kleinsten (negativen) Steigung, da an dieser Stelle das Schaubild bei Drehung zuerst „zurückläuft".

a) Die 1. Winkelhalbierende hat überall die Steigung 1. Diese Gerade verläuft bei Drehung um 45° nach links vertikal und ist dann erstmals kein Funktionsschaubild mehr. Bei Drehung um 135° nach rechts verläuft die Gerade ebenfalls vertikal, auch dann ist sie kein Funktionsschaubild mehr. Drehungen sind also im Bereich $-135° < \alpha < 45°$ möglich (negative Werte bedeuten Rechtsdrehung!).

b) Die Funktion f mit $f(x)=x^2$ hat die Ableitung $f'(x)=2x$. Da diese Ableitung für $x \to \pm\infty$ gegen $\pm\infty$ strebt, ist überhaupt keine Drehung nach rechts oder links möglich.

c) Die Funktion f mit $f(x)=\sqrt{x}$ hat die Ableitung $f'(x)=\frac{1}{2\sqrt{x}}$.
Deren Werte liegen im Bereich $(0; \infty)$. Daher ist keine Linksdrehung, aber eine Rechtsdrehung um höchstens 90° möglich (dann entsteht das Schaubild einer „halben" Normalparabel).

d) Die Ableitung der Sinusfunktion ist $f'(x)=\cos x$ mit dem Wertebereich $-1 \leq f'(x) \leq 1$. Für die Sinuskurve ist damit eine Drehung im Bereich $-45° \leq \alpha \leq 45°$ möglich.

e) Die Exponentialfunktion hat die Ableitung $f'(x)=e^x$. Diese besitzt den Wertebereich $0 < f'(x) < \infty$. Es ist keine Linksdrehung, aber eine Rechtsdrehung um maximal 90° möglich (wobei sich der Definitionsbereich bei Drehung um genau 90° auf die positiven reellen Zahlen reduziert).

f) Die Hyperbel mit der Gleichung $f(x)=\frac{1}{x}$ hat einen Pol bei $x=0$.
Dort besitzt das Schaubild eine senkrechte Asymptote. Es ist keine Drehung möglich, da sonst die y-Achse von beiden Hyperbelästen geschnitten würde und somit dem Wert $x=0$ zwei y-Werte zugewiesen werden müssten. (Eine Drehung um genau $k \cdot 90°$, $k \in \mathbb{Z}$, würde jedoch ein Funktionsschaubild ergeben.)

89. Für die Lösung gibt es mindestens zwei gut geeignete Ansätze. Eine Möglichkeit besteht darin, die horizontale Entfernung der Auflagestelle M der Metallplatte von dem Geländerpunkt G zu bestimmen. Eine zweite Möglichkeit ist z. B. die Verwendung des Winkels α der Metallplatte gegenüber der Horizontalen. Entscheidend für das Auftreffen der Metallplatte auf das Schaufenster ist, ob der horizontale Überhang d der Metallplatte während des Abgleitens den Wert von 0,4 Metern erreicht.

Erste Lösung

Die Länge x der Strecke GM beschreibt den Gleitvorgang für $0 \leq x \leq x_{max}$. x_{max} ist die Länge, bei der das obere Plattenende gerade den Auflagepunkt am Geländer erreicht. Die Platte bildet in dieser Grenzstellung mit dem Geländer und dem Boden ein rechtwinkliges Dreieck, aus dem sich
$x_{max} = \sqrt{1{,}6^2 - 0{,}8^2} = \sqrt{1{,}92}$
ergibt.

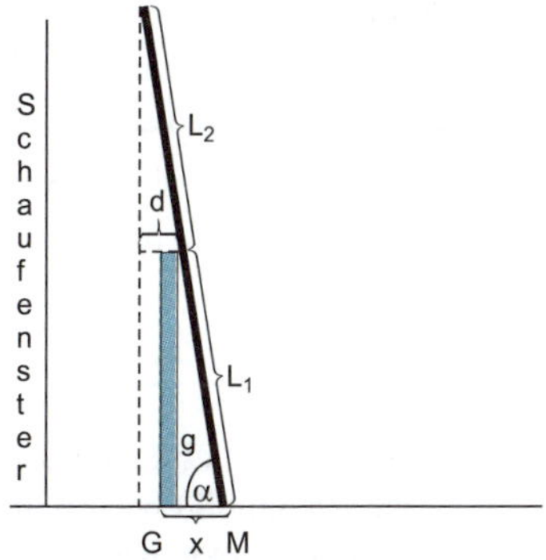

Die beiden ähnlichen rechtwinkligen Dreiecke liefern danach:

$$\frac{L_2}{L_1} = \frac{d(x)}{x} \quad \Leftrightarrow \quad d(x) = \frac{L_2}{L_1} \cdot x = \frac{1{,}6 - \sqrt{g^2 + x^2}}{\sqrt{g^2 + x^2}} \cdot x$$

Der maximal erreichbare horizontale Überhang d_{max} wird mit dem GTR bestimmt:

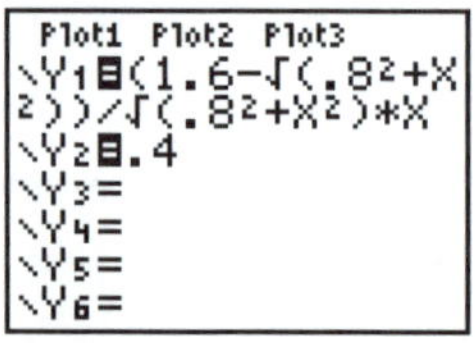

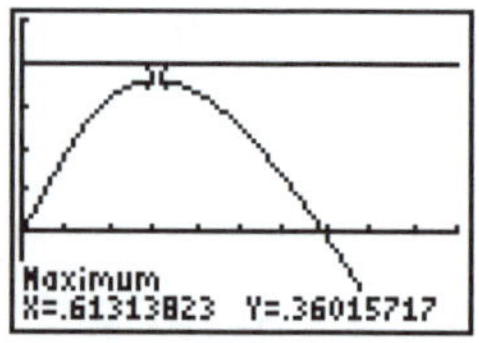

Zweite Lösung

Der Winkel α zwischen Metallplatte und Fußboden beschreibt den Gleitvorgang für $90° \geq \alpha \geq \alpha_{min}$. Am Ende der Gleitbewegung bildet die Platte mit dem Geländer (Höhe: 0,8 m) und dem Boden ein rechtwinkliges Dreieck, aus dem sich

$$\sin \alpha_{min} = \frac{0{,}8}{1{,}6} = \frac{1}{2} \text{ und somit } \alpha_{min} = 30°$$

ergibt. Aus den beiden rechtwinkligen Dreiecken und der Geländerhöhe g ergibt sich gemäß Skizze:

$$\sin \alpha = \frac{g}{L_1} \quad \Leftrightarrow \quad L_1 = \frac{g}{\sin \alpha}$$

$$L_2 = 1{,}6 - L_1$$

$$\cos \alpha = \frac{d(\alpha)}{L_2} = \frac{d(\alpha)}{1{,}6 - L_1} = \frac{d(\alpha)}{1{,}6 - \frac{g}{\sin \alpha}} \quad \Leftrightarrow \quad d(\alpha) = \left(1{,}6 - \frac{g}{\sin \alpha}\right) \cos \alpha$$

Der maximal erreichbare horizontale Überhang d_{max} wird mit dem GTR bestimmt (die Winkel sind hier im Gradmaß angegeben):

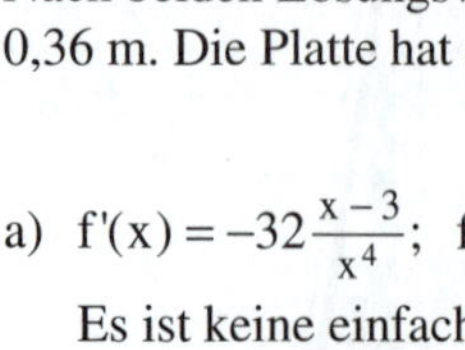

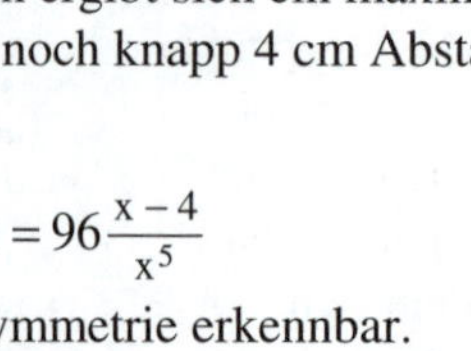

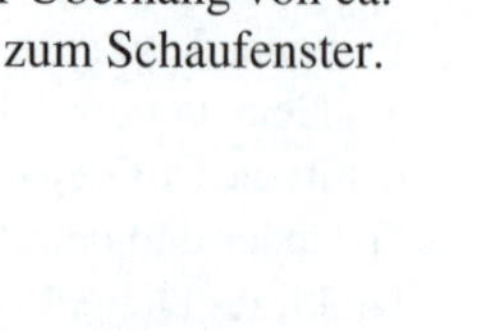

Nach beiden Lösungswegen ergibt sich ein maximaler Überhang von ca. 0,36 m. Die Platte hat also noch knapp 4 cm Abstand zum Schaufenster.

90. a) $f'(x) = -32\frac{x-3}{x^4}; \quad f''(x) = 96\frac{x-4}{x^5}$

Es ist keine einfache Symmetrie erkennbar.

Das Schaubild besitzt die horizontale Asymptote $y = 0$ (x-Achse), da der Zählergrad kleiner als der Nennergrad ist.

Außerdem gibt es die senkrechte Asymptote $x=0$ (y-Achse) und eine Polstelle mit Vorzeichenwechsel (dreifache Nullstelle des Nenners).

$N(2|0)$; $H\left(3 \,\middle|\, \frac{16}{27}\right)$; $W\left(4 \,\middle|\, \frac{1}{2}\right)$

Schaubildskizze (mittels GTR):

b) Soll die Hyperbel $g(x)=\frac{a}{x}$ das Schaubild der Funktion f an der Stelle x_0 berühren, so müssen an der Stelle x_0 zwei Bedingungen erfüllt sein:

1. Die Funktionswerte der beiden Funktionen müssen gleich sein:
   $f(x_0)=g(x_0)$
2. Außerdem muss an dieser Stelle auch die Steigung gleich sein:
   $f'(x_0)=g'(x_0)$

Es müssen also die folgenden zwei Gleichungen gelten:

1. $16\frac{x_0-2}{x_0^3}=\frac{a}{x_0} \quad \Leftrightarrow \quad 16\frac{x_0-2}{x_0^2}=a$

2. $-32\frac{x_0-3}{x_0^4}=-\frac{a}{x_0^2} \quad \Leftrightarrow \quad 32\frac{x_0-3}{x_0^2}=a$

Gleichsetzen der beiden umgeformten Gleichungen ergibt:

$$32\frac{x_0-3}{x_0^2}=16\frac{x_0-2}{x_0^2} \quad \Leftrightarrow \quad 32(x_0-3)=16(x_0-2)$$

$$\Leftrightarrow \quad 32x_0-96=16x_0-32 \quad \Leftrightarrow \quad x_0=4$$

Durch Einsetzen von x_0 etwa in die erste Gleichung bestimmt man nun a:

$$16\cdot\frac{2}{16}=a \quad \Leftrightarrow \quad a=2$$

Zu zeigen ist: $f(x)\le g(x)$ für alle $x>0$. Dies ist gleichbedeutend mit $f(x)-g(x)\le 0$ für alle $x>0$. Es gilt für alle $x>0$:

$$f(x)-g(x)=16\frac{x-2}{x^3}-\frac{2}{x}=\frac{16x-32-2x^2}{x^3}=-2\frac{x^2-8x+16}{x^3}$$

$$=-2\frac{(x-4)^2}{x^3}\le 0$$

Der Flächeninhalt A wird über das uneigentliche Integral bestimmt (man beachte, dass nach Obigem gilt: $f(x)\le g(x)$ für alle $x>0$):

$$A=\int_4^{\infty}(g(x)-f(x))\,dx=\int_4^{\infty}\left(2\frac{x^2-8x+16}{x^3}\right)dx=\int_4^{\infty}\left(\frac{2}{x}-\frac{16}{x^2}+\frac{32}{x^3}\right)dx$$

$$=\lim_{z\to\infty}\left(\left(2\ln x+\frac{16}{x}-\frac{16}{x^2}\right)\Big|_4^z\right)=\lim_{z\to\infty}\left(2\ln z+\frac{16}{z}-\frac{16}{z^2}-2\ln 4-4+1\right)=\infty$$

Die Fläche ist nicht endlich.

c) Wegen der Kartondicke müssen die Außenmaße jeweils um 1 mm reduziert werden, um das Innenvolumen berechnen zu können. Es ergibt sich $V=(B-1)(T-1)(H-1)=62\text{ mm}\cdot 93\text{ mm}\cdot 165\text{ mm}\approx 951{,}4\text{ cm}^3$.
Zur Modellierung mit ausgebeulter Hochkante wird der Behälter um 90° nach rechts gedreht und der Ursprung des Koordinatensystems wird aus Symmetriegründen in die Mitte der Vorderfläche gelegt.
Die Abmessungen a, b, c, d beziehen sich auf die Innenmaße des Behälters.

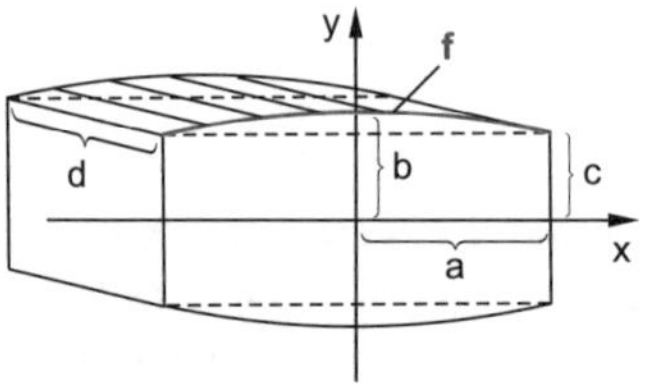

Damit ergibt sich als Ansatz für die obere Parabel: $f(x)=-kx^2+b$
(Scheitel der nach unten geöffneten Parabel bei $S(0\,|\,b)$)
Aus den gegebenen Maßen des Behälters (in mm) lässt sich entnehmen:
$a=\frac{165}{2}=82{,}5;\ c=\frac{62}{2}=31;\ d=93$
Die Parabel verläuft durch den Punkt $P(a\,|\,c)$, also gilt:
$$f(a)=c \iff f(82{,}5)=31 \iff -k\cdot 82{,}5^2+b=31 \iff k=\frac{b-31}{82{,}5^2}$$
Die Gleichung der Parabel lautet also in Abhängigkeit von b:
$$f(x)=-\frac{b-31}{82{,}5^2}x^2+b$$
Das Volumen des ausgebeulten Körpers lässt sich berechnen durch $V=Q\cdot d$, wobei Q der Inhalt der vorderen Fläche ist:
$$Q=4\cdot\int_0^a f(x)\,dx=4\cdot\int_0^{82{,}5}\left(-\frac{b-31}{82{,}5^2}x^2+b\right)dx=4\left(-\frac{b-31}{82{,}5^2}\cdot\frac{x^3}{3}+bx\right)\Bigg|_0^{82{,}5}$$
$$=4\left(-\frac{(b-31)82{,}5}{3}+b\cdot 82{,}5\right)=\frac{8\cdot 82{,}5}{3}b+\frac{4}{3}\cdot 31\cdot 82{,}5=220b+3410$$
Aus dem gegebenen Volumen $V=1030\text{ cm}^3=1\,030\,000\text{ mm}^3$ und dem berechneten Flächeninhalt Q kann man den Wert der Größe b bestimmen:
$$1030000=V=Q\cdot d=(220b+3410)93=20460b+317130$$
$$\iff b=\frac{1030000-317130}{20460}\approx 34{,}84$$
Somit erhält man die maximale Breite des gefüllten Behälters:
$B_{max}=2b\approx 69{,}7$
Der Getränkebehälter ist also ca. $69{,}7-62=7{,}7$ mm nach außen gewölbt.

91. a) Das Maximum der Funktion f mit

$$f(t) = \frac{a}{b + (c-t)^2}$$

wird an der Stelle t = c angenommen (da dort der Nenner minimal ist). Damit folgt sofort c = 9. Die angegebenen Absatzzahlen liefern zwei weitere Bedingungen:

$$\begin{aligned} 5000 = f(0) = \tfrac{a}{b+81} \\ 20\,000 = f(9) = \tfrac{a}{b} \end{aligned} \quad \Leftrightarrow \quad \begin{aligned} a &= 5000(b+81) = 5000b + 405\,000 \\ a &= 20\,000b \end{aligned}$$

Durch Gleichsetzen der beiden umgeformten Gleichungen erhält man:

$$20\,000b = 5000b + 405\,000 \quad \Leftrightarrow \quad b = \frac{405\,000}{15\,000} = 27$$

Somit ergibt sich für a: $a = 20\,000 \cdot 27 = 540\,000$

Bestimmung des Jahresabsatzes mittels GTR:

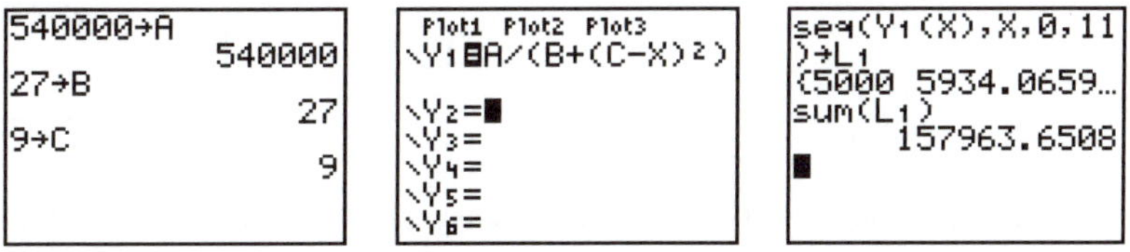

Im Laufe eines Jahres werden nach diesem Modell ca. 157 964 Bücher abgesetzt.

Die **Rentabilitätsgrenze** (die über eine quadratische Gleichung auch exakt bestimmt werden kann) wird mithilfe des GTR abgelesen:

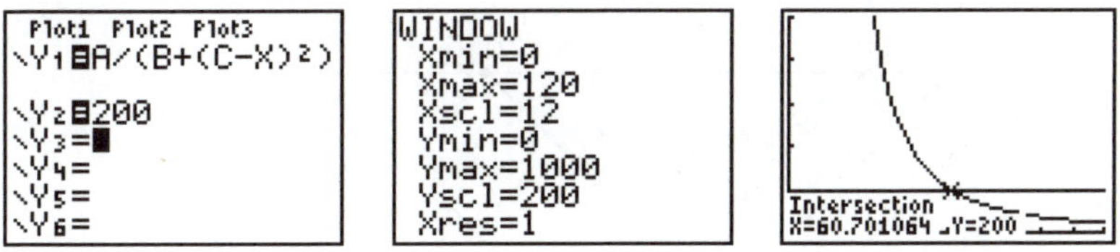

Die Rentabilitätsgrenze wird zu Beginn des sechsten Verkaufsjahres erreicht.

Die **stärkste Abnahme** wird am Wendepunkt des Schaubilds von f erreicht. Man kann sie über das Minimum des Schaubilds der Ableitungsfunktion f' von f mit dem GTR bestimmen:

Nach einem Jahr ist bereits die stärkste Abnahme des Absatzes zu erwarten. (Teilergebnis für die Ableitung: $f'(t) = \frac{1080000(9-t)}{(27+(9-t)^2)^2}$)

b) Mittels GTR werden $\int_0^{60,7} f(t)\,dt \approx 261700$ Bücher als ungefähre Gesamtzahl ermittelt.

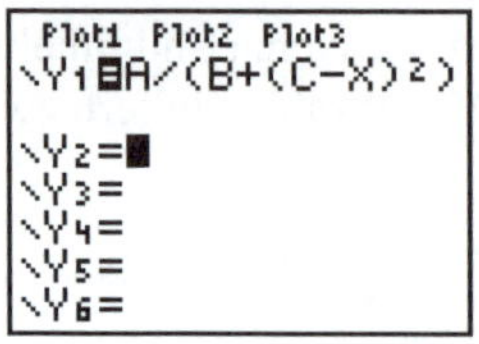

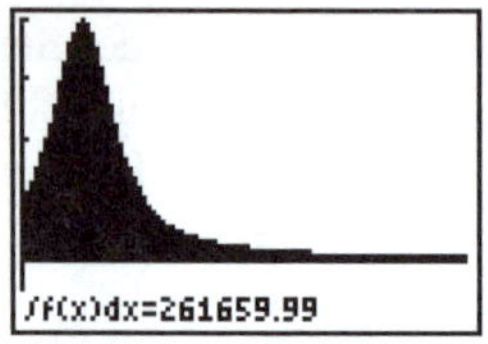

Alternative: (Berechnung mittels GTR über Folgen und Summe der Folgenglieder; Tastenfolge siehe Kapitel zum GTR)
In den ersten 61 Monaten (also bis kurz nach dem Unterschreiten der Rentabilitätsgrenze) wurden ca. 264 000 Bücher abgesetzt.

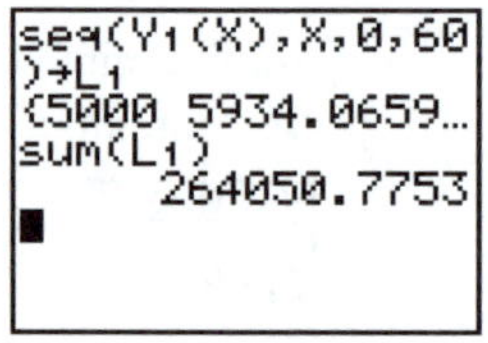

92. Die günstigste **Wahl des Koordinatensystems** ist in der folgenden Abbildung wiedergegeben. Damit haben die beiden Anschlusspunkte die Koordinaten P(−60 | 0) und Q(60 | 0). Das unterhalb der x-Achse liegende, von der Straßenkreuzung eingeschlossene Flächenstück hat die Höhe 60 m und damit einen Flächeninhalt von $A_D = \frac{1}{2} \cdot 120 \cdot 60 = 3600\ m^2$.

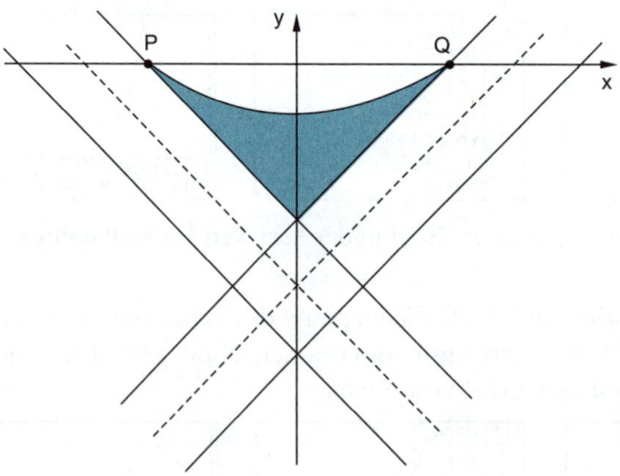

Erster Ansatz (Viertelkreis)

Aus $d = 120$ erhält man zunächst mit dem Satz des Pythagoras:

$$r^2 + r^2 = d^2 \quad \Leftrightarrow \quad r = \frac{d}{2}\sqrt{2}$$

Damit ergibt sich für die Fläche des Viertelkreises:

$$A_V = \frac{\pi \cdot r^2}{4} = \frac{\pi \cdot d^2}{8} \approx 5655 \text{ m}^2$$

Das gesamte Quadrat hat den Inhalt

$$A_Q = r^2 = \frac{d^2}{2} = 7200 \text{ m}^2.$$

Nun kann man den Geländebedarf für den ersten Ansatz bestimmen:

$$A_1 = A_Q - A_V \approx 1545 \text{ m}^2$$

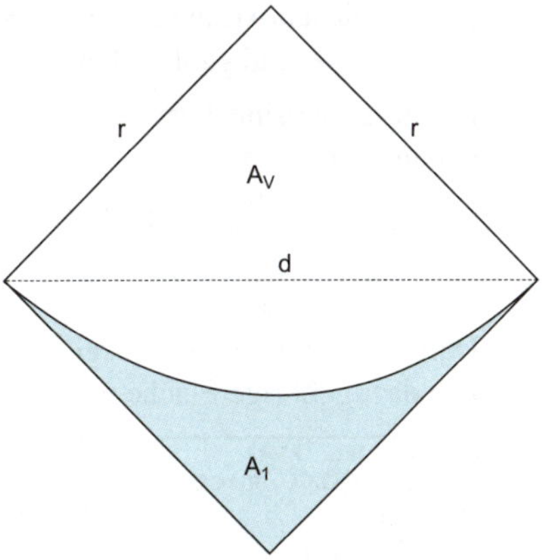

Zweiter Ansatz (Parabelbogen)

Die Parabel ist symmetrisch zur y-Achse und geht durch die Punkte P und Q. Weiterhin hat sie im Punkt Q die Steigung 1 und in P die Steigung –1. (Steigung und Koordinaten des Punktes P werden nicht weiterverwendet, da sie wegen der Achsensymmetrie bereits aus den entsprechenden Eigenschaften von Q folgen.)

Ansatz: $f(x) = ax^2 + c;\ f'(x) = 2ax$

Gemäß der Voraussetzungen muss also gelten:

$$\begin{array}{l} f(60) = 0 \\ f'(60) = 1 \end{array} \quad \Leftrightarrow \quad \begin{array}{r} 3600a + c = 0 \\ 120a = 1 \end{array}$$

Hieraus ergibt sich $a = \frac{1}{120}$.

Durch Einsetzen von a in die erste Zeile erhält man $c = -30$.

Die Parabelgleichung lautet also:

$$f(x) = \frac{1}{120}x^2 - 30$$

Die Fläche zwischen der x-Achse und der Parabel wird mit dem GTR bestimmt (Zeichnung der Parabel sowie der beiden Geraden mittels [Y=], [WINDOW] und [GRAPH] und Bestimmung der Fläche über [CALC] <∫f(x)dx> ergibt):

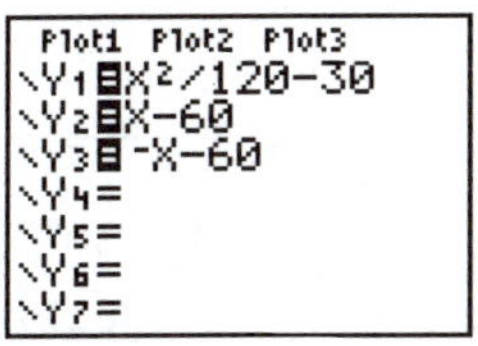

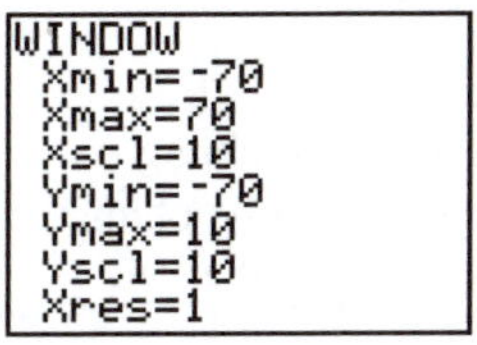

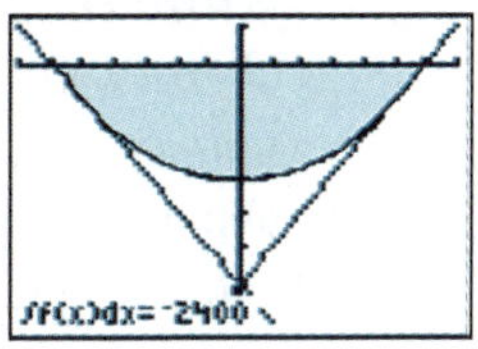

(Das Integral liefert wegen der orientierten Fläche den entsprechenden negativen Wert $A_P = -2400 \text{ m}^2$.)

Damit ergibt sich ein Geländebedarf von $A_2 = \frac{1}{2}A_Q - A_P = 1200 \text{ m}^2$.

Dritter Ansatz (Kosinuskurve)

Die für diesen Ansatz geeignete Kosinusfunktion hat eine Periodenlänge von $2 \cdot 120 = 240$ und genügt damit der Gleichung $g(x) = a \cdot \cos\left(\frac{2\pi}{240}x\right)$.

Damit die Kosinuskurve die beiden Geradenstücke berührt, muss zusätzlich gelten: $g'(60) = 1$

Mit $g'(60) = -\frac{2\pi \cdot a}{240} \sin\left(\frac{2\pi}{240} \cdot 60\right) = -\frac{2\pi \cdot a}{240} \sin\frac{\pi}{2} = -\frac{2\pi \cdot a}{240}$ ergibt sich daraus:

$a = -\frac{240}{2\pi} = -\frac{120}{\pi}$

Damit lautet die Funktionsgleichung von g wie folgt: $g(x) = -\frac{120}{\pi} \cos\left(\frac{\pi}{120}x\right)$
Die dazugehörige Fläche wird wieder mit dem GTR bestimmt.

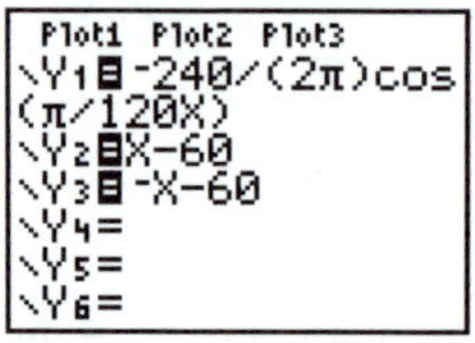

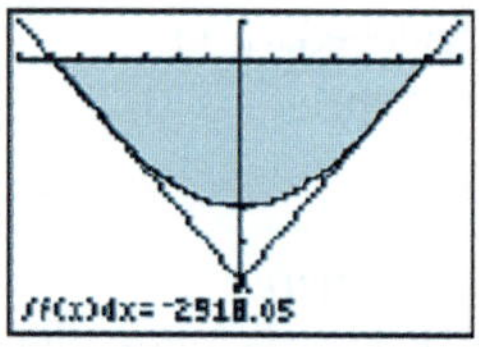

Der eingeschlossene Flächeninhalt A_S beträgt etwa 2918 m^2 und der Geländebedarf liegt bei $A_3 = \frac{1}{2}A_Q - A_S \approx 682\ m^2$.

Mit dem zweiten Ansatz können im Vergleich zum ersten Ansatz

$\frac{A_1 - A_2}{A_1} \approx 22{,}3\ \%$

des Geländes eingespart werden; mit dem dritten Ansatz können gegenüber dem ersten Ansatz

$\frac{A_1 - A_3}{A_1} \approx 55{,}9\ \%$

des Geländes eingespart werden. Das dritte Modell ist hinsichtlich des Geländebedarfs also am günstigsten.

93. a) Die Stromleitung zwischen den Masten A und B verläuft durch die Punkte P(0 | 80) und Q(200 | 180). Damit lassen sich die Parameter a und b bestimmen:

$$\begin{array}{l} f(0) = 80 \\ f(200) = 180 \end{array} \Leftrightarrow \begin{array}{l} a + b = 80 \\ a \cdot e + \frac{b}{e} = 180 \end{array}$$

Multiplikation der ersten Gleichung mit e und Subtraktion von der zweiten Gleichung ergibt:

$\frac{b}{e} - b \cdot e = 180 - 80e \Leftrightarrow b = \frac{180 - 80e}{\frac{1}{e} - e} \approx 15{,}94$

In f(0) eingesetzt folgt dann $a = 80 - b \approx 64{,}06$.

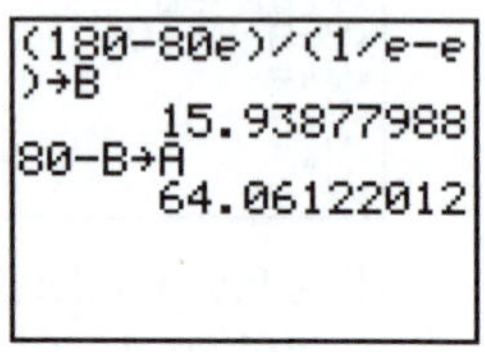

$f'(x) = 0{,}005a \cdot e^{0{,}005x} - 0{,}005b \cdot e^{-0{,}005x}$

$f'(0) = 0{,}005a - 0{,}005b \approx 0{,}2406 = \tan\alpha \quad \Leftrightarrow \quad \alpha \approx 13{,}53°$

$f'(200) = 0{,}005a \cdot e - \frac{0{,}005b}{e} \approx 0{,}8414 = \tan\beta \quad \Leftrightarrow \quad \beta \approx 40{,}08°$

Die Stromleitung knickt um ca. 26,5° ab und bildet damit einen Winkel von ca. 153,5°.

b) Zu bestimmen ist das Minimum der Funktion h mit $h(x) = f(x) - 0{,}5x$.

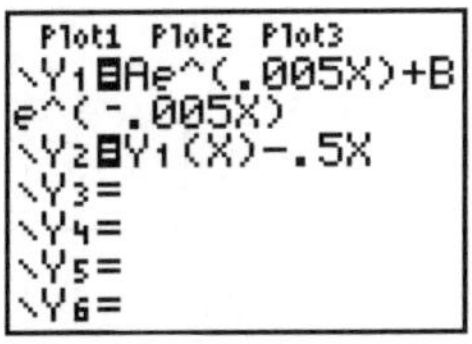

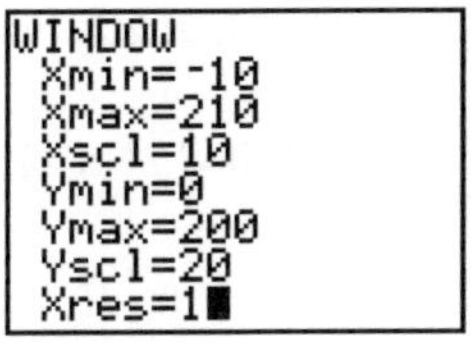

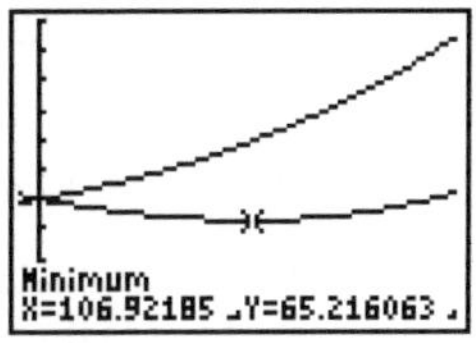

Bei ca. 107 m ergibt sich der geringste vertikale Abstand von ca. 65,22 m.
Kritisch ist nicht der vertikale Abstand v, sondern der zum Hang orthogonale Abstand d.
Aus $v \approx 65{,}22$ folgt $d = v \cdot \cos 30° \approx 56{,}48$.
Die Masten sind also zu niedrig.
Aus $d_{min} = 60$ folgt: $v_{min} = \frac{60}{\cos 30°} \approx 69{,}28$

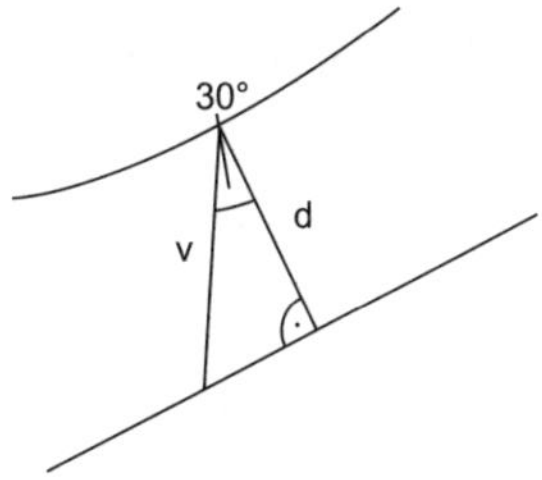

Der Mast muss also mindestens 4,06 m höher sein, um jegliche Gefährdung auszuschließen.

c) Ansatz für p: $p(x) = ax^2 + bx + c$
Die Funktionswerte $p(0) = 80$, $p(200) = 180$ und $p(100) = f(100) = 115{,}284$ ergeben folgendes Gleichungssystem, das man mithilfe des GTR löst:

$$c = 80$$
$$200^2 a + 200b + c = 180$$
$$100^2 a + 100b + c = f(100)$$

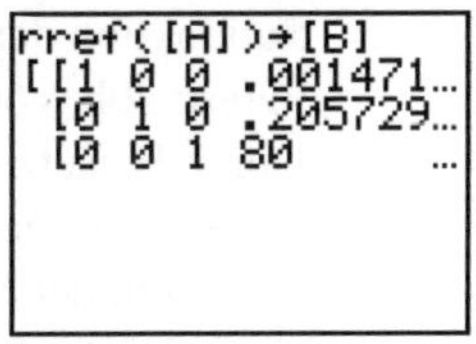

Die Lösungsmatrix speichert man als Matrix [B], gibt als Funktion Y2 die Parabel p, als Funktion Y3 den Absolutbetrag der Differenz der beiden Funktionen Y1 und Y2 ein und berechnet dann (im betrachteten Intervall [0; 200]) das Maximum der Funktion Y3. Das Ergebnis ist die maximale Abweichung der beiden Schaubilder voneinander, also der maximale absolute Fehler, den man bei der Approximation durch die Parabel macht. Er liegt bei $x \approx 159{,}4$ und beträgt ca. 85 cm.
Man beachte, dass man im WINDOW-Menü nicht nur das gegebene x-Intervall, sondern auch ein geeignetes y-Intervall eingeben muss (z. B. [0, 1]).

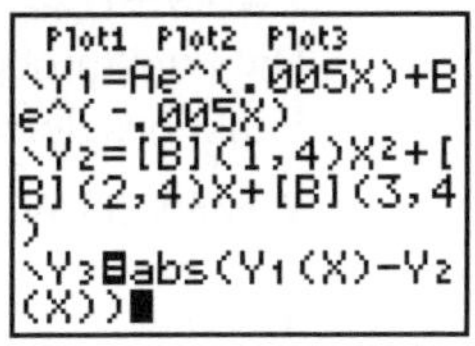

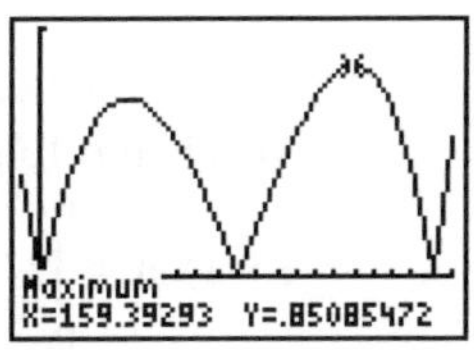

d) Man erhält die Kurve K, indem man das Schaubild von f um 200 nach rechts und um 100 nach oben verschiebt. Für die die Kurve K beschreibende Funktion g gilt also:
$g(x) = f(x-200)+100 = a \cdot e^{0{,}005x-1} + b \cdot e^{-x+1} + 100$

94. a) Da die Messung nur punktuell erfolgt ist, kann für die einzelnen Messabschnitte nur ein Bereich angegeben werden, in dem die momentane Wasserstromstärke höchstwahrscheinlich liegt.

Zeit (in Minuten nach Beginn der Messung)	0–1	1–2	2–3	3–4	4–5	5–6
Wasserstromstärke (in Liter/Minute)	5–10	10–25	25–50	50–25	25–10	10–5

Die Mindestwassermenge beträgt also $5+10+25+25+10+5=80$ Liter, die maximale Wassermenge $10+25+50+50+25+10=170$ Liter.

b) Die ersten drei Tabellenwerte ergeben das folgende Gleichungssystem:

$$\begin{array}{lcl} 5 = f(0) = \frac{a}{(-b)^2+c} & & a = 5b^2+5c \\ 10 = f(1) = \frac{a}{(1-b)^2+c} & \Leftrightarrow & a = 10b^2-20b+10+10c \\ 25 = f(2) = \frac{a}{(2-b)^2+c} & & a = 25b^2-100b+100+25c \end{array}$$

Subtraktion der ersten von der zweiten und der zweiten von der dritten Gleichung ergibt:

$$5b^2-20b+5c=-10$$
$$15b^2-80b+15c=-90$$

Subtraktion der zweiten von der mit 3 multiplizierten ersten Gleichung liefert: $20b=60 \Leftrightarrow b=3$

Durch Einsetzen von b in die erste der beiden Gleichungen erhält man c:
$5 \cdot 9 - 20 \cdot 3 + 5c = -10 \Leftrightarrow c=1$

Einsetzen der Werte von b und c in f(0) ergibt a:
$a = 5(9+1) = 50$

Die Punktprobe an den restlichen Messstellen bestätigt die Richtigkeit der Funktionsgleichung $f(t) = \frac{50}{(t-3)^2+1}$.

Wenn f die Wasserstromstärke darstellt, dann ist

$$\int_a^b f(t)\,dt$$

die im Zeitintervall [a; b] in die Regentonne geflossene Wassermenge.
Also liefert folgendes Integral den geforderten Näherungswert:

$$\int_0^6 f(t)\,dt = \int_0^6 \frac{50}{(t-3)^2+1}\,dt \approx 125\ m^2$$

Stichwortverzeichnis

[(-)] 2
[-] 2
[Y=] 3
[ALPHA] 2
[ANS] 2
[CATALOG] 2
[ENTRY] 2
[GRAPH] 3
[MATRIX] 11
[MODE] 62
[STAT PLOT] 10
[TABLE] 4
[TBLSET] 4
[WINDOW] 3

Ableitung 65, 76
Ableitungsfunktion 7
Ableitungsregeln 50
Achsensymmetrie 16
achsensymmetrisch 62
Änderungsrate 85, 91, 92
Anfangswertproblem 85
Ankathete 61
Asymptote 28, 51, 77
Aufsummieren 32

begrenztes Wachstum 89
Bestand 85
Bogen 61
Bogenlänge 61
Bogenmaß 61

cos α 61

Definitionsbereich 15
Definitionslücke 51
Degree 62
Differenzialgleichung 85
diskrete Änderungsrate 92
Display 3

einfache Symmetrien 16
Einheitskreis 61
Euler'sche Zahl e 75
Exponentialfunktion 75
Exponentialgleichung 75
exponentieller Zerfall 87
exponentielles Wachstum 87
Extremstelle 17
Extremwert 7

Feld 27
Flächenberechnung 9
Funktion mit Parametern 15
Funktionen 15
Funktionenschar 5
Funktionsbestimmung 12
Funktionstyp 15

ganzrationale Funktion 49
gebrochenrationale Funktion 49
Gegenkathete 61
Gleichung 6
Gleichungssystem 11
Grad eines Polynoms 49
Gradmaß 61, 62
Grenze 9
GTR 1

Halbkreis 43
Halbwertszeit 90
Hochpunkt 17
horizontale Asymptote 51, 77
Hypotenuse 61

Integralfunktion 26
Integralrechnung 31
Integration 9
Integrationsregeln 31
Interpretation des Integrals 32

Katheten 61
Kettenregel 50
Koordinaten, kartesische 3
Kosinuskurve 63
Kurvendiskussion 15
Kurvenschar 5

lineare Substitution 31
lineares Gleichungssystem 11
lineares Wachstum 86
Listeneditor 4
Logarithmieren 75
Logarithmusfunktion 75

Matrix 11
Matrizen-Editor 11
Messpunkte 10
Mittelung 37
Mittelwert 37
mittlere Änderungsrate 92
momentane Änderungsrate 85, 91
momentane Wachstumsrate 91
momentane Zerfallsrate 91

Nebenbedingung 24, 25
Nennergrad 51
Nennerpolynom 49
Normale 20
Nullstelle 6, 17

Optimierungsaufgabe 24
Ortslinie 23

Parameter 15, 21
Parametrisierung 23
Periode 62
Periodizität 62
Phasenverschiebung 63
Polstelle 51
Polynom 49
Potenz 75
Potenzregel 31, 50
Produktregel 50
Punktsymmetrie 16
punktsymmetrisch 62
Pythagoras 65

Quadrant 27

Radian 62
rationale Funktion 49
Regressionsgerade 13
Regressionskurve 12
Reset des GTR 2
Rotationskörper 43
Rotationsvolumen 43

Schnitt 6
Schnittpunkt 6
senkrechte Asymptote 51
sin α 61
Sinuskurve 63
Speichervariablen 2
Stammfunktion 26, 65, 76
Steigung 20
Substitution 75
Summierung 34
Symmetrie 16, 62

tan α 61
Tangente 18, 21
Tangentengleichung 18
Tiefpunkt 17
Transformation 63
trigonometrische Funktionen 61
trigonometrische Gleichungen 63

Umkehrfunktion 75

Verdoppelungszeit 90
Volumen 43
Vorzeichenwechsel 17

Wachstumsformen 85, 91
Wendestelle 8, 17
Wertetabelle 4
Wurzelfunktion 15

Zählergrad 51
Zeichenbereich 3
Zielfunktion 24, 25
Zielgröße 24, 25
Zurücksetzen des GTR 2

Ihre Meinung ist uns wichtig!

Ihre Anregungen sind uns immer willkommen. Bitte informieren Sie uns mit diesem Schein über Ihre Verbesserungsvorschläge!

Titel-Nr.	Seite	Vorschlag

Bitte hier abtrennen

Zutreffendes bitte ankreuzen!

Die Absenderin/der Absender ist:

- ☐ Lehrer/in in den Klassenstufen: ______
- ☐ Fachbetreuer/in
  Fächer: ______
- ☐ Seminarlehrer/in
  Fächer: ______
- ☐ Regierungsfachberater/in
  Fächer: ______
- ☐ Oberstufenbetreuer/in
- ☐ Schulleiter/in
- ☐ Referendar/in, Termin 2. Staatsexamen: ______
- ☐ Leiter/in Lehrerbibliothek
- ☐ Leiter/in Schülerbibliothek
- ☐ Sekretariat
- ☐ Eltern
- ☐ Schüler/in, Klasse: ______
- ☐ Sonstiges: ______

Unterrichtsfächer: (Bei Lehrkräften!)

______

STARK Verlag
Postfach 1852
85318 Freising

Kennen Sie Ihre Kundennummer?
Bitte hier eintragen.

Absender (Bitte in Druckbuchstaben!)

Name/Vorname

Straße/Nr.

PLZ/Ort/Ortsteil

Telefon privat

Geburtsjahr

E-Mail

Schule/Schulstempel (Bitte immer angeben!)

23-V1T_NW
Bitte ausfüllen und im frankierten Umschlag an uns einsenden. Für Fensterkuverts geeignet.

Bitte hier abtrennen

(Bitte blättern Sie um)

Physik

Physik 1 – Elektromagnetisches Feld und Relativitätstheorie	Best.-Nr. 943028	e
Physik 2 – Aufbau der Materie	Best.-Nr. 943038	
Mechanik	Best.-Nr. 94307	
Abitur-Wissen Elektrodynamik	Best.-Nr. 94331	e
Abitur-Wissen Aufbau der Materie	Best.-Nr. 94332	
Klausuren Physik Oberstufe	Best.-Nr. 103011	
Kompakt-Wissen Abitur Physik 1 – Mechanik, Thermodynamik, Relativitätstheorie	Best.-Nr. 943012	e
Kompakt-Wissen Abitur Physik 2 – Elektrizitätslehre, Magnetismus, Elektrodynamik, Wellenoptik	Best.-Nr. 943013	e
Kompakt-Wissen Abitur Physik 3 Atom-, Kern- und Teilchenphysik	Best.-Nr. 943011	e

Erdkunde/Geographie

Geographie Oberstufe	Best.-Nr. 949098	e
Geographie 1 – Bayern	Best.-Nr. 94911	e
Geographie 2 – Bayern	Best.-Nr. 94912	e
Geographie 2014 – Baden-Württemberg	Best.-Nr. 84906	
Geographie – NRW Grundkurs · Leistungskurs	Best.-Nr. 54902	e
Prüfungswissen Geographie Oberstufe	Best.-Nr. 14901	
Abitur-Wissen Entwicklungsländer	Best.-Nr. 94902	
Abitur-Wissen Europa	Best.-Nr. 94905	
Abitur-Wissen Der asiatisch-pazifische Raum	Best.-Nr. 94906	
Kompakt-Wissen Abitur Erdkunde Allgemeine Geografie · Regionale Geografie	Best.-Nr. 949010	
Kompakt-Wissen Abitur – Bayern Geographie Q11/Q12	Best.-Nr. 9490108	e

e Alle so gekennzeichneten Titel sind auch als eBook über **www.stark-verlag.de** erhältlich.

Englisch

Übersetzung	Best.-Nr. 82454	
Grammatikübungen	Best.-Nr. 82452	e
Themenwortschatz	Best.-Nr. 82451	
Grundlagen, Arbeitstechniken, Methoden mit Audio-CD	Best.-Nr. 944601	
Sprachmittlung	Best.-Nr. 94469	
Sprechfertigkeit mit Audio-CD	Best.-Nr. 94467	
Klausuren Englisch Oberstufe	Best.-Nr. 905113	e
Abitur-Wissen Landeskunde Großbritannien	Best.-Nr. 94461	
Abitur-Wissen Landeskunde USA	Best.-Nr. 94463	
Abitur-Wissen Englische Literaturgeschichte	Best.-Nr. 94465	
Kompakt-Wissen Abitur Wortschatz Oberstufe	Best.-Nr. 90462	
Kompakt-Wissen Abitur Landeskunde/Literatur	Best.-Nr. 90463	
Kompakt-Wissen Kurzgrammatik	Best.-Nr. 90461	
Kompakt-Wissen Grundwortschatz	Best.-Nr. 90464	e

Deutsch

Dramen analysieren und interpretieren	Best.-Nr. 944092	
Erörtern und Sachtexte analysieren	Best.-Nr. 944094	e
Gedichte analysieren und interpretieren	Best.-Nr. 944091	
Epische Texte analysieren und interpretieren	Best.-Nr. 944093	e
Abitur-Wissen Erörtern und Sachtexte analysieren	Best.-Nr. 944064	
Abitur-Wissen Textinterpretation Lyrik · Drama · Epik	Best.-Nr. 944061	
Abitur-Wissen Deutsche Literaturgeschichte	Best.-Nr. 94405	
Abitur-Wissen Prüfungswissen Oberstufe	Best.-Nr. 94400	e
Kompakt-Wissen Rechtschreibung	Best.-Nr. 944065	e
Kompakt-Wissen Literaturgeschichte	Best.-Nr. 944066	
Klausuren Deutsch Oberstufe	Best.-Nr. 104011	

Natürlich führen wir noch mehr Titel für alle Fächer und Stufen: Alle Informationen unter www.stark-verlag.de

23-VIT_NW

Bestellungen bitte direkt an:
STARK Verlagsgesellschaft mbH & Co. KG · Postfach 1852 · 85318 Freising
Tel. 0180 3 179000* · Fax 0180 3 179001* · www.stark-verlag.de · info@stark-verlag.de
*9 Cent pro Min. aus dem deutschen Festnetz, Mobilfunk bis 42 Cent pro Min.
Aus dem Mobilfunknetz wählen Sie die Festnetznummer: 08167 9573-0

Lernen • Wissen • Zukunft
STARK